中国科学院科学出版基金资助出版

U0275510

现代化学专著系列·典藏版　39

相图的边界理论及其应用

——相区及其边界构成相图的规律

赵慕愚　宋利珠　著

科学出版社

北　京

内 容 简 介

本书是一本关于相图边界理论的专著。该理论讨论相图中相邻相区及其边界之间的关系,实际上也就是讨论相区及其边界如何构成相图的规律。本书第一章介绍一般教科书中不常见的推导相律和确定独立组元数的方法。第二章到第五章介绍恒压相图边界理论的基本概念、理论及其在单、二、三元乃至多元恒压相图的主要应用。第六章到第八章讨论 $p\text{-}T\text{-}x_i$ 多元相图的边界理论以及应用它计算高达几个 GPa 的二元和三元高压合金的相图。第十章介绍恒压相图边界理论在相图的计算、测定、评估和教学中的应用。

本书可供化学、物理、冶金、材料和地质学等学科相关专业的高等院校师生及相关行业的工程师参考、阅读。

图书在版编目(CIP)数据

现代化学专著系列:典藏版 / 江明,李静海,沈家骢,等编著. —北京:科学出版社,2017.1

ISBN 978-7-03-051504-9

Ⅰ.①现… Ⅱ.①江… ②李… ③沈… Ⅲ. ①化学 Ⅳ.①O6

中国版本图书馆 CIP 数据核字(2017)第 013428 号

策划编辑:黄 海 / 文案编辑:邱 璐 / 责任校对:柏连海
责任印制:张 伟 / 封面设计:铭轩堂

科 学 出 版 社 出版
北京东黄城根北街 16 号
邮政编码:100717
http://www.sciencep.com
北京厚诚则铭印刷科技有限公司印刷

科学出版社发行 各地新华书店经销
*
2017 年 1 月第 — 版 开本:720×1000 B5
2017 年 1 月第一次印刷 印张:12 3/4
字数:234 000
定价:**7980.00 元**(全 **45** 册)

(如有印装质量问题,我社负责调换)

序　言

　　相图是自然科学中应用最为广泛的学科之一。它涉及自然科学的各个领域和国民经济的各个部门,在物理、化学、生物、地学以及冶金、材料、化工等专业和行业都能看到它的踪影,其重要性和普遍性不言自明。

　　早期的相图主要依靠实验测定。随着体系组元数目的增加和体系对实验材料的苛刻要求(如耐高温、耐腐蚀等),实验方法已无法胜任提供各种相图,特别是多元系相图的要求,对相图的理论计算也就逐渐成为获取相图的主要方法。特别是近年来计算机行业突飞猛进的发展,将相图计算的研究推到了一个新的高度。在这种形势下,相图理论的研究也就自然成为热门课题。

　　相图的理论研究可以分为两大类。概括地说,第一类就是研究所有相图必须满足的必要条件,具体地说,就是从各种具体的相平衡的体系中抽象出各种概念,诸如相数、独立组分数、维数、自由度等物理量,然后去研究它们之间的关系。这些抽象出来的物理量是普适的,存在于任何相平衡的体系中,与具体的个别的体系本身的特征无关。因此,这种关系不是用在勾画具体的相图上,而是用在指导相图的研究和判别实验相图的正误上。这种关系是严格的,绝对的,任何违反这种关系的相图一定是错误的。这类理论是相图研究的根本。第二类理论是研究具体相图所需要的充分条件,具体地说,就是研究每一个具体相平衡体系组元的热力学性质与温度、成分等的定量函数关系,并从这些关系中去构筑一个完整的实际相图,这是目前的热门课题。这两者的结合构成了完整的相图理论。

　　伟大的热力学和统计物理学家 Gibbs 是第一类理论的奠基人。他提出的"相律"是这方面理论的经典之作。其后,很多科学家如 Palatnik 和 Landau 以及其他一些学者都参与了这方面的工作并做出了一定的成绩。伟大的物理化学家、固态化学之父 Carl Wagner 是第二类理论方面的先驱者。早在电子计算机尚不十分发达的时代,他已指出研究相图和热力学性质之间关系的重要性。他所推导的相边界与热力学性质之间的关系至今仍被广泛引用。其他科学家如 Hieldbrand, Meijering, Richardson 等也有过重要贡献。Calphad 学派在推动相图计算的工作中也是功不可没的。值得在此一提的是,我国科学工作者在这两方面的理论的研究中都有一定的建树,他们在此领域中是占有一席之地的。

　　赵慕愚教授经过几十年的潜心研究,在相图理论的研究中做出了贡献。对第一类理论,他提出了一整套系统的新概念,推导了一系列的新关系,构成了一整套独特的完整的系统的理论,并被应用到实际相图中,获得了很好的结果,赢得了国内外相图工作者的赞誉。此外,他在高压相图的实验和理论研究中也做了大量创新性的工作,在国际上获得了很好的评价。

　　在《相图的边界理论及其应用》一书中,赵慕愚教授汇集了他几十年来的研究成果,对他的理论工作做了一次系统完整的介绍。除了上述提到的第一类理论外,该书还包括第二类理论的内容和作者及其同事们的工作。该书的出版是广大相图工作者的喜讯。希望该书的问世会给我国的相图研究工作带来新的活力和推动。

周国治

2003 年 7 月 10 日

编者注:周国治,北京科技大学教授,中国科学院院士。

前　　言

　　相图是物质体系的状态图,它被形象地比喻为"冶金学家的地图"。化学家也离不开相图,它是物理化学课程的重要基础概念之一,前苏联以及我国许多无机化学专业都开设过以相图分析为主要内容的"物理化学分析"课程。相图是材料和化学产品的成分选择、制备工艺和应用的重要指南。化学家、冶金学家、硅酸盐学家、材料科学家、化学工程师、物理学家和地质学家等也经常用到它。中国物理学会还设有专门的相图专业委员会。可以说,很少能有几个科学分支像相图和相变一样,在那么多的科学技术领域中,都被认为是它们的基础。

　　相图的理论基础是 Gibbs 相律,相律是本书的第一章。我们用一般相图著作或物理化学教科书中不常见的方法推导了相律,并同时导出了化学平衡中的质量作用定律。相律应用中最困难的和关键的一个问题是独立组元数的确定。我们对它有一点学习的心得,并且在国内和美国化学教育杂志上有专文论述,这些文章受到了好评。我想,这一章对教师讲授相律是有益的,对学生深入学习和正确应用相律也是有帮助的。

　　从第二章起,全部是我们自己以及我们学生的工作。我们首次引入了一个新概念——相边界,找到了相边界和边界的不同和联系。相边界和个别其他概念得到国内有关相图专家的认同和国外一些专家的认可。在如此成熟而经典的相平衡与相图的基础学科中,在许多科学工作者没有注意到的问题上,我们通过深入思考,研究了许多不同类型的相图,终于发现并提出了这些基本概念。这是我们的机遇和幸运。

　　在此基础上,经过严密的逻辑推理和数学论证,提出了系统的相区及其边界如何构成恒压相图的边界理论。该理论阐明了各种不同类型的恒压相图中相邻相区及其边界的关系;导出了该关系中的许多经验规则和理论法则;推导出了二、三元恒压相图的计算公式,并做了计算。该理论对相图计算、测定、评估有重要应用。在不充分的条件下还可以粗略构筑五元乃至八元体系的水平截面图。恒压相图的边界理论的主要内容在第二、第三、第五章讲述。曾承著名的相图专家在国内出版的三本相图专著和 Pergamon 公司出版的一本英文相图专著中,用一定篇幅介绍了该理论。

　　第六章中,我们在恒压相图边界理论的基础上,进一步把相图的边界理论扩展到 $p\text{-}T\text{-}x_i$ 多元高压相图,找出了这类相图的相邻相区及其边界的关系。第七、第八章推出了二、三元高压合金相图的热力学计算关系式,并做了这类相图的计算。

周维亚和宋利珠在中国科学院物理研究所沈中毅研究员的指导下,在该所做了二元和三元高压合金相图的实验测定,实验测定相图与理论计算相图符合得相当好。

第九章我们还研究了除温度、压力以外可能有其他参数存在时的普遍情况下的相图边界理论。从这个理论可以导出恒压及 $p\text{-}T\text{-}x_i$ 多元相图的边界理论。由于这个理论具有前瞻性,很有趣。

第十章讨论了相图边界理论在许多领域的应用。

对与高压无关的读者来说,从掌握相图的边界理论的角度来看,第二、第三、第五及第十章是比较重要的四章。但第一章对学习相律和独立组元数也是很有用的。

一位国外著名的相平衡专家来信说,阅读我们的论文是一种精神上的享受。我自己在写作本书时,也深感欣慰。因为许多内容都是通过严密的逻辑推理得到的。因此读者在阅读本书时,要习惯于这种逻辑推理。这样,阅读起来就会有趣,甚至于兴趣盎然。我觉得在培养与相图关系密切的专业的研究生时,用这本书作参考书或课外读物有益处,除了学习专业内容之外,还可以培养逻辑推理能力,这对科学研究和教学都是十分重要的。

我们深感所做的工作有待进一步深入和完善,敬请有关专家及广大读者多提宝贵意见和建议。

感谢清华大学黄子卿、傅鹰、陈新民先生(均为已故学部委员)、唐有祺院士以及许多其他老师,感谢严东生院士和徐祖耀院士,我或者聆听过他们的讲课,或者拜读过他们的著作,或者受到过他们的教育和鼓励。原吉林大学化学系及化学系前系主任沈家骢院士给了我从事相图研究工作的机会,化学系物理化学教研室的许多老师和研究生们,以及中国科学院物理研究所饶光辉和周维亚同志,给予我很多帮助,在此一并致谢。

致谢:我们的工作得到国家自然科学基金委员会十多年的支持。

赵慕愚

2002 年 12 月

联系地址:130061,长春市东朝阳路 32 号 302 室

e-mail:zmy@email.jlu.edu.cn 或 zhaomuyu@sohu.com

目　　录

第一章 相 律

1.1 相律及其推导

相平衡中最重要的规律是吉布斯相律。1875～1878 年,杰出的物理学家吉布斯(J. Willard Gibbs)建立了相律。可是由于吉布斯的这一热力学经典著作发表在一个新创的不引人注目的杂志(*Transaction of the Connecticut Academy of Arts and Sciences*)上,吉布斯在该论文中又对相律赋予了严谨的数学形式,很不容易为人所理解。当时的世界科学中心——欧洲的科学家本来就对美国期刊很少问津[①],因此他的工作没有在科学界引起重视。后来,由于范德瓦尔斯(van der Waals)的建议,他的学生罗泽鲍姆(Roozeboom)做了很多有关相律的研究工作,特别是应用方面的工作。Roozeboom 用相律分析了某些具体的复相平衡问题,并做了大量实验,对相律的各项参数进行了测定。之后,Roozeboom 热情地宣传了相律。著名科学家勒夏特列(Le Chatelier)和奥斯特瓦尔德(Ostwald)等翻译出版了Gibbs 的著作,这样才使得科学界逐步理解了相律的重要性。现在相律不仅用来总结大量的各种平衡现象和规律,也用来认识不同的平衡体系的内在联系,而且相律还是研究未知平衡体系的一个有效的指南。

相律有许多不同的推导方法,从中推导出来的虽然都是同一个相律,但并不是简单的重复。它们可以帮助人们从不同的角度加深对相律的理解,并且可以开阔思路,活跃思想。

1.1.1 没有化学反应存在情况下的相律的推导

1.1.1.1 Gibbs 方法

Gibbs 方法(Gibbs 1950)的出发点是在体系的熵 S 和体积 v 守恒的条件下,平衡体系的热力学能 U 应为最小值。考虑一个封闭体系,假定每一个组元在每一个相中都存在,并且可以在各相之间相互迁移。后面可以证明,若在某些情况下,这个条件不完全满足,Gibbs 所推导的相律仍然有效。p、T、M 分别代表整个体系的压力、温度和总物质的量(以摩尔来计量,下同)。M_i 和 x_i 是第 i 个组元在整个体系中的物质的量和摩尔分数。u_j、v_j、s_j、p_j、t_j、m_j 则是体系中的第 j 个相的热

---

① 韩基新,王智民.吉布斯相律是怎样被埋没和发掘的.化学通报,1992(7),61.

力学能、体积、熵、压力、温度和物质的量。$m_{i,j}$、$x_{i,j}$、$\mu_{i,j}$ 是第 i 个组元在第 j 个相中的物质的量、摩尔分数和化学势。N 是体系中的组元数。ϕ 是体系中的相数，显然，在这些量之间存在下列关系

$$x_i = \frac{M_i}{M} \qquad (i = 1, 2, \cdots, N)$$

$$x_{i,j} = \frac{m_{i,j}}{m_j} \qquad (i = 1, 2, \cdots, N; j = 1, 2, \cdots, \phi)$$

$$\sum_{i=1}^{N} X_i = 1, \ \sum_{i=1}^{N} x_{i,j} = 1 \qquad (j = 1, 2, \cdots, \phi)$$

$$\sum_{i=1}^{N} m_{i,j} = m_j \qquad (j = 1, 2, \cdots, \phi)$$

$$\sum_{j=1}^{\phi} m_{i,j} = M_i \qquad (i = 1, 2, \cdots, N)$$

$$\sum_{j=1}^{\phi} m_j = M$$

根据热力学原理，每一个相的热力学能是这一个相的熵、体积以及诸组元物质的量的函数，即

$$u_j = u_j(s_j, v_j, m_{1,j}, \cdots, m_{N,j}) \qquad (j = 1, 2, \cdots, \phi) \qquad (1-1)$$

u_j 的全微分如下：

$$\mathrm{d}\, u_j = \left[\frac{\partial u_j}{\partial s_j}\right] \mathrm{d}\, s_j + \left[\frac{\partial u_j}{\partial v_j}\right] \mathrm{d}\, v_j + \left[\frac{\partial u_j}{\partial m_{1,j}}\right] \mathrm{d}\, m_{1,j} + \cdots + \left[\frac{\partial u_j}{\partial m_{N,j}}\right] \mathrm{d}\, m_{N,j}$$

$$(j = 1, 2, \cdots, \phi) \qquad (1-2)$$

按热力学原理，上式又可表示为

$$\mathrm{d}\, u_j = t_j \mathrm{d}\, s_j - p_j \mathrm{d}\, v_j + \mu_{1,j} \mathrm{d}\, m_{1,j} + \cdots + \mu_{N,j} \mathrm{d}\, m_{N,j}$$

$$(j = 1, 2, \cdots, \phi) \qquad (1-3)$$

其中，根据定义

$$t_j = \frac{\partial u_j}{\partial s_j} \qquad (j = 1, 2, \cdots, \phi) \qquad (1-4)$$

$$p_j = -\frac{\partial u_j}{\partial v_j} \qquad (j = 1, 2, \cdots, \phi) \qquad (1-5)$$

$$\mu_{i,j} = \frac{\partial u_j}{\partial m_{i,j}} \qquad (i = 1, 2, \cdots, N; \ j = 1, 2, \cdots, \phi) \qquad (1-6)$$

若保持这一体系的 S、V、M_i 不变，即

$$\delta S = \delta s_1 + \delta s_2 + \cdots + \delta s_\phi = 0$$

$$\delta V = \delta v_1 + \delta v_2 + \cdots + \delta v_\phi = 0$$

$$\delta M_i = \delta m_{i,1} + \delta m_{i,2} + \cdots + \delta m_{i,\phi} = 0 \qquad (i = 1, 2, \cdots, N)$$

则体系的平衡条件为

$$\delta U = \delta u_1 + \delta u_2 + \cdots + \delta u_\phi \geqslant 0 \tag{1-7}$$

将式(1-3)代入式(1-7),可得

$$\delta U = \sum_{j=1}^{\phi} (t_j \delta s_j - p_j \delta v_j) + \sum_{j=1}^{\phi} \sum_{i=1}^{N} \mu_{i,j} \delta m_{i,j} \geqslant 0 \tag{1-8}$$

利用式(1-3)～式(1-8),可以把某一个相的诸变分 $\delta m_{i,j}$、δs_j、δv_j 用所有其他各相的相关变分来表示

$$\delta s_q = -\sum_{j=1}^{\phi}{}' \delta s_j \tag{1-9}$$

$$\delta v_q = -\sum_{j=1}^{\phi}{}' \delta v_j \tag{1-10}$$

$$\delta m_{i,q} = -\sum_{j=1}^{\phi}{}' \delta m_{i,j} \qquad (i = 1, 2, \cdots, N) \tag{1-11}$$

式中, $\sum\limits_{j=1}^{\phi}{}'$ 表示除 $j=q$ 以外,对所有其他相的相关量求和。把式(1-9)～式(1-11)中的 $\delta m_{i,q}(i=1,2,\cdots,N)$、$\delta s_q$、$\delta v_q$ 代入式(1-8),并以其中的一项为例来说明

$$\sum_{j=1}^{\phi} t_j \delta s_j = \sum_{j=1}^{\phi}{}' t_j \delta s_j + t_q \delta s_q$$

$$= \sum_{j=1}^{\phi}{}' t_j \delta s_j - t_q \sum_{j=1}^{\phi}{}' \delta s_j = \sum_{j=1}^{\phi}{}' (t_j - t_q) \delta s_j$$

则式(1-8)可写为

$$\mathrm{d} U = \sum_{j=1}^{\phi}{}' (t_j - t_q) \delta s_j - \sum_{j=1}^{\phi}{}' (p_j - p_q) \delta v_j + \sum_{i=1}^{N} \sum_{j=1}^{\phi}{}' (\mu_{i,j} - \mu_{i,q}) \delta m_{i,j} \geqslant 0$$

$$(1-12)$$

保留在式(1-12)中的诸变分为 $\delta s_1, \cdots, \delta s_{q-1}, \delta s_{q+1}, \cdots, \delta s_\phi$;$\delta v_1, \cdots, \delta v_{q-1}$,$\delta v_{q+1}, \cdots, \delta v_\phi$;$\delta m_{i,1}, \delta m_{i,2}, \cdots, \delta m_{i,q-1}, \delta m_{i,q+1}, \cdots, \delta m_{i,\phi}(i=1,2,\cdots,N)$,这些变分彼此都完全独立,可以是零,也可以是正或负。为了保证式(1-12)的成立,式中各项的系数都必须严格为零。如果其中某些系数不为零,则当这些系数为正时,则可令其相应的变分为负;当这些系数为负值时,则可令其相应的变分为正,这样就可以使整个体系的 dU 为负值,这违反平衡条件。所以在式(1-12)中诸变分彼此间都完全独立的前提下,则诸系数都必须等于零。因此,dU 也只能等于零,即式(1-12)中的 ≥ 号的左边各项的系数都为零,所以

$$p_j = p_q \quad (j = 1, 2, \cdots, q-1, q+1, \cdots, \phi)$$

$$t_j = t_q \quad (j = 1, 2, \cdots, q-1, q+1, \cdots, \phi)$$

$$\mu_{i,j} = \mu_{i,q} \quad (j = 1, 2, \cdots, q-1, q+1, \cdots, \phi)$$

$$(i = 1, 2, \cdots, N)$$

亦即

$$t_1 = t_2 = \cdots = t_\phi = T \tag{1-13}$$

$$p_1 = p_2 = \cdots = p_\phi = p \tag{1-14}$$

$$\mu_{i,1} = \mu_{i,2} = \cdots = \mu_{i,\phi} \quad (i = 1, 2, \cdots, N) \tag{1-15}$$

这就是 Gibbs 的相平衡条件。根据这些相平衡条件可以推导相律。该体系中的变量有 T、p 以及 $N\phi$ 个浓度变量,即 ($N\phi+2$) 个变量。根据式 (1-15) 可以写出 $N(\phi-1)$ 个相平衡条件,又有各相中诸组元的摩尔分数之和为 1,则

$$\sum_{i=1}^{N} x_{i,j} = 1 \quad (j = 1, 2, \cdots, \phi)$$

共计 ϕ 个摩尔分数之和为 1 的条件,总共有 $N(\phi-1)+\phi$ 个平衡条件,所以自由度 f 为

$$f = N\phi + 2 - [N(\phi-1) + \phi] = N - \phi + 2 \tag{1-16}$$

这就是相律。在上述推导中,假定每一组元在所有各相中均存在。但这个条件是不必要的,即使某些组元在某些相中不存在,相律也成立。证明如下:假定某一组元在某一个相中不存在,例如第 k 组元在第 q 相中不存在,即假定 $m_{k,q}=0$,但不排除组元 k 在第 q 相出现的可能性。在这种情况下,$\delta m_{k,q}$ 不能小于零,因为组元 k 在第 q 相中的物质的量不能为负值。根据这一点,由式 (1-12) 不能得出 $\mu_{k,q}$ 应该和这个组元在其他相中的化学势 $\mu_{k,1}$, $\mu_{k,2}$, $\cdots$, $\mu_{k,(q-1)}$, $\mu_{k,(q+1)}$, $\cdots$, $\mu_{k,\phi}$ 相等的条件,而只是要求 $\mu_{k,q}$ 不小于其他 $\mu_{k,j}$ ($j \neq q$)。因为若 $\mu_{k,q} < \mu_{k,j}$ ($j \neq q$),则组元 k 可以自动从第 j ($j \neq q$) 相转移到第 q 相,使体系热力学能值减小,过程可自发进行。所以组元 k 在第 q 相中不存在而又不排除它出现的可能性,就要求

$$\mu_{k,q} \geqslant \mu_{k,j} \quad (j = 1, 2, \cdots, q-1, q+1, \cdots, \phi) \tag{1-17}$$

这是因为第 k 组元在第 q 相中不存在,所以只能是 $\delta m_{k,q} \geqslant 0$,而非任意可正可负的变分,故当式 (1-17) 成立时,即可满足式 (1-8) 或式 (1-12)。式 (1-17) 意味着,在恒熵和体积不变的条件下,把组元 k 引入到第 q 相中所需的功不比把它引入到其他的相中去所需的功为小,这样存在于其他相的组元 k 不会自动向第 q 相转移,这就是为什么在第 q 相中实际上不出现组元 k 的原因。某一组元在某一相中不存在,并不意味着相应的化学势也不存在。但是这个化学势不参与式 (1-15) 的平衡条件,故平衡条件也少了一个。这就是说若任一组元在任一相中不存在时,浓度变量少一个,平衡条件也少一个,因而不影响式 (1-16) 所表示的相律的表达式

的正确性。

Gibbs 推导相律的方法是一个思想深刻、逻辑严谨的典范。

1.1.1.2 Gibbs-Roozeboom 方法

Gibbs-Roozeboom 方法与 Gibbs 方法不同,这个方法是在体系的温度、压力恒定的条件下来推导的。选温度 T、压力 p 和每一个组元的化学势 μ_i 作为变量。因为在相平衡条件下,每一个独立组元 i 在各相中的化学势 μ_i 必然彼此相等。若体系中共有 N 个独立组元,则相应地有 N 个不同的化学势 $\mu_i(i=1,2,\cdots,N)$ 来描述这个体系,故体系中的独立变量的总数是 $(N+2)$ 个,而在每一个相中存在一个关联这 $(N+2)$ 个变量的状态方程

$$F_j(T, p, \mu_1, \mu_2, \cdots, \mu_N) = 0 \qquad (j=1,2,\cdots,\phi)$$

体系中的总相数为 ϕ,故总共有 ϕ 个状态方程。则平衡体系中的自由度数 f 为

$$f = N + 2 - \phi \qquad\qquad (1-16)$$

这个方法不仅简洁,而且相律表达式中每一项的物理意义都十分明确。N 是体系中独立组元的化学势的数目,也就是组元数,2 是体系的温度和压力,ϕ 是平衡体系的状态方程的数目,也就等于相数,故 $(N+2-\phi)$ 是平衡体系的自由度数。应用极为广泛的相律可以用如此简洁的方法推导出来,而且公式中的每一项都有非常明确的物理意义。这个推导方法给人们以启示,人们必须对事物的本质有清楚而深入的研究,才能对事物的内在联系有深刻的理解,并且能容易地掌握相关的规律。

1.1.2 包含化学反应的情况下的相律——吉布斯自由能最小化的推导方法

在一个多元多相体系中,如果同时存在相变和化学变化,当体系达到平衡时,应同时满足相平衡和化学平衡条件。这样,在一定的 T、p 下,体系的吉布斯自由能应为极小值。

根据平衡体系的上述原理,可以同时推出相平衡和化学平衡条件。换言之,既可导出相律,也可同时导出化学平衡的质量作用定律。

1.1.2.1 体系中独立组元和导出组元的化学式以及它们之间的相互关系[①]

吉布斯自由能最小化方法推导相律的关键之一,是用矩阵方法找出体系中存在的独立反应的数目和导出反应的数目。导出反应是非独立的,可以从独立反应的组合写出。有了独立反应数,就可以找出独立组元数和导出组元数,进一步就可以根据吉布斯自由能最小化原理同时导出相律和质量作用定律。

---

① Van Zeggeren, Storey, 1970。

设体系中有 N 个组元,它们可以是原子、离子或分子等,即可以是任何一个化学物种。它们的化学式以 A_i 表示($i=1,2,\cdots,N$),分布在 ϕ 个相中。在一定温度和压力下,达到化学平衡和相平衡。设 N 个组元之间可以进行 r' 个化学反应,其中包括独立反应与非独立反应。则诸化学反应可以表示为

$$\sum_{i=1}^{N} \nu_{i,j} \times A_i = 0 \qquad (j=1,2,\cdots,r') \qquad (1-18)$$

或者用矩阵形式表示

$$\begin{bmatrix} \nu_{1,1} & \cdots & \nu_{i,1} & \cdots & \nu_{N,1} \\ \vdots & & \vdots & & \vdots \\ \nu_{1,j} & \cdots & \nu_{i,j} & \cdots & \nu_{N,j} \\ \vdots & & \vdots & & \vdots \\ \nu_{1,r'} & \cdots & \nu_{i,r'} & \cdots & \nu_{N,r'} \end{bmatrix} \cdot \begin{bmatrix} A_1 \\ \vdots \\ A_i \\ \vdots \\ A_N \end{bmatrix} = 0 \qquad (1-19)$$

式中:$\nu_{i,j}$ 是第 j 个反应方程式中 A_i 组元化学式前的计量系数。下面举例说明其含义,假如第 j 个反应是

$$1 \times C + 1 \times CO_2 - 2 \times CO = 0$$

设 i 为 CO,则 $\nu_{i,j} = -2$,即 $\nu_{CO,j} = -2$。

在 r' 个反应中有独立反应,也有非独立反应。根据数学原理,若由元 $\nu_{i,j}$ 组成的矩阵的秩是 r,则独立的化学反应的数目是 r,即在上述 r' 个反应式中只有 r 个独立的反应式,其余的($r'-r$)个反应式均可由这 r 个独立的反应式的线性组合表出。在 N 个组元间有 r 个独立反应,因而在这些组元间也存在 r 个独立的化学平衡条件。所以,N 个组元的浓度中只有($N-r$)个组元的浓度是独立可变的。故独立组元数是

$$C = N - r \qquad (1-20)$$

把 N 个组元区分为两组,一组是独立组元,其化学式以 A_C 表示($C=1,2,\cdots,$ C,共 C 个)。这 C 个组元中任一组元都不能由其中的其他组元的化学式的组合来表出。另一组是导出组元,其化学式以 A_k 表示($k=C+1,\cdots,C+r$;$C+r=$ N,共 r 个)。A_k 这一组化学式必然都可以用 A_C 的线性组合来表示,亦即组元 A_k 这些化合物必然可以由诸组元 A_C 之间的相互作用来形成,即

$$\sum_{C=1}^{C} \nu_{k,C} \times A_C = A_k \qquad (1-21)$$

在上例中,体系中的三个组元 C、CO、CO_2 之间存在一个独立反应。选择 C、CO_2 作为独立组元,则导出组元 CO 可由下列反应式来形成

$$CO = \frac{1}{2}C + \frac{1}{2}CO_2$$

同时假设所有这 N 个组元都可由 M 个元素组成。元素的符号用 E_e 表示($e=1$,

$2,\cdots,M$），则任一组元的化学式可以用诸元素符号 E_e 的线性组合来表出

$$A_C = \sum_{e=1}^{M} a_{C,e} \times E_e \quad (C = 1,2,\cdots,C) \tag{1-22}$$

$$A_k = \sum_{e=1}^{M} a_{k,e} \times E_e \quad (k = C+1, C+2,\cdots,N) \tag{1-23}$$

$a_{C,e}$、$a_{k,e}$分别是组成独立组元 A_C 和导出组元 A_k 的元素 $E_e(e=1,2,\cdots,M)$前的计量系数。上例可以表为

$$A_C \quad C = 1 \times C + 0 \times O$$
$$CO_2 = 1 \times C + 2 \times O$$
$$A_k \quad CO = 1 \times C + 1 \times O$$

$a_{k,e}$均可由 $a_{C,e}$的线性组合表出

$$a_{k,e} = \sum_{e=1}^{M} \nu_{k,C} \times a_{C,e} \tag{1-24}$$

仍以上例来说明，CO 由 C 及 CO_2 形成，CO 中的原子 C 和 O 也可以分别从 C 和 CO_2 中来。从而 CO 中 C 和 O 原子的系数也可以从这个反应式中 C 和 CO_2 化学式前的计量系数而来（$\nu_{CO,C}=\dfrac{1}{2}$，$\nu_{CO,CO_2}=\dfrac{1}{2}$）。根据 C 和 CO_2 中 C 和 O 原子的计量系数式(1-22)，$a_{C,C}=1$，$a_{CO_2,C}=1$；$a_{C,C}$中的前一个 C 是 C 单质，后一个 C 是 C 单质中的 C 原子；$a_{CO_2,C}$是 CO_2 分子式中的 C 原子数。

$$a_{CO,C} = \nu_{CO,C} \times a_{C,C} + \nu_{CO,CO_2} \times a_{CO_2,C} = \frac{1}{2} \times 1 + \frac{1}{2} \times 1 = 1$$

$$a_{CO,O} = \nu_{CO,C} \times a_{C,O} + \nu_{CO,CO_2} \times a_{CO_2,O} = \frac{1}{2} \times 0 + \frac{1}{2} \times 2 = 1$$

$$CO = a_{CO,C} \times C + a_{CO,O} \times O = 1 \times C + 1 \times O = CO$$

兜了这么一个大圈子，就是为了通过独立组元和导出组元表达式中的原子数之和来找出独立组元和导出组元的化学式之间的相互关系，以备下面推导相平衡和化学平衡公式之用。

1.1.2.2　根据吉布斯自由能最小化原理同时导出化学平衡和相平衡条件[1]

现讨论一个多元多相的化学平衡与相平衡共存的体系。$m_{C,j}$、$m_{k,j}$、$\mu_{C,j}$、$\mu_{k,j}$分别代表独立组元 C 和导出组元 k 在第 j 个相中的物质的量和化学势，则体系的吉布斯自由能 G 可写作

$$G = \sum_j \sum_C m_{C,j} \times \mu_{C,j} + \sum_j \sum_k m_{k,j} \times \mu_{k,j} \tag{1-25}$$

---

[1]　Van Zeggeren, Storey, 1970；Mark W. Zemansky, 1968。

对于每一种元素可以写出一个质量守恒方程,表示为

$$\sum_j \sum_C m_{C,j} \times a_{C,e} + \sum_j \sum_k m_{k,j} \times a_{k,e} - M_e = 0 \qquad (1-26)$$

M_e 是元素 $e(e=1,2,\cdots,M)$ 在体系中的物质的总量,又叫元素丰度。$a_{C,e}$、$a_{k,e}$ 是独立组元 C 和导出组元 k 中的元素 E_e 前的计量系数。按一般写法,$a_{C,e}$、$a_{k,e}$ 实际上是化合物的化学式中元素 e 的下标,如化学式 CO_2 中元素 O 的下标是 2。在一个封闭体系里,无论发生什么化学变化或相变化,体系中任一元素的物质的总量不变,故这封闭体系中共有 M 个元素的质量守恒方程。

在恒温恒压条件下,体系处于平衡状态的条件是满足约束条件式(1-26)的前提下,使体系的吉布斯自由能 G 为最小值。求解这类问题的常用方法就是 Lagrange 不定乘子法,设函数 L 为

$$L = G - \sum_e \lambda_e \times \left[\sum_j \sum_C m_{C,j} \times a_{C,e} + \sum_j \sum_k m_{k,j} \times a_{k,e} - M_e\right]$$

$$(1-27)$$

在函数 L 中的变数是 $m_{C,j}$ 和 $m_{k,j}$。为了使体系满足约束条件式(1-26)和体系的吉布斯自由能最小,令

$$\frac{\partial L}{\partial m_{C,j}} = 0 \qquad (1-28)$$

$$\frac{\partial L}{\partial m_{k,j}} = 0 \qquad (1-29)$$

按式(1-28),得

$$\mu_{C,j} - \sum_e \lambda_e \times a_{C,e} = 0 \qquad (1-30)$$

$C=1,2,\cdots,C$;$j=1,2,\cdots,\phi$,ϕ 为体系的相数。

按式(1-29),得

$$\mu_{k,j} - \sum_e \lambda_e \times a_{k,e} = 0 \qquad (1-31)$$

$k=C+1,C+2,\cdots,N$;$j=1,2,\cdots,\phi$,而且

$$a_{k,e} = \sum_C \nu_{k,C} \times a_{C,e} \qquad (1-24)$$

将式(1-24)代入式(1-31),可得

$$\mu_{k,j} - \sum_e \lambda_e \times \left[\sum_C \nu_{k,C} \times a_{C,e}\right] = \mu_{k,j} - \sum_C \nu_{k,C} \times \sum_e [\lambda_e \times a_{C,e}] = 0$$

$$(1-32)$$

将式(1-30)代入式(1-32),可得

$$\mu_{k,j} - \sum_C \nu_{k,C} \times \mu_{C,j} = 0 \qquad (1-33)$$

式中:$k=C+1,C+2,\cdots,N$;$j=1,2,\cdots,\phi$。

现在来分析式(1-30)、式(1-31)、式(1-32)的含义。式(1-30)中 λ_e、$a_{C,e}$ 都是常数,所以 $\sum\limits_e \lambda_e \times a_{C,e}$ 也是一个常数,这就是说任一个相的 $\mu_{C,j}$ 都等于同一个常数,也就是说

$$\mu_{C,1} = \mu_{C,2} = \cdots = \mu_{C,\phi} = \mu_C \quad (C = 1, 2, \cdots, C) \tag{1-34}$$

同样式(1-31)中,$\sum\limits_e \lambda_e \times a_{k,e}$ 也是常数,所以

$$\mu_{k,1} = \mu_{k,2} = \cdots = \mu_{k,\phi} = \mu_k \quad (k = C+1, C+2, \cdots, N) \tag{1-35}$$

式(1-34)和式(1-35)是相平衡条件。但 μ_k 不是独立的,因按式(1-33)、式(1-34)和式(1-35),它可由 μ_C 的线性组合得到。

$$\mu_k = \sum_C \nu_{k,C} \times \mu_C \quad (k = C+1, C+2, \cdots, N) \tag{1-36}$$

式(1-36)就是化学平衡条件。如果把

$$\mu_i = \mu_i^{\ominus} + RT\ln p_i \tag{1-37}$$

$$\mu_i = \mu_i^{\ominus} + RT\ln x_i \tag{1-38}$$

(式中 $\mu_i^{\ominus}$ 为标准状态下的化学势)代入式(1-36),即可得质量作用定律

$$p_k^{-1} \prod_C p_C^{\nu_{kC}} = K_{Pk} \tag{1-39}$$

$$x_k^{-1} \prod_C x_C^{\nu_{kC}} = K_{Ck} \tag{1-40}$$

在式(1-36)或式(1-39)或式(1-40)中,$k = C+1, C+2, \cdots, N$,共 $N - C = r$ 个化学平衡条件。

然后,进一步导出相律。体系中的独立变量由于要满足相平衡条件:每一个组元在各相中的化学势彼此相等,如式(1-34)、式(1-35)所示。故共有 μ_C、μ_k($C = 1, 2, 3, \cdots, C$; $k = C+1, C+2, \cdots, N$)等 N 个不同组元的化学势再加上温度和压力,独立变量的总数仍是($N+2$)个。按式(1-36)有 r 个化学平衡条件,另外在每一个相中存在一个状态方程,共计 ϕ 个。所有余下的能独立变化的变量数,即自由度 f 是

$$f = N + 2 - r - \phi = (N - r) - \phi + 2 = C - \phi + 2$$

其中 $C = N - r$,是独立组元数。这就是有化学反应存在时的相律。若在体系的诸组元的浓度之间还存在其他的独立限制条件(不包括 $\sum\limits_i x_{i,j} = 1$ 的条件在内),设这种条件数为 Z,则体系的自由度相应地减少 Z 个,故

$$f = (N - r - Z) - \phi + 2 \tag{1-41}$$

$$C = N - r - Z \tag{1-42}$$

式(1-41)为相律的一般形式。式(1-42)就是 Jouguet 方法确定独立组元数的公式。其基本原理是 N 个组元之间存在 r 个独立化学反应,相应地存在 r 个化学平衡条件。如果再加上浓度间的其他限制条件而且这种限制条件的数目为 Z,则独

立组元数相应地又减少 Z 个,如式(1-42)所示。

若除 T、p、μ_i 以外还有影响体系的其他变量如电场强度、表面张力等,这种变量的个数为 K,则自由度相应地增加 K 个,故相律又可写为

$$f = (N - r - Z) + 2 - \phi + K \qquad (1-43)$$

上述推导相律的方法相对复杂一些,但它包括了有化学反应存在的情况,而且它直接来源于吉布斯自由能最小化原理,推导过程中的物理概念以及式(1-43)中各项的物理概念都比较清楚。

独立组元和自由度的含义在物理化学教科书中早有详述,此处,只是简单提及一下。如用最少数的独立变动的化学物种能把平衡体系各相的成分表示出来,这个最小的物种数目就叫独立组元数。体系的自由度是平衡体系中独立可变的变量(如温度、压力和浓度等)的数目,这些变量在有限范围内可以任意变动,而不致引起旧相的消失和新相的形成;当平衡体系中所有描述自由度数的变量确定时,则整个体系的平衡状态就已确定。后面将通过具体例子说明自由度的含义。

1.2　独立组元数的确定

在应用相律时,最难确定的一个量是独立组元数。一般就是按式(1-42),即Jouguet 方法来确定独立组元数。这种方法虽然可以普遍适用,但应用起来比较困难。特别是仅知道起始组成、而对于平衡情况还未确定的体系来说,无论是确定 N 或 r 都相当复杂。因为由于物质之间的相互作用,如化学反应、电离、缔合等,平衡体系中可能存在的组元很多,而且它们与起始组成中的组元不一定相同,甚至于某些组元的存在形式还未确定,因此确定 N 的值就比较困难。同时,若 N 增多,则各组元之间的化学反应的数目会显著增加,写出体系中可能存在的化学反应就会很多。然后,再从已经写出的化学反应中找出独立的化学反应来,又比较麻烦。举例来说,$AlCl_3$ 溶于水、电离水解并部分沉淀出 $Al(OH)_3$ 的这样一个体系就相当复杂,处理起来很困难。所以用 Jouguet 方法处理复杂体系中的独立组元数的问题相当困难。因为平衡状态常常是未知的,N 和 r 的确定很困难。下面介绍一个处理高温复杂体系特别方便的方法。

1.2.1　Brinkley 方法的基本原理

Brinkley 方法是 Brinkley 早在 1946 年提出来的。这个方法推导的出发点与Jouguet 方法不同。后者是从平衡体系中的独立的化学反应数来考虑的,而 Brinkley 则是从另一个角度来考虑的(见后文)。但由于 Brinkley 最初的公式不够完善,一直没有引起人们的重视。现在经过逐步完善,已得到广泛的应用(Van Zeggeren, Storey　1970)。经过修正的 Brinkley 公式如下

$$C = M + r^* - Z \qquad (1-44)$$

M 是体系中元素的种类数，Z 是组元浓度之间的其他限制条件数，这与 Jouguet 方法中的 Z 是相同的。由于体系中存在某些动力学条件的限制，导致某些本来是独立的化学反应不能进行；这个由于动力学限制而不能进行的独立化学反应的数目是 r^*。例如，由 H_2、O_2 和 H_2O 组成的体系中，在常温且无催化剂存在的情况下，H_2、O_2 之间不起反应，即

$$H_2 + \frac{1}{2}O_2 = H_2O$$

这个独立反应不能进行，则 $r^* = 1$。

Brinkley 巧妙地从反应体系中不同元素的原子数出发来处理问题，而这个数在化学反应和相变前后是固定不变的，容易计算。

Brinkley 方法所依据的原理如下：化学组元由按一定计量系数比的不同元素的原子所组成。Brinkley 方法是通过寻找构成这些不同组元的各个元素的原子的计量系数之间的关系来确定独立组元数的。若在一个封闭体系中，M 个元素形成 N 个组元。如前式 (1-22) 所述，每一个组元的化学式 A_i 可表为

$$\sum_e a_{i,e} \times E_e = A_i \qquad (1-45)$$

E_e 是第 $e(e=1,2,\cdots,M)$ 个元素的代号，$a_{i,e}$ 是元素 E_e 在组元 A_i 化学式中的原子数。用矩阵形式表示诸组元的化学式，可写为

$$
\begin{bmatrix}
a_{1,1} & \cdots & a_{1,e} & \cdots & a_{1,M} \\
 & & \vdots & & \\
a_{i,1} & \cdots & a_{i,e} & \cdots & a_{i,M} \\
 & & \vdots & & \\
a_{M,1} & \cdots & a_{M,e} & \cdots & a_{M,M} \\
 & & \vdots & & \\
a_{N,1} & \cdots & a_{N,e} & \cdots & a_{N,M}
\end{bmatrix}
\begin{bmatrix}
E_1 \\ \vdots \\ E_e \\ \vdots \\ E_M
\end{bmatrix}
=
\begin{bmatrix}
A_1 \\ \vdots \\ A_i \\ \vdots \\ A_M \\ \vdots \\ A_N
\end{bmatrix}
\qquad (1-46)
$$

若由元 $a_{i,e}$ 组成的矩阵 $[a_{i,e}]$ 的秩是 C，则独立组元数是 C。Brinkley 指出，如 $N \geqslant M$，则 $C \leqslant M$；若 $N \leqslant M$，则 $C \leqslant N$。即 $C \leqslant \min\{N, M\}$。下面对式 (1-44) 作比较详细的说明。下面的一些提法与 Brinkley 原来的提法略有不同。

首先讨论 $N > M$ 的情况，并且在计算 M 值时，做了一些补充 (赵慕愚 1981,1992)。

在一般情况下，特别是复杂体系中，$N > M$。若 M 个元素中，没有任何两个和两个以上的元素仅形成一个组成不变的原子团 (包括不与其他组元起反应的惰性组元)。M 个元素所形成的 N 个化学组元之间又均可相互作用，则上述 $[a_{i,e}]$ 矩阵之秩是 M (M 为列数，列数小于行数)，即 N 个化学式中有 M 个化学式是彼此线性独立的。也就是说 M 个化学式中没有任何一个化学式可以其他化学式的

线性组合来表出;同时其他($N-M$)个化学式必可由这 M 个化学式的线性组合来表出。下面仔细分析这些叙述的含义。

在 $A_1,\cdots,A_N$ 中任选 $A_1,\cdots,A_i,\cdots,A_M$ 个组元。这些组元选择的原则是 A_1, $A_2,\cdots,A_M$ 必须是互不相同的,任一元素在这 M 个组元的化学式中至少要出现一次。把式(1-46)$i>M$ 的各组元的有关各项舍去,便得到

$$
\begin{bmatrix}
a_{1,1} & \cdots & a_{1,e} & \cdots & a_{1,M} \\
& & \vdots & & \\
a_{i,1} & \cdots & a_{i,e} & \cdots & a_{i,M} \\
& & \vdots & & \\
a_{M,1} & \cdots & a_{M,e} & \cdots & a_{M,M}
\end{bmatrix}
\begin{bmatrix}
E_1 \\ \vdots \\ E_e \\ \vdots \\ E_M
\end{bmatrix}
=
\begin{bmatrix}
A_1 \\ \vdots \\ A_i \\ \vdots \\ A_M
\end{bmatrix}
\tag{1-47}
$$

式(1-47)中诸元 $a_{i,e}$ 是常数,这个式子的含义是用 $a_{i,e}$ 及 E_e 等来表示 A_i。由于所选的 $A_1,A_2,\cdots,A_M$ 的个数(不能少于 M)与 $E_1,\cdots,E_M$ 的个数是相同的,$[a_{i,e}]$ 矩阵是个方阵。这样可以反过来求解,即用 $a_{i,e}$ 和 A_i 反过来表示 E_e。因 $[a_{i,e}]\cdot[E_e]=[A_i]$,则

$$
[a_{i,e}]^{-1}[a_{i,e}]\cdot[E_e]=E[E_e]=[a_{i,e}]^{-1}[A_i]
$$

即

$$
[E_e]=[a_{i,e}]^{-1}[A_i] \tag{1-48}
$$

式中:$[a_{i,e}]^{-1}$ 为 $[a_{i,e}]$ 的逆矩阵;E 为单位方阵。用化学的术语来说,就是用诸组元 $A_1,\cdots,A_M$ 的化学式及诸 $a_{i,e}$ 值反过来表示各元素 E_e 的原子。其余的组元 $A_{M+1},\cdots,A_N$ 的化学式均可以用 $a_{i,e}$ 及 E_e 来表示。因此,按式(1-23)和式(1-24),组元 $A_k(k=M+1,M+2,\cdots,N)$ 的化学式一定可以间接地用组元 A_C ($C=1,2,\cdots,M$) 和 $a_{i,e}$ 来表示。故 $A_1,\cdots,A_M$(即 A_C)是独立的,而 A_{M+1}, $A_{M+2},\cdots,A_N$(即 A_k)是导出的。导出组元的化学式可以用独立组元的化学式表出,仍以组元 C(单质)、CO_2、CO 组成的体系为例来说明,则

$$
\begin{bmatrix}
1 & 0 \\
1 & 2 \\
1 & 1
\end{bmatrix}
\begin{bmatrix}
C \\ O
\end{bmatrix}
=
\begin{bmatrix}
C \\ CO_2 \\ CO
\end{bmatrix}
$$

通过求解下列矩阵式

$$
\begin{bmatrix}
1 & 0 \\
1 & 2
\end{bmatrix}
\begin{bmatrix}
C \\ O
\end{bmatrix}
=
\begin{bmatrix}
C \\ CO_2
\end{bmatrix}
$$

就可以用独立组元 C(单质)、CO_2 的化学式反过来表示元素 C 及 O 的原子,即

$$
1\times C(单质)+0\times CO_2=C(原子)
$$

$$
-\frac{1}{2}\times C(单质)+\frac{1}{2}\times CO_2=O(原子)
$$

既然元素 C 及 O 的原子可以用独立组元 CO_2 及 C(单质)来表示,而导出组元 CO 又可用原子 C 及 O 表示,因此导出组元 CO 一定可以间接地用独立组元 CO_2 及 C (单质)来表示。

$$CO = 1 \times C(原子) + 1 \times O(原子)$$
$$= 1[1 \times C(单质) + 0 \times CO_2] + 1[-\frac{1}{2}C(单质) + \frac{1}{2}CO_2]$$
$$= \frac{1}{2}C(单质) + \frac{1}{2}CO_2$$

即独立组元是 C(单质)和 CO_2,导出组元是 CO。导出组元的化学式可以由独立组元的化学式表出。独立组元的数目和元素的个数相等,即

$$C = M \qquad\qquad (1 - 49)$$

当然,这里有一个前提是 $Z = 0$,同时 N 个组元之间原则上可以相互作用,即 $r^* = 0$。在这种情况下,才有 $C = M$。

若体系中某个或某几个组元因动力学因素的限制,不能参与反应,这种因动力学限制不能进行的独立反应数是 r^* 个,则除 M 个独立组元之外,必然存在 r^* 个组元,其化学式在形式上虽然可由其他组元的化学式的线性组合来表出,也就是说这个组元形式上可以由其他组元所写出的一个化学反应来形成,但这种组合所写出的化学反应在实际上是不能进行的。因此,这 r^* 个组元在实际的化学反应体系中也是独立的,不能由其他组元来形成。所以独立组元的数目增加 r^* 个。若组元的浓度之间还有其他的独立的限制条件 Z 个(不包括 $\sum_i x_{i,j} = 1$ 的条件在内),则独立组元数又相应地减少 Z 个。故 $C = M + r^* - Z$,这就是公式(1 - 44)。

在一般情况下,特别是在高温下有气相参加的复杂化学平衡体系中,常常是 $Z = r^* = 0$,因此 $C = M$。在这种情况下,既不需要确定组元数 N,也无需确定独立的化学反应数 r,只要知道元素的种类数 M 即可求得独立组元数 C。若体系的初始条件已知,则元素的种类数 M 是已知的。故通过 Brinkley 方法很容易求得独立组元数 C。

体系中 M 个独立组元应这样选择:使 M 个元素中的任一个元素在独立组元的诸化学式中至少出现一次。这一点道理很清楚,前面在分析式(1 - 47)时实际上已讨论过了。

对于 $N \leqslant M$ 的情况,此时 Brinkley 公式无效,应该用 Jouguet 公式计算独立组元数 C。在这种情况下,体系中组元数不多,一般容易处理。

1.2.2　Brinkley 公式和 Jouguet 公式的相互联系[①]

Brinkley 公式和 Jouguet 公式从形式上看,似乎是迥然不同的。

① 　Muyu Zhao,1992。

$$C = N - Z - r \tag{1-42}$$
$$C = M + r^* - Z \tag{1-44}$$

实际上在 $N > M$，即 Brinkley 公式有效的情况下，这两个公式是相通的。因为这两个公式既然是从不同的角度正确地解决了同一个问题，则必然能殊途同归。

因为按 Brinkley 公式，当 $Z = r^* = 0$ 时，则 $C = M$，体系中有 M 个独立组元，还有 $(N - M)$ 个导出组元。导出组元的化学式均可由 M 个独立组元的化学式的线性组合来表出。每一个线性组合的表达式就代表一个独立的化学反应，故共有 $(N - M)$ 个独立的化学反应。若这 $(N - M)$ 个独立的化学反应中，在给定的条件下，因动力学限制而不能进行的实际化学反应数为 r^*，则实际上可以真正进行的独立的化学反应数是

$$r = N - M - r^* \tag{1-50}$$

即

$$M + r^* = N - r \tag{1-51}$$

当 $r^* \neq 0$，$Z \neq 0$，按 Brinkley 公式并应用式（1-51），则有

$$C = M + r^* - Z = N - r - Z$$

反之，按 Jouguet 公式

$$C = N - r - Z$$

应用式（1-51），即可得

$$C = M + r^* - Z$$

从以上推导可以看出，在 $N > M$ 的情况下，Brinkley 公式和 Jouguet 公式是相通的。

若 $N \leqslant M$，则式（1-46）中矩阵 $[a_{ie}]$ 的秩只能与 N 相联系，此时只能用 Jouguet 公式了。

1.2.3　Jouguet 公式和 Brinkley 公式的优缺点[①]

Jouguet 公式的最大优点是它的普适性。它的缺点是用起来比较麻烦，而且在复杂的平衡体系中应用起来容易出错；在平衡状态未知的情况下，用它来求独立组元就更困难了。

Brinkley 公式的缺点是它只能应用于 $N > M$ 的情况，优点是用起来方便，特别是对于高温的复杂体系，用起来比 Jouguet 公式简便得多。

用 Brinkley 公式来处理高温的复杂化学平衡体系非常方便。因为在这种情况下，常常有 $Z = r^* = 0$，因此 $C = M$。在这种情况下，既不需要确定组元数 N，也无需确定独立的化学反应数，仅根据体系中元素的种类数 M，即可确定独立组元数 C。以高温的含 C、H、O 三个元素和 C（单质）、CO、CO_2、H_2、H_2O 五个组元的平衡

---

①　Muyu Zhao，1992。

体系为例。依据前面已经讨论过的选择独立组元的原则,在上述五个组元中,可选 CO、CO_2、H_2 作独立组元;元素 C、H、O 在这三个组元的化学式中至少出现了一次。

除了 M 个独立组元之外,必有($N-M$)个导出组元。每一个导出组元的化学式必然可以由 M 个独立组元的化学式的线性组合来表出。就这个例子来说,

$$C(单质)=2CO-CO_2$$
$$H_2O=H_2+CO_2-CO$$

每一个线性组合的表达式就代表一个独立的化学反应。这样不仅很容易找出独立的化学反应数来,而且独立的化学反应的方程式也能很方便地写出来。最后还应说明一点,若体系中诸组元的浓度之间还有其他的独立限制条件,则

$$C = M + r^* - Z \tag{1-44}$$

但体系中可以进行的独立化学反应的实际数目 r 仍由

$$r = N - M - r^* \tag{1-50}$$

来决定,与 Z 是否等于零无关。因为浓度间的其他限制条件只能影响化学反应进行的程度,而不能影响化学反应的发生。

1.2.4 确定独立组元数的实例

例 1-2-1 碳氢高温平衡体系

若一个高温平衡体系包含 C_2H_6、C_2H_4、C_2H_2、H_2 和 C(石墨)等 5 个物种。元素为 C 和 H。在高温下,这几个物种间均可相互作用。若这 5 个物种的量是任意的,按 Brinkley 方法,$Z=r^*=0$,故

$$C = M = 2$$

非常简单。

若用 Jouguet 方法,首先需要把这 5 个物种间可能进行的反应写出,如

$$C_2H_2 =\!=\!= 2C(石墨)+H_2 \tag{1-52}$$
$$C_2H_4 =\!=\!= 2C(石墨)+2H_2 \tag{1-53}$$
$$C_2H_6 =\!=\!= 2C(石墨)+3H_2 \tag{1-54}$$
$$C_2H_4 =\!=\!= C_2H_2+H_2 \tag{1-55}$$
$$C_2H_6 =\!=\!= C_2H_4+H_2 \tag{1-56}$$
$$C_2H_6 =\!=\!= C_2H_2+2H_2 \tag{1-57}$$

再根据线性组合的方法或者求以反应方程中的计量系数作元所组成的矩阵的秩,可以找出 $r=3$。例如选式(1-52)~式(1-54)作独立反应,则式(1-55)~式(1-57)均可由式(1-52)~式(1-54)三个反应方程的线性组合来得到。因 $N=5$,$r=3$,$Z=0$,按 Jouguet 公式,$C=5-3-0=2$。两个方法所得到的结论相同,但 Jouguet 的方法复杂多了。

例 1 - 2 - 2　四氯化硅的氢还原的平衡体系

$SiCl_4$ 的 H_2 还原体系是半导体材料制备过程中的一个重要体系。在 1200℃ 的高温下的平衡体系中有 $Si(固)$、H_2、HCl、$SiCl_4$、$SiCl_2$、$SiHCl_3$ 等 6 个主要物种。在高温下，它们均可参加反应。按 Jouguet 方法先写出可能进行的反应

$$SiCl_4 + 2H_2 = Si(固) + 4HCl$$
$$SiCl_4 + Si(固) = 2SiCl_2$$
$$SiCl_2 + H_2 = Si(固) + 2HCl$$
$$SiHCl_3 + H_2 = Si(固) + 3HCl$$
$$SiHCl_3 = SiCl_2 + HCl$$

此外还可以写出几个其他反应。在所有这些反应中，经过复杂的处理，可得独立的反应只有 3 个。故 $r=3$，$C=6-3=3$。若在反应体系中还要考虑少量存在的物种 SiH_2Cl_2、SiH_3Cl、SiH_4，则还可以写出一些其他独立的反应，处理起来就更复杂。最后得出 $r=6$，$N=9$，则 $C=9-6=3$，独立组元数 C 仍等于 3。按 Brinkley 方法，无论是哪一种情况，无需做具体计算，均有独立组元数 $C=M=3$。读者请看，Brinkley 方法多么简单。

上面两个例子说明，在高温的复杂反应体系中，用 Brinkley 方法计算独立组元数极为简便，用 Jouguet 方法就复杂多了。

但 Brinkley 方法也有局限性，见下例。

例 1 - 2 - 3　Brinkley 方法不适用的一个体系

任意量的 4 个物种 $KCNS$、$Fe(CNS)_3$、K_2SO_4 和 $Fe_2(SO_4)_3$ 组成的体系，它们之间可以进行一个独立反应

$$Fe_2(SO_4)_3 + 6KCNS = 2Fe(CNS)_3 + 3K_2SO_4$$

因 $N=4$，$M=6$，所以 $M>N$，如前所述 Brinkley 方法无效，只能用 Jouguet 方法。

$$C = N - r = 4 - 1 = 3$$

例 1 - 2 - 4　电解质水溶液的平衡体系

设 NaH_2PO_4 溶于水所形成的体系，NaH_2PO_4 可有三级离解，水也可以离解。则体系中有 4 个元素 8 个物种：NaH_2PO_4、$H_2PO_4^-$、HPO_4^{2-}、PO_4^{3-}、Na^+、H^+、OH^- 和 H_2O。体系中的离解过程如图 1.1 所示。

按 Jouguet 方法，先找出 4 个独立的化学反应

$$H_2O = H^+ + OH^-$$
$$NaH_2PO_4 = Na^+ + H_2PO_4^-$$
$$H_2PO_4^- = H^+ + HPO_4^{2-}$$
$$HPO_4^{2-} = H^+ + PO_4^{3-}$$

有两个因起始条件和离解条件所带来的浓度之间的其他限制条件

$$x_{\mathrm{Na}^+} = x_{\mathrm{PO}_4^{3-}} + x_{\mathrm{HPO}_4^{2-}} + x_{\mathrm{H}_2\mathrm{PO}_4^-} \tag{1-58}$$

$$x_{\mathrm{H}^+} = 2x_{\mathrm{PO}_4^{3-}} + x_{\mathrm{HPO}_4^{2-}} + x_{\mathrm{OH}^-} \tag{1-59}$$

还有一个电中性条件

$$x_{\mathrm{Na}^+} + x_{\mathrm{H}^+} = 3x_{\mathrm{PO}_4^{3-}} + 2x_{\mathrm{HPO}_4^{2-}} + x_{\mathrm{H}_2\mathrm{PO}_4^-} + x_{\mathrm{OH}^-} \tag{1-60}$$

以上诸式中：x_{Na^+}等为有关离子的浓度。

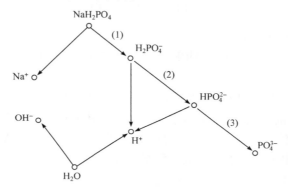

图 1.1　NaH₂PO₄ 和水的离解

式$(1-58)$＋式$(1-59)$＝式$(1-60)$

故,这 3 个式子中只有两个是独立的。所以 $r=4$，$Z=2$，$N=8$，

$$C = 8 - 4 - 2 = 2$$

按 Brinkley 方法只需考虑两个浓度之间的其他限制条件。故

$$C = M - Z = 4 - 2 = 2$$

例 1-2-5　电解质水溶液中有沉淀产生的平衡体系

以 AlCl_3 溶液于水所形成的体系为例。AlCl_3 溶于水,水解并电离,并有 $\mathrm{Al(OH)}_3$ 的沉淀形成。体系中有 8 个组元：$\mathrm{H}_2\mathrm{O}$、AlCl_3、$\mathrm{Al(OH)}_3$、HCl、H^+、Al^{3+}、Cl^-、OH^-。它们按下列图解相互作用,见图1.2。

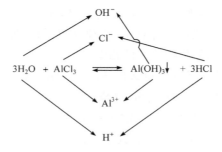

图 1.2　AlCl₃ 溶于水,产生离解、化学反应和沉淀

按 Jouguet 方法首先找出独立的反应。

$$H_2O \Longrightarrow H^+ + OH^- \tag{1-61}$$

$$AlCl_3 \Longrightarrow Al^{3+} + 3Cl^- \tag{1-62}$$

$$Al(OH)_3 \Longrightarrow Al^{3+} + 3OH^- \tag{1-63}$$

$$HCl \Longrightarrow H^+ + Cl^- \tag{1-64}$$

初看起来,还应该有一个反应

$$3H_2O + AlCl_3 \Longrightarrow Al(OH)_3 \downarrow + 3HCl \tag{1-65}$$

但

$$2 \times \text{式}(1-61) + \text{式}(1-62) - \text{式}(1-63) - 3 \times \text{式}(1-64) = \text{式}(1-65)$$

所以它不是独立的。其实,这个体系还可以写出其他物种。但多一个物种,则多一个独立的反应,不影响独立组元数的计算结果。另外因部分 $Al(OH)_3$ 沉淀下来了,所以只能写出一个电中性的浓度限制条件

$$3 x_{Al^{3+}} + x_{H^+} = x_{OH^-} + x_{Cl^-}$$

这种情况与例 4 不同。$N=8$,$r=4$,$Z=1$,故独立组元数 $C=3$。这是一个有趣的情况:起始由两个物种混合而成的平衡体系却有三个独立组元。就这个例子来说,这种情况是由于 $Al(OH)_3$ 部分沉淀而产生的。

按 Brinkley 方法,$M=4$,$Z=1$,$C=4-1=3$,结论相同,但方法比较简单。

下面举两个复杂相图中独立组元数的计算的例子。

例 1-2-6　Ga-Al-As 体系的相图

这个体系中可以形成两个化合物,AlAs 和 GaAs。

按 Jouguet 方法,写出两个独立反应

$$Ga + As \Longrightarrow GaAs$$
$$Al + As \Longrightarrow AlAs$$

$N=5$,$r=2$,故独立组元数 $C=5-2-0=3$。

按 Brinkley 方法,因在高温条件下,Ga、Al、As、GaAs、AlAs 之间可以相互作用,$r^*=0$,$C=M=3$。一般就选 Ga、Al、As 作独立组元,故为三元系。

例 1-2-7　复杂的氧化物体系的相图

以冶金和地质过程中有重要意义的 FeO-Fe_2O_3-SiO_2 体系为例。在这个体系中,存在 Fe_3O_4、$FeO \cdot SiO_2$、$(FeO)_2 \cdot SiO_2$、$Fe_2O_3 \cdot FeO \cdot SiO_2$ 等组元。这个体系有 3 个元素,又若 $Z=r^*=0$,则独立组元数 $C=M=3$。在这许多物种中可以选 FeO、Fe_2O_3、SiO_2 三个物种作为独立组元。其中,每一个元素在这三个物种的化学式中都至少出现过一次。实际的相图就是选这三个物种来表示的。

例 1－2－8　复杂水盐体系的相图（Mg^{2+}-Na^+-Cl^--SO_4^{2-}-H_2O 体系）

在这个体系中，稳定的固态化合物计有 $MgSO_4 \cdot 7H_2O$、$MgSO_4 \cdot 6H_2O$、$MgSO_4 \cdot H_2O$、$Na_2Mg(SO_4)_2 \cdot 4H_2O$、$Na_{12}Mg_7(SO_4)_{13} \cdot 15H_2O$、$Na_6Mg(SO_4)_4$、$Na_{21}MgCl_3(SO_4)_{10}$、$NaCl$、$Na_2SO_4 \cdot 10H_2O$、$Na_2SO_4$ 等，此外还有一些亚稳的固态化合物。在这样一个复杂体系中，用 Jouguet 方法确定独立组元数将是十分复杂的。

按 Brinkley 方法，$M = 5$[①]。

其次还有一个电中性条件

$$2x_{Mg^{2+}} + x_{Na^+} = x_{Cl^-} + 2x_{SO_4^{2-}}$$

故 $Z=1$，可得

$$C = M - Z = 5 - 1 = 4$$

该体系是 4 元系。

由上可见，对于复杂体系来说，用 Brinkley 方法确定独立组元数确有优点。

1.3　相律的应用

1.3.1　综合论述

相律只是确定了平衡体系中组元数、相数和自由度数之间的关系。从这个规律不能得到平衡体系的具体的平衡状况和成分，但它却有着重要而普遍的指导意义。就是对于平衡关系还是未知的体系，它也能正确地描述其平衡状态的基本特征。它在实际过程中的应用范围可能比物理化学中任何其他公式都更为广泛。

相律从形式上看，是一个非常简单的代数式。将其用于总结归纳已知的实验事实，还比较简单。但若用其作为研究未知体系的指南，则并非易事。物理概念必须非常清楚，才能得到正确的结论。在科学史上甚至发生过这样的事例，由于不正确地应用了相律，阻碍了人们对事物的深入理解；结果是所做出的错误结论长期得不到纠正。

相律的正确使用，取决于正确判断 N、C、ϕ 的值和在 T、p、$x_{i,j}$ 以外是否还存在影响平衡体系的其他变量。在这个基础上，进一步计算自由度就比较容易了。

还应牢记，相律只能处理真实的热力学平衡体系。这一点在分析成盐成矿、硅酸盐等体系时显得特别重要；因为这类体系常不易达到平衡。不管体系平衡与否，生搬硬套相律，就会发生错误。

对于一个已知的平衡体系，化学组元的种类和数目是已知的。若处理一个复

---

①　S、O、H 只形成两个组成不变的原子团或化合物 SO_4、H_2O，故折算为两个元素，总共是 5 个元素（赵慕愚　1981）。

杂的多元多相的未知平衡体系，N 一般就不容易确定;因为一般仅已知初始组成。当然,根据初始组成及充分的热力学数据,不难估计平衡体系的组元种类及其相对含量。这样做,毕竟费时而且不一定准确。在这种情况下,最好是用 Brinkley 方法。

对于一个已知的平衡体系,相数是已知的。对于一个未知体系,例如在处理一个复杂化学平衡体系或相图测定尚未完成时,体系在某些情况下的相数是未知的。此刻可以根据平衡时可能存在的化学组元及其形态,粗略估计体系中可能存在的相及其总相数,或者可按相律反过来估计体系中可能存在的最大相数。

$$\phi = C - f + 2$$

在恒压条件下,因 $f \geqslant 0$, $\phi \leqslant C+1$,或 $\phi_{max} = C+1$。

在某些特殊条件下,除了 T、p、$x_{i,j}$ 以外,还应注意是否有其他影响平衡体系的变量,如电磁场强度、表面张力、内部弹性应力等。例如若只考虑 T、p 两个变量,根据相律,一个纯固态物质的蒸气压或它在某一溶剂中的溶解度都是一定的。但当物质的分散度很大时,则应考虑表面张力的影响。此时,在一定温度下,纯固态物质的蒸气压以及它在另一种溶剂中的溶解度都会随物质的分散度的增加而增加。

1.3.2　应用实例

相律的应用实例很多,此处只举两例。

例 1-3-1　氧化锌的还原(傅鹰　1963)

锌的冶炼一般是将硫化锌矿石灼烧成氧化锌,再用碳在 1200℃的高温下还原。平衡体系中有 ZnO(固)、Zn(液或气)、C(固)、CO 及 CO_2。首先讨论 Zn 是气体的情况。

此处借用傅鹰的一个例子,但用 Brinkley 公式和前述的补充论述来处理,因此和傅鹰的处理方法不同。

下面按 Brinkley 方法确定独立组元数,再根据相律求体系的自由度,并具体地说明其含义。

$M=3$。按题意,CO、CO_2 都是 C(固)与 ZnO 等反应之后产生的,则 CO、CO_2 中的 O 原子都来自 ZnO。故气相中有一个原子 Zn,就一定有一个 O 原子存在于 CO 或 CO_2 中,故

$$p_{Zn} = p_{CO} + 2p_{CO_2} \tag{1-66}$$

$Z=1$,故独立组元数 $C = M - Z = 3 - 1 = 2$。

体系中有 3 个相[气相、ZnO 和 C(固)],故按相律

$$f = C - \phi + 2 = 2 - 3 + 2 = 1$$

这就是说体系中只有一个自由度。

若炼锌炉与大气相通,则要求总压

$$p = p_{Zn} + p_{CO} + p_{CO_2} = 10^5 \, Pa \tag{1-67}$$

时,ZnO 才能稳定地继续被还原成 Zn 蒸气。因若 p 一定,则根据 $f=1$ 的前提,则要求温度必须达到某一定值 T,才有可能。而且根据自由度的概念,在这种情况下的平衡状态就完全确定了,下面将讨论如何具体地确定它。独立组元选取 ZnO 和 C(固),则所有元素均已在这两个组元中出现过。

根据前面的讨论,无论有无 $Z=0$ 的条件,独立化学反应数均由式(1-50)确定

$$r = N - M - r^* = 5 - 3 - 0 = 2$$

独立化学反应有两个,可以写为

$$ZnO(固) + C(固) \Longrightarrow CO + Zn(气)$$
$$2CO \Longrightarrow CO_2 + C(固)$$

这样 5 个组元都出现了。其他可能写出的反应都不是独立的。写出这两个反应的质量作用定律

$$p_{CO} \cdot p_{Zn} = K_{p(4)} = f_4(T) \tag{1-68}$$

$$\frac{p_{CO_2}}{p_{CO}^2} = K_{p(5)} = f_5(T) \tag{1-69}$$

体系中可以变动的变量为 p_{CO}、p_{CO_2}、p_{Zn}、T 和 p,共 5 个。体系中有 2 个分压之间的限制条件式(1-66)、式(1-67)和 2 个平衡条件式(1-68)、式(1-69),所以独立可以变动的变量只有一个。若确定总压 $p=10^5 \, Pa$,则通过上述四个方程可以将 T、p_{CO}、p_{CO_2} 和 p_{Zn} 全部解出,因此平衡状态就已经确定,而且原则上可以定量计算。因此,开始还原为 Zn(气)的温度是固定的。

其次讨论有液态锌出现的情况。注意应该保持整个体系的温度一致,而不是另加冷凝器。设温度超过 T,反应气体总压将超过 $10^5 \, Pa$。随着温度进一步升高,p_{Zn} 增加很快。当反应体系的平衡分压 p_{Zn} 达到或略超过该温度下液态锌的蒸气压时,即有液态锌凝聚下来。只所以有这种情况,是由于随着温度的升高,反应体系的平衡 p_{Zn} 比液态锌蒸气压增长得快些。当有液态锌形成时,体系中多了一个相,但由于锌的凝聚,式(1-66)不能再保持。所以体系的自由度仍然为 1。下面做具体分析。

因 Zn(气)——Zn(液),故

$$p_{Zn} = f_6(T) \tag{1-70}$$

体系中可以变动的变量为 p_{CO}、p_{CO_2}、p_{Zn}、T 和 p,仍是 5 个变量。平衡方程有式(1-67)、式(1-68)、式(1-69)和式(1-70),自由度仍是一个。如选定 $p=10^5 \, Pa$,通过上述 4 个方程,可以将 T、p_{CO}、p_{CO_2} 和 p_{Zn} 全部解出;平衡状态完全确定。即气态锌开始凝聚为液态锌的温度是固定的。

　　这个例子说明相律可以确定平衡体系的基本特征,并且是研究未知的平衡体系的有效指南。但如需了解平衡体系的状态的具体情况,则需要补充热力学知识和数据,作体系的复杂化学平衡的计算。

　　例 1-3-2　有关二元合金的固溶体相

　　当压力一定时,在一般情况下,若二元系的自由度为 2,则根据相律

$$\phi = C - f + 1 = 2 - 2 + 1 = 1$$

可以确定体系是单相的。即在恒压条件下,双变量是二元体系为单相的一个重要判据。

　　E. R. Jeete 和 F. Foote 等配制了不同成分的 Fe_xO 样品,在一定温度下,研究了下列反应的平衡

$$Fe_xO + CO \Longrightarrow xFe + CO_2$$

实验表明,当 Fe_xO 的成分均匀变化时,则平衡情况下的 $p_{CO_2} : p_{CO}$ 的比值也均匀变化。因此,得到 $Fe_xO(x<1)$ 中氧的活度随 Fe_xO 中 x 的均匀变化而均匀变化的结论。这样体系就有两个自由度:温度和成分。并且 X 射线粉末衍射得到的晶格常数也是随成分的均匀变化而均匀变化的。从而得到 Fe_xO 是一个大范围的非计量比化合物、是一个相的结论。同时对 TiO_x、PrO_x 的研究也有类似的情况。由此得到一个普遍结论:在某些金属氧化物中存在一大类大范围的非计量比化合物。因为这个结论是来自所谓"相律的应用"而为人们所深信不疑。这种看法持续了几十年。到 20 世纪 70 年代,由于实验测量技术的提高,晶体结构分析做得更加细致,才发现将这种所谓的大范围的非计量比化合物看成是两种一定计量比的微晶交替穿插生长而成更符合实际。这种现象是否违背了相律呢?其实没有违背相律。由于这种微区之间的晶格失配,引起晶体结构畸变,产生了很大的内部应力,这种内部应力提供了一个补充的内部参变量,从而使得一个实际上是恒压二元双相体系也表现出双变量单相的特征来,这纠正了长期存在的一个错误看法。上面的分析,只是代表了一种观点。这个问题也许还是个值得探讨的问题。

　　事实上,一百多年以前,Gibbs 在他的经典著作"On the Equilibrium of Heterogeneous Substances"(Gibbs,1950)中就已经讨论了应变状态对固体性质的影响。但人们对 Gibbs 的工作不熟悉,同时也由于实验手段不够精确而不能发现这种内部应力对物质性质的影响。这个例子表明一个深刻的思想家在书桌旁从理论上得出的结论有着多么深远的指导意义。它同时也说明相律的形式尽管很简单,但要正确应用相律,则需要各方面的丰富知识,要仔细谨慎和全面分析。

　　本章讨论了相律的几种推导方法,每一种推导方法都有一定的启发性。应用相律,关键是独立组元数的确定。确定独立组元数的方法中,Brinkley 方法在许多方面比 Jouguet 方法优越。但是当 $N<M$ 时无效。最后讨论了相律的应用。它还说明应用相律要有一定的理论基础,应用时要细致谨慎。

第二章 恒压相图的边界理论
——相区及其边界构成相图的规律
2.1 引 言

相图由若干相区(phase region)及其边界(boundary)组成,相图的相邻相区(neighboring phase regions,NPRs)及其边界之间的关系是有规律的,换言之,相区及其边界如何构成整个相图是有规律的。相律只研究平衡体系中的组元数、相数及其自由度数之间的关系,它不能反映相邻相区及其边界之间的关系及其规律。研究相邻相区及其边界之间的关系,就是要研究:① 已知两个相邻相区中相的组合(phase assemblage)[①],则其边界的特性如何? ② 已知相邻的第一相区中相的组合及其边界的特性,则相邻的第二相区的相的组合如何? 这实际上就是研究相邻相区以及它们之间的边界如何构成相图的规律。不仅如此,不相邻相区和它们之间的诸边界的关系也有一定规律。这一点将在第五章讨论。

研究相邻相区及其边界之间的关系非常重要。从学习和应用相图的角度看,若不懂得相邻相区及其边界的关系的规律,对于各种不同类型的相图,只能分门别类地学习、理解和记忆,而不能真正掌握不同类型的相图中的内在联系和规律。特别是当碰到比较复杂的相图时,就可能眼花缭乱,而不能很好地掌握它们,更谈不到应用自如了。

在测定相图时,当实验数据还不够充分时,就需要有相邻相区及其边界关系的有关规律作为指导,以便连接不同相区之间的边界线,并进一步指导相图测定的实验点的布署。当实验数据出现某些假象时,也需要运用这种规律以判断其正误,这样可以少走弯路,缩短实验时间,提高工作效率。在计算相图时,更需要以这种规律作指导,建立热力学方程和具体计算公式。

正因为相邻相区及其边界关系对学习、应用、测定或计算相图如此重要,所以,在相律建立起来之后的很长一段时间,许多科学工作者对这个问题进行了大量的研究。1915 年 Schreinemakers 提出了 Schreinemakers 规则(Schreinemakers 1915)。这个规则指出 N 个相的相区或者是与($N+1$)个相的相区以边界线邻接或者与($N+2$)个相的相区以边界点对顶相交。现在有时候又把这个规则叫做交叉规则。Vogel-Masing 规则与此类似。Gordon 从经验总结出一个不成熟的边界

---

① 相区中相的组合就是指这个相区都包含哪些相。

规则(Gordon　1968)。Палатник 和 Ландау(英译名为 Palatnik 和 Landau,以下简称 P-L)从理论上导出了一个理论法则——相区接触法则(Palatnik, Landau 1955)。Rhines 总结了构成三元相图所必须遵从的十条规则(Rhines　1956)。赵慕愚在 1981 年及以后提出了系统的相图边界理论(赵慕愚　1981)。1986 年 Gupta 等人提出了 ZPF(zero phase fraction,零相分区)线的概念(Gupta et al.　1986)。通过每一个相的边界都可以画出一条 ZPF 线,某相的 ZPF 线的一边有此相,ZPF 线的另外一边则没有此相。这是一个很有用的概念,它有重要的应用。Hillert (M. Hillert　1988,1998)、Pelton(A. D. Pelton　2001)对相图的边界问题也做过很多研究和应用。

我国的相图工作者主要从事相图测定、计算、评估以及应用的工作,研究相图理论的比较少。主要有郭其悌在《中国科学(B 辑)》发表了一系列用拓扑学方法研究相图构成规律的论文(郭其悌　1979~1989)。

赵慕愚的相图边界理论是受 P-L 的工作(Palatnik, Landau　1955,1964)的影响提出的。由于 P-L 没有提出相边界(phase boundary)的概念,他们所建立的相区接触法则所提供的信息十分有限。而且在许多情况下,还必须引进令人费解的退化区概念。赵慕愚在 1981 年[①] 首次提出了相边界的概念,找到了边界与相边界之间的区别与联系。然后,通过逻辑推理和数学论证,提出了一个系统的相图边界理论,从而解决了这个问题。本章首先论述相图的几个比较重要的基本概念,然后重点说明边界与相边界的概念。在这些概念的基础上,用数学论证和逻辑推理相结合的方法,导出了恒压相图中的对应关系定理及其推论。进一步还找出了边界维数 R'_1 与相边界维数 R_1 之间的关系,并用数学方法推导了上述关系。这些就是恒压相图边界理论中的主要内容。最后,还论证了相图中各个相的相成分随体系的总成分变化的规律。

2.2　相图中的几个基本概念
——特别是相边界的概念

2.2.1　相点和体系点

体系点是相图中处于一定条件下的某一体系的代表点(T, p, x_i)。T、p 分别代表温度和压力,x_i 是组元 i 在整个体系中的摩尔分数。相点是处于一定条件下的某一个相的代表点(T, p, $x_{i,j}$)。$x_{i,j}$ 是第 i 个组元在第 j 个相中的摩尔分数。在恒压相图中,p 为常数。体系点是布满整个相图空间的[图 2.1(c)],而相点则仅存在于单相区及其边界上[图 2.1(b)]。可参见下面典型的二元恒压相图(图

---

①　赵慕愚.硅酸盐学报,9(1):32~37.1981。

2.1)。

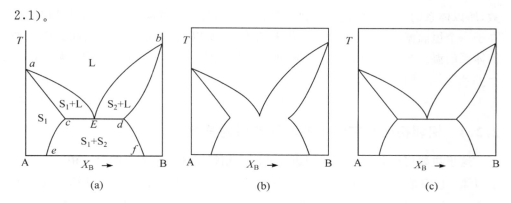

图 2.1　固态部分互溶的二元系的恒压 t-x 相图

2.2.2　恒压相图及其维数

在一般科学技术中,最常用的是恒压相图。体系的压力 p 可以认定为 $10^5\,\mathrm{Pa}$,或者保持恒定。恒压相图中任一体系点所代表的体系的变数有温度 T 和组成 x_i（$i=1,2,\cdots,N$）对于每一个相中的相点来说,其变数为 T 和 $x_{i,j}$（$i=1,2,\cdots,N$;$j=1,2,\cdots,\phi$）。但由于存在

$$\sum_{i=1}^{N} x_i = 1$$

$$\sum_{i=1}^{N} x_{i,j} = 1 \qquad (j = 1,2,\cdots,\phi)$$

所以无论对于一个体系的体系点或者一个相的相点来说,独立变数都只有 N 个,用 N 维空间就可以描述不同条件下的体系点和相点。因此,恒压相图的维数 R 与组元数 N 相等

$$R = N \tag{2-1}$$

2.2.3　相区及其所包含的相数

相区是相图的一个组成部分。在这个组成部分内,不论体系点如何变动,体系均含有相同的相。在这个组成部分中的任一点到另一点均无新相的形成和旧相的消失;越过这个组成部分的边界到另一个组成部分则有新相的形成或旧相的消失。这样的一个组成部分叫相区（phase region）。相区的维数与相图的维数相同。如图 2-1(a) 的二元相图由 6 个相区、7 条边界线和 5 个边界点组成。而 cEd 线则只是一条没有宽度的边界线。Palatnik 和 Landau 在有些情况下把它看成是退化了的三相区。根据前面所述的相区的定义,显然是不适当的。

令任一相区中的相数为 ϕ,显然,$\phi \geqslant 1$。其次,由于相区的维数等于相图的维

数,所以体系的温度至少是一个独立变数。否则若温度恒定,则这个"相区"仅能存在于一个恒温截面上,其维数少于相图的维数;所以,它不是相区。因此相区内平衡体系的温度至少是一个独立变量,即 $f \geqslant 1$。根据相律,在恒压条件下,$\phi = N+1-f$;当 $f \geqslant 1$,则 $\phi \leqslant N$。故

$$N \geqslant \phi \geqslant 1 \qquad\qquad (2-2)$$

2.2.4　相邻相区及它们中的不同的相的总数 Φ

这里主要讨论共用一个共同边界的两个相邻相区。设相邻的第一相区中包含 ϕ_1 个相,它们是 $f_1, f_2, \cdots, f_{\phi_C}, f_{\phi_C+1}, \cdots, f_{\phi_C+p_1}$,$\phi_1 = \phi_C + p_1$。相邻的第二相区中包含 ϕ_2 个相,它们是 $f_1, f_2, \cdots, f_{\phi_C}, f_{\phi_C+1}, \cdots, f_{\phi_C+p_2}$,$\phi_2 = \phi_C + p_2$。其中,$f_1$, $f_2, \cdots, f_{\phi_C}$ 诸相为两个相邻相区所共有,即共同相数(number of common phases)为 ϕ_C。两个或多个相邻相区中所有的不同的相的总数 $\Phi = \phi_C + p_1 + p_2$。显然,$\Phi = \phi_1 + \phi_2 - \phi_C$,即

$$\phi_C = \phi_1 + \phi_2 - \Phi \qquad\qquad (2-3)$$

两个或多个相邻相区中所有的不同的相的总数 Φ 是赵慕愚首次引入的一个重要概念。Palatnik 和 Landau 的理论的弱点除了没有相边界概念之外,没有 Φ 的概念也是一个重要原因。有了相边界和 Φ 的概念,才能根据它们推导出相图的对应关系定理,才能有相图边界理论。所以说 Φ 也是相图边界理论重要的基本概念之一。当然,它没有相边界概念那么重要。相边界的概念着重在后面讨论。

2.2.5　两个相邻相区中任一相区中的最大的相数 ϕ_{max}

已经证明,在 N 元恒压相图中,任一相区中的相数 $\phi \leqslant N$,见式(2-2),则所有不同相区中可能的最大的相数

$$\phi_{max} = N \qquad\qquad (2-4)$$

2.2.6　相邻相区的边界和相边界

相区及其边界是相图的两个组成部分。相区的概念很清楚,没有异议。而边界的概念却值得进一步研究。

2.2.6.1　边界

边界是划分相邻相区的体系点的集合(set)。Palatnik-Landau 的相区接触法则所指的边界、一般相图文献所指的边界都是从这个意义来理解的。边界的诸物理参数中可以自由变动的参数的数目叫边界的维数,以 R'_1 表之。

2.2.6.2 相边界

若对两个相邻相区的共同边界进行深入分析,即从处于共同边界上的体系点和相点的两个不同的角度来分析,就可以发现一般所指的边界实际上包含既有相互联系但彼此又有区别的两个方面的内容,即可以把共同边界的含义细致地划分为边界和相边界。除了上面已经定义的边界概念以外还应该引入相边界的概念。

相边界的概念是赵慕愚在 1981 年首次提出的。若没有相边界的概念,有些时候,甚至于在物理化学基础课教学中都会发生一些小混乱。例如学生们常问,在图 2.1(a)中,若一个体系的代表点恰好位于 aE 线上,体系中只有一个均匀相还是有两个混合相呢? 在辅导课上有时就会纠缠不清。应用相图的边界理论,严格区分边界和相边界的概念,就很容易阐明这个问题了。

现在分析位于边界线上的一个代表点的体系。相区内一个代表点的体系可以有体系点和平衡相点,为什么位于边界线上的代表点的体系不可以有体系点和平衡相点呢? 因此边界上的诸代表点的体系既可以有体系点,也可以有平衡相点。因而定义:**相边界(phase boundary)是处于边界上的体系的平衡相点的集合(set)。相边界上平衡体系中可以自由变动的物理参数的数目叫相边界的维数,以 R_1 表示。**在相图的边界理论提出以前,相边界的名称在许多文献中曾用过,他们所说的相边界通常指的是一个相的边界,或者是一个单相区的边界。上面所定义的相边界的概念与此不同。另外,作者认为在讨论平衡问题时,相点比体系点重要;同样,相边界比边界重要。后面将要论述的恒压相图的边界理论之所以能提出,主要是因为区分了边界和相边界这两个不同的概念,并认识到了相边界的重要性。下面通过两个例子来说明上面引述的几个概念。

例 2-2-1 图 2-1(a)中的两个相邻相区$(L+S_1)/L$。这表示 $L+S_1$ 相区与 L 相区相邻。$\phi_1=2(L,S_1)$;$\phi_2=1(L)$;$\phi_{max}=2$;$\Phi=2(L,S_1)$;$\phi_c=1(L)$;$\phi_c=\phi_1+\phi_2-\Phi=1+2-2=1$。边界是 aE 线,$R'_1=1$。a 或 E 是这个边界线的两个端点。这里指的边界必须包括两个相邻相区之间的体系点的集合的全部。相边界是 aE 和 ac 两条线,$R_1=1$。此例中 $R_1=R'_1=1$。但根据杠杆定律,处于边界上的体系中的各个组元基本上都分布在相边界线 aE 上的共同相中,只有无限小量的组元分布在相边界线 ac 上的非共同相 S_1 中。所以在这种情况下,相边界主要就是指 aE 线;即相边界主要是指共同相的平衡相点的集合。还应指出,相边界一定是指平衡相点的集合;边界除了指边界上体系点的集合之外,有时,它又作为一个通用语,包括了边界和相边界两部分概念在内。

例 2-2-2 两个相邻相区$(S_1+L)/(S_1+S_2)$。$\phi_1=2(S_1,L)$,$\phi_2=2(S_1,S_2)$,$\phi_{max}=2$,$\Phi=3(L,S_1,S_2)$,$\phi_c=1(S_1)$。边界是 cE 线,$R'_1=1$,只有体系点分布于其中。相边界是三个相点:$c(S_1)$、$d(S_2)$ 和 $E(L)$。$R_1=0$。故在这个例子中,

$R'_1 \neq R_1$。由此例可见,边界和相边界是不同的。

作者提出了相边界概念,并找到了相边界与边界的不同和联系。这些概念得到了国内相图专家的认同。郭祝崑、林祖镶和严东生早在 1987 年,在赵慕愚的相图书(赵慕愚 1988)没有出版之前,在《高温相平衡与相图》(上海科技出版社,1987,121～123)中就扼要地引用了赵慕愚的恒压相图边界理论的主要内容。郭祝崑在引文中一开始就抓住了这个的理论核心:"近来,赵慕愚提出了相图中邻接相区[①] 的相边界和几何边界(即体系点构成的边界)⋯⋯"后面又说,"由相邻相区及其边界规则,可以说明邻接相区之间的过渡性而无需引进费解的退化区概念。"郭祝崑指出了 Palatnik-Landau 理论的弱点,而同意作者的分析(对 P-L 相区接触法则的分析见后)。中国科学院院士梁敬魁在其所编著的《相图与相结构》(科学出版社,1993,上册,67～71)中 1.7 节相图的边界理论,主要介绍了赵慕愚的理论。梁敬魁一开始同样抓住了这个理论的核心:"赵慕愚提出了相图中相邻相区的相边界概念,以区别边界规则和相区接触法则有关边界的概念。"殷辉安在其新著《多体系相图》(北京大学出版社,2002 年)书中的 2.1.2 小节比较全面地介绍了相图的边界理论。其中特别指出:"相边界是赵慕愚的相图边界理论区别于别的理论的一个至关重要的概念。"赵慕愚的相边界概念也得到国际上相图界的认可。在国外,恒压相图的边界理论是在国际相图计算专业杂志(Muyu Zhao 1983)发表的,应用这个理论的许多论文也主要是发表在国际性杂志上(见最后的文献中所引用的论文)。郭祝崑等人的著作《高温相平衡与相图》已经译成英文出版(*High Temperature Phase Equilibria and Phase Diagrams*,New York:Pergamon Press)。在这本书中同样介绍了赵慕愚的相图边界理论,特别是相边界的概念。

相边界的概念来之不易。赵慕愚分析了许多不同类型的恒压相图的边界;在没有相边界的概念之前,许多问题始终得不到前后一致的解释。找到了相边界的概念,就一通百通了。在如此经典而成熟的古老学科——相平衡和相图的领域里,能够引入这样一个新的重要的基本概念——相边界,这是作者的幸运和机遇,也是经过苦苦思索的结果。

2.2.7 确定相邻相区及其边界关系的几个物理量

上面已经介绍了确定相邻相区及其边界关系的许多物理量,在这些物理量中,最重要的是 Φ、ϕ_c、R_1 和 R'_1。在相图中,相邻相区的相的组合是最重要的。如果知道了两个相邻相区中相的组合,则 Φ 和 ϕ_c 的值可以很方便地求出。根据相图的边界理论,有了 Φ 的值,就可以求 R_1 的值。有了 R_1 和 ϕ_c 的值就可以求 R'_1

---

① 两个有共同边界的相区,常见的有三个名称:紧邻相区、相邻相区和邻接相区,目前尚未统一。本处尊重原作者的意见,未做改动。

的值。有了 Φ、ϕ_C、R_1 和 R'_1 这些量的值,则相邻相区及其边界的关系就确定了。下面就逐步讨论这些物理量之间的关系。

2.3　相图中的对应关系定理及其与相律的关系

2.3.1　相图中的对应关系定理

对应关系定理找出了相边界的维数 R_1 与相邻相区中各个不同的相的总数 Φ 之间的对应关系,如下所示。

在温度、压力、组成均可独立变化的相图中

$$R_1 = (N - Z - r) - \Phi + 2 \qquad (2-5)$$

在恒压相图中

$$R_1 = (N - Z - r) - \Phi + 1 \qquad (2-6)$$

R_1、N、Φ、r 和 Z 的意义前面已经讨论过[①]。这个定理指出了相邻相区中所包含的不同的相的总数 Φ 与相边界维数 R_1 之间有一一对应的关系。有了 Φ 的值,就可以求 R_1 的值。下面用两个不同的方法来证明它。

2.3.1.1　第一种证明方法

边界(此处是一个通称,也包括相边界的概念在内)是两个相邻相区的共同部分。处于边界上的平衡体系既满足相邻的第一个相区的相平衡条件,同时也满足相邻的第二个相区的相平衡条件,这是这种证明方法的出发点。体系的组元数是 N,相邻的第一个相区包含$(\phi_C + p_1)$个相,相邻的第二个相区包含$(\phi_C + p_2)$个相,ϕ_C 是两个相邻相区共同具有的相数。可以分别写出相邻的第一个相区和相邻的第二个相区中体系的相平衡条件。

在一定的温度、压力的条件下,相邻的第一个相区中的平衡体系应满足下列相平衡条件,$\mu_{i,j}$ 代表组元 i 在第 j 个相中的化学势

$$\mu'_{i,1} = \mu'_{i,2} = \cdots = \mu'_{i,\phi_C} = \mu'_{i,(\phi_C+1)} = \cdots = \mu'_{i,(\phi_C+p_1)} \quad (i=1,2,\cdots,N)$$

$$\sum_{i=1}^{N} x'_{i,j} = 1 \quad (j=1,2,\cdots,\phi_C,\phi_C+1,\cdots,\phi_C+p_1)$$

同样可以写出在一定 T、p 的条件下,相邻的第二个相区中的平衡体系的相平衡条件

$$\mu''_{i,1} = \mu''_{i,2} = \cdots = \mu''_{i,\phi_C} = \mu''_{i,(\phi_C+1')} = \cdots = \mu''_{i,(\phi_C+p_2)} \quad (i=1,2,\cdots,N)$$

---

①　r 是平衡体系中独立化学反应的数目。Z 是在化学平衡条件之外,平衡体系中的诸组元的浓度之间的其他的独立限制条件(不包括 $\sum_{i} x_{i,j} = 1$ 的条件)的数目。

$$\sum_{i=1}^{N} x''_{i,j} = 1 \quad (j = 1, 2, \cdots, \phi_c, \phi_c + 1', \cdots, \phi_c + p_2)$$

同时因为边界是两个相邻相区的共同部分,体系位于边界上且处于平衡状态的条件下,应有

$$x'_{i,j} \equiv x''_{i,j} \equiv x_{i,j} \quad (i = 1, 2, \cdots, N; \ j = 1, 2, \cdots, \phi_c)$$

$$\mu'_{i,j} \equiv \mu''_{i,j} \equiv \mu_{i,j} \quad (i = 1, 2, \cdots, N; \ j = 1, 2, \cdots, \phi_c)$$

因此,利用边界的这些平衡关系可以写出一组统一的相平衡方程

$$\mu_{i,1} = \mu_{i,2} = \cdots = \mu_{i,\phi_c} = \mu'_{i,(\phi_c+1)} = \cdots = \mu'_{i,(\phi_c+p_1)} = \mu''_{i,(\phi_c+1')}$$

$$= \cdots = \mu''_{i,(\phi_c+p_2)} \quad (i = 1, 2, \cdots, N)$$

$$\sum_{i=1}^{N} x_{i,j} = 1 \quad (j = 1, 2, \cdots, \phi_c)$$

$$\sum_{i=1}^{N} x'_{i,j} = 1 \quad (j = \phi_c + 1, \cdots, \phi_c + p_1)$$

$$\sum_{i=1}^{N} x''_{i,j} = 1 \quad (j = \phi_c + 1', \cdots, \phi_c + p_2)$$

在这一组方程中,独立的方程的数目为

$$N(\phi_c + p_1 + p_2 - 1) + \phi_c + p_1 + p_2$$

因 $\mu_{i,j}$ 可表示为 T、p、$x_{i,j}$ 的函数,故描写相边界上体系的平衡相点的未知参数有 T、p 以及 $x_{i,j}$、$x'_{i,j}$、$x''_{i,j}$ 等,总共有 $N(\phi_c + p_1 + p_2) + 2$ 个未知数,因此平衡相点还可以在 R_1 维空间中变动,R_1 可以从下式求出

$$R_1 = N(\phi_c + p_1 + p_2) + 2 - N(\phi_c + p_1 + p_2 - 1) - (\phi_c + p_1 + p_2)$$

故

$$R_1 = N - (\phi_c + p_1 + p_2) + 2$$

两个相邻相区中的不同的相的总数 Φ

$$\Phi = \phi_c + p_1 + p_2$$

故

$$R_1 = N - \Phi + 2 \qquad\qquad (2-7)$$

如果处在相边界上的体系中还存在 r 个独立的化学反应和 Z 个浓度间的其他独立限制条件,则

$$R_1 = (N - r - Z) - \Phi + 2 \qquad\qquad (2-5)$$

在恒压条件下

$$R_1 = (N - r - Z) - \Phi + 1 \qquad\qquad (2-6)$$

对于图 2.1(a) 的相邻相区 $L/(L+S_1)$ 的相边界,由对应关系定理

$$R_1 = (2 - 0 - 0) - 2 + 1 = 1$$

由图 2.1(a)可以看出相边界为 aE 线,它的确是一维的。与上节的叙述的出发点不同,此处是对应关系定理的应用例证。对于相邻相区$(S_1+L)/(S_1+S_2)$的相边界来说

$$R_1=(2-0-0)-3+1=0$$

这两个相邻相区的相边界为 $c(S_1)$、$E(L)$ 和 $d(S_2)$三个无变量的相点,R_1 也的确为 0。

若 $\phi_c=0$,式(2-5)、式(2-6)两式显然仍成立。若两个以上的相邻相区相交于某一共同边界,则可以对不同的相邻相区的体系分别写出它们的相平衡方程,按类似方法同样可以导出这两个公式,讨论从略。因此对应关系定理的应用不限于两个相邻相区及其边界的关系。这是证明对应关系定理的一种基本方法。请注意,在这个证明方法中没有用到相律,因而对应关系定理是一个独立的定律。

2.3.1.2　赵慕愚在有关论文(Muyu Zhao 1983)中采用的简捷方法

因相邻相区的相边界是边界上平衡体系的平衡相点的集合,平衡体系必须服从相律。当有独立反应和其他限制条件时,相律可以写为

$$R_1 = f = (N-r-Z)+2-\phi \tag{2-8}$$

显然相边界的维数 R_1 就等于处于边界上的平衡体系的自由度数 f。

相边界是两个(或多个)相邻相区所共有,故相邻相区中所有不同的相的总数 Φ 应该等于处在边界上平衡体系中的相数 ϕ,否则这些相邻相区不可能相交于这条共同相边界上(这在逻辑上是成立的,但要具有一定的抽象思维能力,才能得出这个结论),即

$$\Phi = \phi \tag{2-9}$$

Φ 与 ϕ 数值相同,但物理意义是不同的。将式(2-9)代入式(2-8),即可得式(2-5)。这就是对应关系定理的第二种证明方法。

这个证明方法虽然简捷,但容易引起误解。人们可能提出问题说:Φ 就是 ϕ,因此对应关系定理就是相律的一个应用。实际上,$\Phi=\phi$ 的这个等式还是需要证明的,将在下面讨论这个问题。

2.3.2　对应关系定理与相律的关系

对应关系定理与相律只是形式上相似,实质上是不同的;当然它们之间还是有联系的。

从第一种而且是基本的证明方法可以明显地看出,对应关系定理是将两个或多个相邻相区的平衡方程组与边界的特性相结合而导出的,这个证明方法没有用到相律。**对应关系定理是指相边界的维数 R_1 和这个相边界周围相邻相区中的不同的相的总数 Φ 有一一对应关系。应用于边界上的体系的相律是指处于边界上**

的平衡体系的自由度数 f 与平衡体系中的相数 ϕ 之间的关系。ϕ 与 Φ 仅只是数值上相同,但二者代表的物理意义是不同的。

例如,二元恒压低共晶相图,在 $R_1=0$ 的共晶点处有 4 个相邻相区相交于同一个边界点;三元恒压低共晶相图 $R_1=0$ 的共晶点处,有 4 个相和 8 个相邻相区相交于同一个边界点。在四元恒压低共晶相图中,$R_1=0$ 的共晶点处有 16 个相邻相区相交于同一个边界点。而根据相律,在这个四元共晶点的无变量转变的条件下,处于这个边界上的平衡体系中的相数仅只有 5 个。在 $N>4$ 的体系的温度、压力和组成均可独立变化的低共晶相图中,则相交于同一个边界点——N 元低共晶点的相邻相区数目会大得多。边界上这么多个相邻相区中不同的相的总数 Φ 必然与处于它们的边界上的平衡体系中的相数 ϕ 相等,的确需要证明。有了相律和对应关系定理(它是根据独立于相律的第一个方法证明出的),可将这点证明如下。把相律应用于边界上的平衡体系,可得

$$R_1 = f = (N - r - Z) + 2 - \phi \tag{2-8}$$

而根据对应关系定理又可以写出

$$R_1 = (N - r - Z) + 2 - \Phi \tag{2-5}$$

所以有

$$\Phi = \phi \tag{2-9}$$

因此说,Φ 和 ϕ 是两个物理意义完全不同的量,它们只是在数值上相同,当然它们之间有一定的联系。因为 Φ 与 ϕ 在物理意义上不同,所以对应关系定理与相律也是两个不同的定理。

从逻辑学的观点看,任何科学工作中所用的同一个概念必须只能有一个解释;而且应用它时,其含义应该前后一致。如果把 Φ 和 ϕ 看成同一个物理量,那么,讨论边界上的体系时,它代表平衡体系中的相数;而在讨论相邻相区的问题时,它又代表相邻相区中不同相的总数。这就是概念的前后不一致,人们称这种情况为逻辑上的混乱。

其次,事实上对应关系定理及其推论等组成的恒压相图的边界理论可以系统地解决恒压相图中相邻相区及其边界关系的所有问题。如果对应关系定理就是相律本身,而相律早在 1875～1878 年就建立了,为什么在相律建立之后,还会有那么多经验规则和理论法则试图去阐述相邻相区及其边界的关系。如果说,对应关系定理就是相律的另一种形式,为什么那么多学者不直接用相律去解决这些问题呢?

据此,可以进一步说明对应关系定理与相律是两个不同的定理。

赵慕愚首先提出了相边界的概念。经过一系列的努力最终完成了系统的恒压相图边界理论。许多研究和应用相图的学者如 Palatnik 和 Landau 等,他们的理论内容中既没有相边界概念,也没有相邻相区中的不同的相的总数 Φ 的概念,所以他们不可能全面解决相邻相区及其边界的关系问题。对应关系定理是从热力学原

理出发,应用独立于相律的相平衡关系,经过数学推导得到的。而且这个定理在它应该处理的问题的范围内是没有例外的。所以把它称之为定理是适当的。

从相律不能导出对应关系定理。当相律应用于边界时,只能从处于边界上的平衡体系的相数 ϕ 得出平衡体系的自由度数 f。而且在提出相图的边界理论以前,人们没有相邻相区中的不同相的总数 Φ 的概念,所以根本谈不上处于边界上的平衡体系的相数 ϕ 与 Φ 相等的问题,也就谈不上从相律可以推导对应关系定理的问题。即使有了 Φ 的概念,但相邻相区中不同相的总数 Φ 与处于边界上的平衡体系的相数 ϕ 必然相等,这还是需要理论证明的。因此在这种情况下,从相律也导不出对应关系定理。对应关系定理中指的是 Φ 和 R_1 有一一对应的关系,而不是指对应关系定理的 N、Φ 和 R_1 与应用于边界上的相律中的 N、ϕ 和 f 有一一对应的关系,因为 Φ 和 ϕ 只是数值上相同,物理内涵是不同的。

2.4　对应关系定理在恒压相图中的推论

——恒压相图中 Φ、R_1 和 ϕ_C 的变化范围和若干规律

把对应关系定理与相图的若干基本特性相结合,可以得到这个定理的若干推论。从而可以确定在各类恒压相图中 Φ、R_1 和 ϕ_C 的变化规律和范围,以及这些量之间的相互关系,这对确定相图中相邻相区及其边界关系十分重要。

推论1　任一 p-T-X_i 相图中,Φ 的变化范围。

两个相邻相区至少包含两个相,故 $\Phi \geqslant 2$;又因 $R_1 \geqslant 0$,按对应关系定理式(2-5),故有

$$(N-r-Z)+2 \geqslant \Phi \geqslant 2$$

一般相图中 $Z=r=0$,故有

$$N+2 \geqslant \Phi \geqslant 2$$

推论2　任一 p-T-x_i 相图中,R_1 的变化范围。

在实际的相图中,$R_1 \geqslant 0$。又因 $\Phi \geqslant 2$,若 $Z=r=0$,按对应关系定理式(2-5),有 $N \geqslant R_1$,故

$$N \geqslant R_1 \geqslant 0$$

当 $N \geqslant 2$,$Z=r=0$ 的恒压相图中,有下列第3、第4和第5三条推论。

推论3　在上述条件的相图中,经过考察,表明两个相邻相区间,主要有以下两种情况,满足 $R_1=0$,$\phi_c=0$ 的条件。

(1)诸单相区仅能相交于个别共同相点上,$\phi_c=0$,$R_1=0$。证明如下。

若两个单相区 f_j 和 f_k 相交于某一共同平衡相边界,则这个相边界的各相点上均有

$$x_{1,j} = x_{1,k}, \quad x_{2,j} = x_{2,k}, \cdots, x_{N,j} = x_{N,k}$$

上式中有 $(N-1)$ 个浓度间的独立限制条件，即 $Z=N-1$（相图作为整体看，可以是 $r=Z=0$，但这不排斥相图中的个别点有 $Z\neq 0$）。又 $r=0$，$\Phi=2$，p 恒定，故

$$R_1 = N-(N-1)-2+1 = 0$$

因 $R_1=0$，故仅能有个别共同相点满足这个条件。

　　(2) 在所述条件的相图的两个相邻相区的过渡过程中，若存在 $\Phi=\phi_{max}+1=N+1$ 个相的共存区，则 $R_1=0$。按式 $(2-2)$，$N\geqslant\phi\geqslant 1$，所以显然可以有一种情况满足 $\phi_1=\phi_{max}=N$，同时 $\phi_2=\phi_{min}=1$，此时

$$\phi_c = \phi_1+\phi_2-\Phi = \phi_{max}+\phi_{min}-\Phi = N+1-(N+1) = 0$$

除以上两种情况外，当 $N\geqslant 2$，一般相邻相区中均能满足 $R_1\geqslant 1$ 和 $\phi_c\geqslant 1$ 的条件。在下面还要证明这一点。

　　推论 4　在 $N\geqslant 2$，$Z=r=0$ 的恒压相图中，若两个相邻相区的相边界 $R_1\geqslant 1$，则

$$(\Phi-1) \geqslant \phi_c \geqslant 1$$

根据 ϕ_c 的定义，它必然是个正整数。上面已经说明，在两种情况下，有 $\phi_c=0$；所以在其他情况下，一般均有 $\phi_c\geqslant 1$。这个关系还可以用归谬法证明如下。

　　归谬法在此处的应用是：即首先假定 $R_1\geqslant 1$，同时两个相邻相区间还满足 $\phi_c=0$；接着证明这个假定是错误的，从而证明前面的命题"$R_1\geqslant 1$，则 $\phi_c\geqslant 1$"是正确的。因两个相区之间至少必须有共同的体系点，否则两个相区互不相干。这个（或这些）共同的体系点上的体系必须同时满足两个相邻相区的相平衡条件。设相邻的第一相区有 ϕ_1 个相，相邻的第二相区有 ϕ_2 个相。相邻的第一和第二相区中的各相的物质的量和各组元的摩尔分数分别为 $m_1, m_2, \cdots, m_{\phi_1}$；$m_1', m_2', \cdots, m_{\phi_2}$；$x_{i,1}, x_{i,2}, \cdots, x_{i,\phi_1}$；$x_{i,1}', x_{i,2}', \cdots, x_{i,\phi_2}$（$i=1,2,\cdots,N$）。组元 i 在整个体系的摩尔分数为 x_i（$i=1,2,\cdots,N$），此外还有变量 T。体系中诸物理变量的未知数的数目为 $\phi_1+\phi_2+N\phi_1+N\phi_2+N+1=N(\phi_1+\phi_2)+\phi_1+\phi_2+N+1$。

　　这些变量之间要满足相平衡条件

$$\mu_{i,1} = \mu_{i,2} = \cdots = \mu_{i,\phi_1} = \mu_{i,1'} = \mu_{i,2'} = \cdots = \mu_{i,\phi_2}$$

（$i=1,2,\cdots,N$），总共有 $N(\phi_1+\phi_2-1)$ 个相平衡方程。体系的各组元还应满足下列质量守恒方程，对相邻的第一相区

$$x_{i,1}\,m_1 + x_{i,2}\,m_2 + \cdots + x_{i,\phi_1}\,m_{\phi_1} = Mx_i \quad (i=1,2,\cdots,N；N\text{ 个方程})$$

对于相邻的第二相区

$$x_{i,1'}\,m_1' + x_{i,2'}\,m_2' + \cdots + x_{i,\phi_2}\,m_{\phi_2} = Mx_i \quad (i=1,2,\cdots,N；N\text{ 个方程})$$

$$\sum_{i=1}^{N} x_{i,j} = 1 \quad (j=1,2,\cdots,\phi_1；\phi_1\text{ 个方程}) \qquad (2-10)$$

$$\sum_{i=1}^{N} x_{i,j'} = 1 \quad (j' = 1', 2', \cdots, \phi_2 ; \phi_2 \text{ 个方程}) \qquad (2-11)$$

若承认式(2-10)、式(2-11)为独立方程,则有

$$\sum_{i=1}^{N} \sum_{j=1}^{\phi_1} x_{i,j} m_j = M = M \sum_{i=1}^{N} x_i$$

即得

$$\sum_{i=1}^{N} x_i = 1$$

所以它不是独立方程。又有

$$\sum_{j=1}^{\phi_1} m_j = \sum_{j'=1}^{\phi_2} m_{j'} \quad (1 \text{ 个方程})$$

独立方程的总数是

$$N(\phi_1 + \phi_2 - 1) + N + N + \phi_1 + \phi_2 + 1 = N(\phi_1 + \phi_2) + \phi_1 + \phi_2 + N + 1$$

故处于边界上的体系的自由度为

$$f = [N(\phi_1 + \phi_2) + \phi_1 + \phi_2 + N + 1] - [N(\phi_1 + \phi_2) + \phi_1 + \phi_2 + N + 1] = 0$$

即 $R_1 = f = 0$。所以当 $\phi_C = 0$,则有 $R_1 = 0$,不可能为 $R_1 \geqslant 1$。因此,前面的假定是错误的。既然如此,当 $R_1 \geqslant 1$,则 $\phi_C \geqslant 1$。

其次讨论 $(\phi_C)_{max}$。因全体大于局部,故 $\Phi \geqslant \phi_{max}$,而 ϕ_C 至少比 ϕ_{max} 小 1,否则两个相邻相区全同;所以 ϕ_C 至少还要比 Φ 小 1,即$(\Phi - 1) \geqslant \phi_C$。综合以上两点,可得

$$(\Phi - 1) \geqslant \phi_C \geqslant 1$$

推论 5 在 $N \geqslant 2$, $Z = r = 0$ 的恒压相图中,当 $R_1 = 0$,则

$$(\Phi - 2) \geqslant \phi_C \geqslant 0 \qquad (2-12)$$

因 $R_1 = 0$,则 $\Phi = N + 1$。按式(2-4)应有 $\phi_{max} = N$,或 $\phi_{max} = (\Phi - 1)$。又有 $\phi_C \leqslant (\phi_{max} - 1)$,否则两个相邻相区全同,故有$(\Phi - 2) \geqslant \phi_C$。又前面已经证明,在相邻相区间有$(\phi_{max} + 1) = (N + 1)$个相共存的不变区, $R_1 = 0$ 时,可以有一种情况,满足 $\phi_C = 0$。综合以上两点,可得式(2-12)。

根据对应关系定理及其上述推论,对于 $N \geqslant 2$, $r = Z = 0$ 的恒压相图中, R_1、Φ 和 ϕ_C 的变化规律和范围已经确定。对于其他类型的相图,应根据式(2-5)结合具体情况来确定。

2.5 边界维数 R'_1 与相边界维数 R_1 的关系

根据对应关系定理,从 Φ 的值可以求 R_1 的值。但相图上,特别是多元相图上所显示的边界大部分是边界而非相边界。因此,还必须进一步研究如何从 R_1 和

ϕ_C 的值求 R'_1 的值。

作者在文献中(Zhao，Fan　1985；赵慕愚　1988)已经从数学上证明了 R'_1 与 R_1 和 ϕ_C 之间存在的两个关系式。但这里还是先给出定性的说明，因为这样处理便于读者理解。

2.5.1　R'_1 与 R_1 之间存在的两个关系式的定性说明

2.5.1.1　$R'_1 = R_1 + \phi_C$ 的定性说明

当 $N \geqslant 2$，有共晶、包晶等无变量转变的情况。在相转变过程中，$R_1 = 0$，两个相邻相区间存在 $\phi_{max} + 1 = N + 1$ 个相的共存区，体系的质量可以分布在 ϕ_C 个共同相和一个非共同相中(这点，后面的章节将予以理论上证明)，此时有

$$R'_1 = R_1 + \phi_C \tag{2-13}$$

即有了 R_1 和 ϕ_C 的值可以求得 R'_1 的值。以图 2.2 中的相邻相区(L+S$_1$)/(S$_1$+S$_2$)在无变量($R_1 = 0$)的转变过程为例。

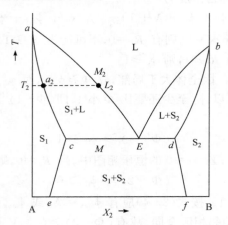

图 2.2　典型的二元恒压相图

当体系仍存在于 L+S$_1$ 相区时，体系的质量分布在一个共同相 S$_1$ 和一个非共同相 L 中；当体系已经完全转变到了 S$_1$ + S$_2$ 相区，体系的质量可以分布在一个共同相 S$_1$ 和一个非共同相 S$_2$ 中。而在相转变过程中，L、S$_1$ 和 S$_2$ 三相共存。体系的质量可以在相当大的变化范围内存在于这三个相中，因 $\phi_{max} = 2$，($\phi_{max} + 1$)=($N + 1$)=3，这符合上面提到的条件。

因 $\Phi = 3$，$R_1 = N - \Phi + 1 = 2 - 3 + 1 = 0$，$\phi_C = 1(S_1)$，根据式(2-13)，$R'_1 = 0 + 1 = 1$；所以相邻相区(L+S$_1$)/(S$_1$+S$_2$)的边界是一条恒温的边界线。这就是说，所述边界的特性与式(2-13)的结论相符。另外一个例子是相邻相区 L/(S$_1$+S$_2$)；

$R_1=0$，在两个相区间存在$(\phi_{max}+1)=(N+1)$个共存相，$\phi_c=0$，所以 $R'_1=0+0=0$；边界是一个无变量相点。

现在定性地讨论式(2-13)是如何得到的。式(2-13)的作用在于：已知 R_1 和 ϕ_c 的值，可以求 R'_1 的值。为此，首先在所述条件下确定平衡相点，然后找体系点所分布的区间。对于相邻相区$(L+S_1)/(S_1+S_2)$，$R_1=0$，相点自然就固定了，它们分别为 c、E、d 三点(参见图2.2)。只有在 $R_1=0$，同时在两个相邻相区间存在$(\phi_{max}+1)=(N+1)$个共存相的条件下，边界上的体系的质量才可以分布在非共同相中。此处体系的质量分布在一个共同相 $S_1(c)$ 和一个非共同相 $L(E)$。按照杠杆定律，体系点 M 必然分布在两个相点$(c，E)$的结线上，$R'_1=R_1+\phi_c=0+1=1$。

三元恒压相图的情况与此类似。现以三元恒压部分互溶的共晶相图为例，见图2.3。讨论相邻相区$(L+S_1+S_2)/(S_1+S_2+S_3)$的边界，$R_1=0$，相邻相区之间存在 4 个共存相。$\phi_c=2(S_1，S_2)$，体系质量分布在两个共同相 $S_1(a)$ 和 $S_2(b)$ 及一个非共同相 $L(E)$ 中。根据重心定律，体系点必分布在三个相点$(a，b，E)$所形成的恒温的三角形区，其边界维数 $R'_1=R_1+\phi_c=0+2=2$。

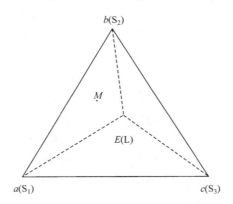

图2.3　三元恒压相图的恒温
共晶面上的相点与体系点

对于 $N\geqslant3$ 元恒压相图，相邻相区间的相边界维数 $R_1=0$，在相变过程中两个相邻相区间存在$(\phi_{max}+1)=N+1$个相的共存区，体系的质量分布在 ϕ_c 个共同相和一个非共同相，即(ϕ_c+1)个相中。同样可以说明体系点必分布在由 (ϕ_c+1) 个相点作为顶点所形成的 ϕ_c 维的多维空间边界中。因 $R_1=0$，为了公式的形式的统一，故可写为

$$R'_1 = R_1 + \phi_c$$

表 2.1　$R_1 = 0$ 时 R'_1 随 ϕ_C 变化的情况

ϕ_C	0	1	2
$R'_1 = R_1 + \phi_C$	0	1	2
边界性质	点	结线	结面

此外,还有两种情况满足

$$R'_1 = R_1 + \phi_C \qquad (2-13)$$

这两种情况是单元系的 $p\text{-}T$ 图和 $N \geqslant 2$ 的恒压相图中的最高(或低)的恒沸(或熔)点处,它们符合式(2-13),将在后面的相关的章节讨论它们,此处从略。

2.5.1.2　公式 $R'_1 = R_1 + (\phi_C - 1)$ 的定性说明

$N \geqslant 2$ 的恒压相图中,在所有其他情况下,即 $R_1 \geqslant 0$,两个相邻相区之间不存在 $(\phi_{max} + 1) = (N+1)$ 个相的共存区,则处于边界的体系的质量基本上全分布在共同相中,此时有

$$R'_1 = R_1 + (\phi_C - 1) \qquad (2-14)$$

首先讨论 $R_1 \geqslant 1$ 的情况。例如图 2.2 中,相邻相区 L/(L+S$_1$),$R_1 = N - \Phi + 1 = 1$,是一维相边界线。$\phi_C = 1$(L),从而它们之间的边界的维数 $R'_1 = 1 + (1-1) = 1$,是一条一维边界线。

现在讨论当 $R_1 \geqslant 1$ 时,式(2-14)如何得到。仍然以图 2.2 的相邻相区 L/(L+S$_1$)为例。首先固定温度为 T_2,则相点 a_2 和 L_2 都是固定点,体系所有的质量均分布在以相点 L_2 所代表的共同相 L 中,体系点 M_2 与共同相点 L_2 重合。L_2 是一个 0 维相点,体系点也是 $(\phi_C - 1) = 0$ 的 0 维的固定点。然后改变温度,相点作相应的变化(因 $R_1 = 1$),同时体系点也作相应变化(因 $R'_1 = 1$),与由式(2-14)计算所得的结论相同。在三元相图中,如相邻相区(L+S$_1$)/(L+S$_1$+S$_2$),则 $R_1 = N - \Phi + 1 = 3 - 3 + 1 = 1$。$\phi_C = 2$。讨论问题时首先将温度固定,例如图 2.4 中固定为 T_1,则相点也固定了;共同相点是 L_1(L)和 a_1(S$_1$)。体系点存在于共同相点 L_1 和 a_1 所连成的恒温结线上,即 $(\phi_C - 1) = 1$ 的一维结线中。

当温度变化(因 $R_1 = 1$),体系点所在的结线因也随温度的变化作相应变化,结线随温度的变化而运动所形成的轨迹是一个二维平面(图 2.4),故

$$R'_1 = R_1 + (\phi_C - 1) = 1 + (2-1) = 2$$

与此相似,对于 $N > 3$ 的恒压相图,也可以说明在类似条件下,式(2-14)成立。

其次讨论 $R_1 = 0$,但两个相邻相区间不存在 $(\phi_{max} + 1) = (N+1)$ 个相的共存区的情况。按质量守恒原理,则处于边界的体系的质量基本上全分布在共同相中,此时,也有式(2-14)。如图 2.2 相邻相区(S$_1$+L)/(L+S$_2$)的情况。此处 $R_1 = 0$,

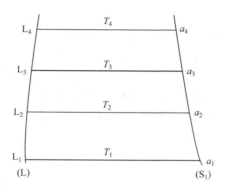

图 2.4　三元恒压相图中相邻相区之间的相边
界的相点及其结线（边界点分布于其中）

$\phi_C=1$，$R'_1=R_1+(\phi_C-1)=0$。

2.5.2　$N\geqslant 2$ 的恒压相图中 R'_1 与 R_1 的两个关系式的理论证明

2.5.2.1　公式（$R'_1=R_1+\phi_C-1$）的理论证明

在 $N\geqslant 2$ 的恒压相图中，两个相邻相区的边界满足 $R_1\geqslant 0$，同时，两个相邻相区之间不存在（$N+1$）个相的共存区的情况。在这种情况下，按杠杆定律、重心定律及推广了的重心定律（Palatnik，Landau　1964），处于边界上的体系的各个组元基本上全分布在共同相中，则

$$R'_1 = R_1 + (\phi_C-1)\qquad\qquad(2-14)$$

即有了 R_1 和 ϕ_C 的值，可以求 R'_1 的值。

下面证明这个公式。证明的思路是通过质量守恒原理来找体系点与相点之间的关系。

首先讨论 $R_1\geqslant 1$ 的情况。

设相邻的第一相区包括 $f_1,f_2,\cdots,f_{\phi_C},f_{\phi_C+1},\cdots,f_{\phi_C+P_1}$ 诸相，相邻的第二相区包含 $f_1,f_2,\cdots,f_{\phi_C},f_{\phi_C+1'},\cdots,f_{\phi_C+P_2}$ 诸相。$f_1,f_2,\cdots,f_{\phi_C}$ 为两个相邻相区共同具有的相；$f_{\phi_C+1},\cdots,f_{\phi_C+P_1}$ 为相邻的第一相区单独具有的相，$f_{\phi_C+1'},\cdots,f_{\phi_C+P_2}$ 为相邻的第二相区单独具有的相。第二章的 2.4 节中的推论 4 已经证明若两个相邻相区的相边界 $R_1\geqslant 1$，则（$\Phi-1$）$\geqslant\phi_C\geqslant 1$，在这种相区的过渡过程中，有 p_1 个相消失，有 p_2 个新相形成。根据质量守恒原理（在此处即杠杆定律、重心定律及推广了的重心定律），当体系点正好处在边界上时，体系中的各个组元基本上全部分布在两个相邻相区的共同相中，而即将消失的相和新产生的相中任一组元的物质的量 $m_{i,j}(i=1,2,\cdots,N;j=\phi_C+1,\phi_C+2,\cdots,\phi_C+p_1$ 或 $j=\phi_C+1',\phi_C+2',\cdots,\phi_C$

$+ p_2$)都将是无穷小量。

在一定的相平衡条件下,处于边界上的体系的 ϕ_C 个共同相点形成 ϕ_C 个 N 维浓度矢量,$\{x_{1,j}, x_{2,j}, \cdots, x_{i,j}, \cdots, x_{N,j}\}$,$j=1,2,\cdots,\phi_C$。$x_{i,j}$ 代表第 i 个组元在第 j 个共同相中的摩尔分数。因($N-1$)$\geq \phi_C$,这些相点的浓度矢量除了以相平衡条件相互联系以外,在 N 维相图空间中彼此是线性无关的,这些共同相点构成(ϕ_C-1)维超平面。因边界上的体系中各组元基本全分布在共同相中。因此,可以写出

$$x_{1,1}\,m_1 + x_{1,2}\,m_2 + \cdots + x_{1,j}m_j + \cdots + x_{1,\phi_C}\,m_{\phi_C} = M\,x_1$$

$$x_{2,1}\,m_1 + x_{2,2}\,m_2 + \cdots + x_{2,j}m_j + \cdots + x_{2,\phi_C}\,m_{\phi_C} = M\,x_2$$

$$\cdots \quad \cdots \quad \cdots \quad \cdots$$

$$x_{N,1}\,m_1 + x_{N,2}\,m_2 + \cdots + x_{N,j}m_j + \cdots + x_{N,\phi_C}\,m_{\phi_C} = M\,x_N$$

各式两边都除以 m,并令

$$y_j = \frac{m_j}{M}$$

可得

$$x_{i,1}\,y_1 + x_{i,2}\,y_2 + \cdots + x_{i,j}y_j + \cdots + x_{i,\phi_C}\,y_{\phi_C} = x_i \quad (i=1,2,\cdots,N)$$

而且

$$\sum_{j=1}^{\phi_C} y_j = 1$$

由于 $1 \geq y_j \geq 0$ 和 $\sum_{j=1}^{\phi_C} y_j = 1$,所以边界上的体系点 $x_i(i=1,2,\cdots,N)$必然分布在诸共同相点所构成的(ϕ_C-1)维的超平面中,并充满整个超平面而不能超出这个超平面。

随着温度和成分的变化,诸共同相的平衡相点[亦即上述(ϕ_C-1)维超平面的顶点]又可以在 R_1 维的空间运动。边界上的体系点分布于其中的(ϕ_C-1)维超平面因而又可在这 R_1 维空间内运动。所以边界上的体系点所分布的空间的总维数是($R_1 + \phi_C - 1$),故

$$R'_1 = R_1 + (\phi_C - 1) \tag{2-14}$$

其次讨论 $R_1 = 0$ 的情况。

这种情况的两个相邻相区的过渡只能在温度不变而体系的总成分发生变化时发生。当体系处在这种边界上时,按质量守恒原理,体系中的各组元基本上全分布在共同相中,即将消失的相和新产生的相中的各个组元的物质的量都趋近于无限小值。这种情况与下面将要讨论的两个相邻相区间有 $\phi_{max} + 1 = N + 1$ 个相的共存区的情况不同。在前述情况下,若 $\phi_C = 0$,则两个相区彼此互不相干,故 $\phi_C \geq 1$。

若两个相区的共同相有 ϕ_c 个,则有 ϕ_c 个共同相点。这些相点构成(ϕ_c-1)维超平面,体系中的各个组元基本上全分布在共同相中,则同前述 $R_1 \geqslant 1$ 和 $R'_1 = R_1 + \phi_c - 1$ 的情况相似,当各相点的 $\{x_{i,j}\}$($i=1,2,\cdots,N;j=1,2,\cdots,\phi_c$)值给定时,所有满足相平衡条件的体系点 $\{x_i\}$($i=1,2,\cdots,N$)必处于该(ϕ_c-1)维浓度超平面中,并充满整个超平面,而不能超出这个超平面。所以在这种情况下,边界上的体系点分布的超平面的维数就是(ϕ_c-1)。又因 $R_1=0$,平衡相点为不变点,所以边界的维数就只有(ϕ_c-1)维。这时式(2-14)仍成立。因 $R_1=0$,为了公式形式上的统一,所以才写成为式(2-14)的形式。

下面再讨论 $R'_1 = R_1 + \phi_c$ 的情况。

2.5.2.2　公式($R'_1 = R_1 + \phi_c$)的理论证明

下面讨论,当 $N \geqslant 2$,$R_1=0$,在相转变过程中,在两个相邻相区间存在($\phi_{max}+1$)=($N+1$)个相的共存区的情况。

当体系从相邻的第一相区达到无变量转变区,相变尚未发生时,体系中的诸组元完全分布在相邻的第一相区的诸相中,诸相中的各组元均可以有限量存在。相变不断进行,相邻的第一相区中的非共同相的物质的量不断减少,相邻的第二相区中的非共同相形成并逐渐长大。在无变量转变进行的过程中,两个相邻相区所包含的各个相均可以同时存在,并在一定范围内可以任意比例变动。到无变量转变刚结束,体系中的各个组元全部分布于相邻的第二相区的诸相中。

在 $R_1=0$,$\Phi=(N+1)$ 的条件下,按式(2-4),$\phi_{max}=N$,则 $\phi_1 \leqslant N$,$\phi_2 \leqslant N$;而且即使当 $\phi_1=\phi_2=N$,两个相区也不致全同,又($\Phi-2$)$\geqslant \phi_c \geqslant 0$[见式(2-12)]。设相邻的第一相区中的诸相为 $f_1,f_2,\cdots,f_{\phi_1}$,在无变量转变刚开始的情况下,当体系的诸组元基本上全分布在相邻的第一相区的诸相中时,体系点的总成分 $\{x_i\}$($i=1,2,\cdots,N$)和诸相的相成分 $\{x_{i,j}\}$($i=1,2,\cdots,N;j=1,2,\cdots,\phi_1$)之间存在下列关系

$$\left.\begin{array}{r} x_{1,1}\,m_1 + x_{1,2}\,m_2 + \cdots + x_{1,\phi_1}\,m_{\phi_1} = M x_1 \\ x_{2,1}\,m_1 + x_{2,2}\,m_2 + \cdots + x_{2,\phi_1}\,m_{\phi_1} = M x_2 \\ \cdots \cdots \cdots \cdots \\ x_{N,1}\,m_1 + x_{N,2}\,m_2 + \cdots + x_{N,\phi_1}\,m_{\phi_1} = M x_N \end{array}\right\} \qquad (2-15)$$

$m_1,m_2,\cdots,m_{\phi_1}$ 为相邻的第一相区的诸相中各组元的物质的量之和,M 为体系中的各组元的物质的量的总和。当无变量转变刚结束,体系的质量全分布在相邻的第二相区时,体系的总成分 $\{x_i\}$ 和相邻的第二相区的诸相的相成分 $\{x_{i,j'}\}$($i=1,2,\cdots,N;j'=1',2',\cdots,\phi_2$)之间也存在下列关系

$$
\left.
\begin{array}{l}
x_{1,1'} m_{1'} + x_{1,2'} m_{2'} + \cdots + x_{1,\phi_2} m_{\phi_2} = M x_1 \\[4pt]
x_{2,1'} m_{1'} + x_{2,2'} m_{2'} + \cdots + x_{2,\phi_2} m_{\phi_2} = M x_2 \\[4pt]
\cdots \quad \cdots \quad \cdots \quad \cdots \\[4pt]
x_{N,1'} m_{1'} + x_{N,2'} m_{2'} + \cdots + x_{N,\phi_2} m_{\phi_2} = M x_N
\end{array}
\right\}
\qquad (2-16)
$$

$m_{1'}$，$m_{2'}$，$\cdots$，m_{ϕ_2} 为相邻的第二相区的诸相中各组元的物质的量之和。在无变量转变条件下，相成分不变，故 $\{x_{i,j}\}$、$\{x_{i,j'}\}$ 都是已知固定值。由于两个相邻相区中存在 ϕ_c 个共同相，所以 $\{x_{i,j}\}$ 和 $\{x_{i,j'}\}$ 中有一些浓度矢量是共同的，但两个相邻相区的共同相的物质的量却可以不同。m_1，m_2，$\cdots$，m_{ϕ_1}，$m_{1'}$，$m_{2'}$，$\cdots$，m_{ϕ_2}；x_i（$i=$ $1,2,\cdots,N$）均可视为变量。因 $\sum\limits_{j=1}^{\phi_1} m_j = M$，故 M 不是独立变量。又

$$
\sum_{j=1}^{\phi_1} m_j = \sum_{j'=1}^{\phi_2} m_{j'} \qquad (2-17)
$$

在式（2-15）～式（2-17）中，总共有（$2N+1$）个独立方程。在认定了式（2-15）～式（2-17）等为独立方程以后，则

$$
\sum_{i=1}^{N} x_i = 1
$$

不是独立方程。在式（2-15）～式（2-17）中总共的未知数有 N 个 x_i（$i=1,2,\cdots$，N）、ϕ_1 个 m_j（$j=1,2,\cdots,\phi_1$）、ϕ_2 个 $m_{j'}$（$j'=1',2',\cdots,\phi_2$），总计

$$
N + \phi_1 + \phi_2 = N + \Phi + \phi_c = 2N + 1 + \phi_c
$$

个独立未知数。独立方程有（$2N+1$）个，故式（2-15）～式（2-17）这一组解的维数是

$$
2N + 1 + \phi_c - (2N+1) = \phi_c
$$

即在相点固定的条件下，体系点的维数 R'_1 是 ϕ_c。

　　由于在一般的情况下，若 $R_1 \neq 0$，相点可以变动，则体系点的维数会相应增加。此处恰好是 $R_1 = 0$，相点不能变动，才有 $R'_1 = \phi_c$。为了公式表达方式的统一起见，故写为

$$
R'_1 = R_1 + \phi_c \qquad (2-13)
$$

　　在这种情况下，若进一步令 $\phi_c = 0$，则 $R'_1 = 0$，体系点仅有惟一解。两个相邻相区仅有一个共同的体系点。

　　若 $\phi_c \neq 0$，边界的体系点所分布的 ϕ_c 维浓度超平面是这样构成的。ϕ_c 个共同相有 ϕ_c 个共同相点，除此以外，当 $\phi_c = 0$ 时还有一个共同的体系点，共计（$\phi_c +$ 1）个共同相点或共同体系点。因根据式（2-12），$\phi_c \leqslant (\Phi - 2) = N - 1$，故

$$
\phi_c + 1 \leqslant N
$$

这（$\phi_c + 1$）个共同相点或体系点除了以相平衡条件相互联系外，它们在 N 维浓度

空间中是彼此线性独立的。所以,体系点可分布于以这($\phi_c + 1$)个点作顶点所形成的一个 ϕ_c 维的超平面中。因这超平面的诸顶点是两个相邻相区的共同相点或共同体系点,因此这些顶点既在相邻的第一相区的浓度空间中,也在相邻的第二相区的浓度空间中。所以由这($\phi_c + 1$)个顶点所构成的 ϕ_c 维的超平面既在相邻的第一相区的浓度空间中,也在相邻的第二相区的浓度空间中,它是这两个相邻相区的浓度空间的共同部分,因此,也就是这两个相邻相区的共同边界。故边界维数 R'_1 就是 ϕ_c。

最后,还应对 $R_1 = 0$、两个相邻相区间有($\phi_{max} + 1$)=($N + 1$)个相共存区、$\phi_c = 0$ 时,两个相邻相区的惟一的一个共同体系点的性质做进一步说明。

设 $\phi_1 = N$ 和 $\phi_2 = 1$,则两个相邻相区的惟一的共同体系点就是相邻的第二相区在这个条件下的惟一的一个相的平衡相点。

因无变量区中的各平衡相点分别都是不变点,所以相邻的第二相区的这个平衡相点也是惟一的不变点。在单相区,相点与体系点重合,所以这个相点也就是相邻的第二相区在边界上的体系点。又已经证明,当 $\phi_c = 0$,$R_1 = 0$ 时,两个相邻相区的共同体系点是惟一的(见本节),因此这个共同体系点就是相邻的第二相区在无变量区的惟一的一个相点。

设 $1 < \phi_1 < N$,$1 < \phi_2 < N$,则两个相邻相区的共同体系点是**非相点**。

因为若体系点存在于两个或两个以上的相中,则体系点与相点不重合。由于相邻的第一相区或相邻的第二相区都存在于两个或两个以上的相区中,故这两个相邻相区的共同体系点不可能是相点。

以上讨论了已知 R_1 和 ϕ_c 的值,在三种不同情况下如何求 R'_1 的值的计算公式,并给出了理论证明。

2.6 温度下降过程中相边界维数 R_1 变化的若干情况

在温度下降过程中,体系由高温稳定相区向低温稳定相区过渡,可能析出新相,相邻相区的相边界维数 R_1 减少或不变,直到 $R_1 = 0$。若温度进一步下降,R_1 又可增大。然后又按 R_1 减少或不变的规律变化,直到 R_1 又减少到 0,如此等等。这个粗略的规律是由经验归纳的,对绝大多数情况都是有效的。它反映了这样一个物理背景:高温下,熵效应显著,不同组元间的相互溶解度较大[1]。常压下,不同组元的气体混合物通常是一个相;在许多体系中,不同组元的液态混合物也可能是一个相。给定体系的(或者说相区的)相数较少,故相邻相区的相边界维数 R_1 较

---

[1] 不同物质相互溶解时,有混合熵;特别是在高温下,TS 项大,而体系的吉布斯自由能 $G = H - TS$,故体系的 G 值较小,较稳定。

大。随着温度的下降,不同组元之间的相互溶解度下降,有分层、析出等发生,相区中所包含的相数增加,相邻相区的 Φ 值增大,R_1 值减少。当 R_1 的值减少到 0,相邻相区中不同的相的总数最大。这以后,体系又可以进行新的一个层次的相变过程,如低温稳定相区中的某一个单相又可以消失等。如 Fe-C 相图的 δ 相消失(图 2.5)。这时,这个新边界两侧的两个相邻相区的不同的相的总数 Φ,可能比 $R_1 = 0$ 时边界两侧的两个相邻相区的 Φ 值为小,所以 R_1 值可以上升一次。再以后,随温度下降,固相中又可析出新相,R_1 值将再次下降,如此等等。

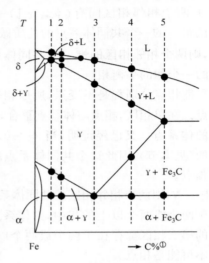

图 2.5　Fe-C 相图中的几个冷却过程

表 2.2　相邻相区的相边界维数变化

合金序号	R_1 的变化情况
1	$1 \rightarrow 0 \longrightarrow 1 \rightarrow 0$
2	$1 \rightarrow 0 \rightarrow 1 \longrightarrow 1 \rightarrow 0$
3	$1 \longrightarrow 1 \longrightarrow 0$
4	$1 \rightarrow 1 \rightarrow 1 \rightarrow 0$
5	$1 \rightarrow 0 \longrightarrow 0$

以图 2.5Fe-C 相图中的几个不同的合金的冷却过程为例。图上画了 5 个不同成分的合金的冷却过程。在图上用小"●"标出了这些合金的相变过程的代表点。这些相变过程中相邻相区的相边界维数变化的情况如表 2.2 所示。因 $N = 2$ 的恒压相图,$R_1 = N + 1 - \Phi$。当 $\Phi = 2$,$R_1 = 1$;$\Phi = 3$,$R_1 = 0$。

图 2.5 中,自上而下,第一个高温的两个无变量转变是在同一个温度下进行的。第三个低温的五个无变量转变也是在同一个温度下进行的。表 2.2 中两个相转变之间的线段长短大致与其间的温度区间相当。随温度下降,因均匀相有析出

_____

① 本书"%"号不另加注明时为质量百分数。

等现象而致使 R_1 减少,在三元垂直截面图中看得更清楚些,以后讨论。

2.7　相图中各相的成分随体系的总成分变化的规律[①]

在相图中,在温度一定情况下,当体系的总成分作有规律的变化时,各相的量以及各相的成分应如何作相应的变化;或者从各相之间的平衡来看,在温度一定的条件下,当体系的总成分变化时,一个相的成分发生了变化,其平衡共存相的成分如何变化? 在简单情况下,这些问题的解答是容易得到的。但在一个复杂体系中,这些问题并没有用热力学原理进行过细致的分析和论证。碰到复杂相图时,由于实验工作者没有足够的理论基础,以致在某些专著或杂志文献中曾出现过某些错误。因此有必要讨论相图中随着体系总成分变化,各相成分的相应变化的规律。

2.7.1　各相成分不变的情况

在一定温度、压力条件下,体系各相处于无变量的相平衡状态,即各相成分均不能变化。此时体系中若增加某一组元 i 的量而其他组元的量不变,则只能是各相的物质的量发生变化。组元 i 浓度最大的相的物质的量增加,而组元 i 浓度最小的相的物质的量减少。对于二元、三元和多元相图来说,可以分别由杠杆定律、重心定律和推广了的重心定律得出结论,毋庸赘述。

2.7.2　各相成分可变的情况

在一定温度、压力条件下,平衡体系的某些相的成分是可变的。例如组元 i 的浓度可变;若其浓度未达到饱和,增加体系中组元 i 的量,则组元 i 势必溶入到某些相中去。设组元 i 溶入到第 j 个相中去,由于 $x_{i,j}$ 的增加,根据 Gibbs 的稳定性条件(Gibbs　1875～1878,1950;傅鹰　1963)

$$\left[\frac{\partial \mu_i}{\partial m_i}\right]_{T,p,m_j} > 0$$

或

$$\left[\frac{\partial \mu_i}{\partial x_i}\right]_{T,p,x_j} > 0 \tag{2-18}$$

则 $\mu_{i,j}$ 也增加。式中 μ_i、m_i、x_i 分别代表多元溶液中某一个组元的化学势、物质的量、摩尔分数。若某些相(例如第 k 个相)含有组元 i,而且在这些相(例如第 k 个相)中,组元 i 的浓度可变,则由于 $\mu_{i,j}$ 增加,平衡共存的第 k 个相的 $\mu_{i,k}$ 势必增

---

① 赵慕愚等,1983。

加,从而 $x_{i,k}$ 势必也增加。这就是说当组元 i 在第 j 个相中由于 $x_{i,j}$ 增加,其 $\mu_{i,j}$ 增加,则所有含组元 i 且其浓度可变的其他相中的组元 i 的化学势及浓度均将增加。

若某一相不含组元 i,即组元 i 不能溶入这个相。在体系中增加组元 i 的量时,则可以认为组元 i 在这一相中的化学势可能不低于这一组元在其他相中的化学势。因此,这一相在一定范围内可以不因体系中组元 i 的物质的量增加而受到影响。

若某一相中含有组元 i,但它是在有一定计量比的定组成相中,如这一相是含组元 i 的化合物或复盐。则在一定范围内,这一相基本上也不受体系中增加组元 i 的物质的量的影响。因为在一定温度、压力下,$N(N \geqslant 2)$ 元体系的 N 维摩尔吉布斯自由能——组成图中定组成相的摩尔吉布斯自由能——成分曲面在摩尔吉布斯自由能极小处的形状是很尖锐的。通过这个极小处的切面具有一定的自由度,随着其他平衡共存相的浓度的变化,可以画出不同的公切面来;因此这个定组成相可以与组元 i 的浓度在一定范围内变化的其他相平衡共存,而不受体系中增加组元 i 的物质的量的影响。

总结起来,在一定温度、压力下,若体系中某一第 k 个相含有组元 i 且 k 相中组元 i 的浓度可变,则当增加体系中组元 i 的物质的量或当另一个 j 相中组元 i 的浓度增加时,则这第 k 个相中组元 i 的浓度将增加;不含组元 i 的其他相或者是含组元 i 的定组成的相在一定范围内可以不受影响。

上面讨论的原则对于电解质溶液或熔融盐也是适用的。只是因为电解质溶液(或熔融盐,下同)中,一种离子不能单独存在,也不能单独加入。在相平衡问题中起作用的主要是整个电解质的化学势 μ 和平均活度 $a_{\pm}$,或者说是正负离子共同起作用

$$\mu = \nu_+ \mu_+ + \nu_- \mu_- \tag{2-19}$$

$$a_{\pm} = (a_+^{\nu} \cdot a_-^{\nu})^{1/\nu} \tag{2-20}$$

式中:μ_+、μ_- 为正负离子的化学势;ν_+、ν_- 为电解质中的正负离子的计量;a_+、a_- 是正负离子的活度。

$$\nu = \nu_+ + \nu_-$$

2.7.3 实验相图中个别错误的修正

图 2.6 是一个互易盐对 Na^+、Mg^{++} // Cl^-、SO_4^{2-}、H_2O 的 NaCl 饱和溶液的相图[①],体系中各相始终与 NaCl(固)保持平衡。这个相图对讨论盐类矿床的沉积

---

① Braitsh O. Salt Depositions, Their Origin and Composition. Berlin:Springer Verlagaitsh, 1971.60.

和湖盐的利用是很重要的。图上的代号分别是

$$\text{Bi} \text{——} MgCl_2 \cdot 6H_2O$$

$$\text{Ks} \text{——} MgSO_4 \cdot H_2O$$

$$\text{Vh} \text{——} Na_6 Mg(SO_4)_4$$

$$\text{da} \text{——} Na_{21} MgCl_3 (SO_4)_{10}$$

$$\text{Hex} \text{——} MgSO_4 \cdot 6H_2O$$

$$\text{Bl} \text{——} MgNa_2 (SO_4)_2 \cdot 4H_2O$$

$$\text{t} \text{——} Mg_2 SO_4$$

$$\text{e} \text{——} MgSO_4 \cdot 7H_2O$$

$$\text{m} \text{——} Na_2 SO_4 \cdot 10H_2O$$

$$\text{Loe} \text{——} \frac{1}{7}\left[Na_{12} Mg_7 (SO_4)_{13} \cdot 15H_2O \right]$$

因为体系中固态混合物始终有 NaCl 固相,所以,溶液中 NaCl 的活度 $a_{\pm, NaCl}$ 在一定温度下是恒定的。相图的横坐标为 $Mg^{2+}\% + SO_4^{2-}\% = 100\%$(摩尔百分数)。左端点代表水溶液中只有 NaCl 和 $MgCl_2$;右端点则只含 NaCl 和 Na_2SO_4。横坐标从左到右,反映水溶液中 $MgCl_2$ 的浓度逐渐减少,Na_2SO_4 的浓度逐渐增加。Autenrieth 所作的相图 Hex 和 Loe 的原边界线是 ab 线(图 2.6)。

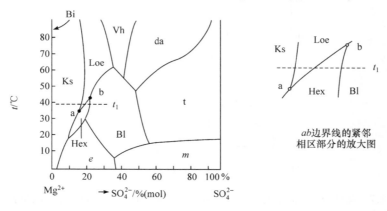

图 2.6　互易盐对 Na^+、$Mg^{2+}//Cl^-$、SO_4^{2-} 与 NaCl 饱和的相图

中国学者韩蔚田等发现了这条边界线是错误的。通过细致的长时间的实验,把图 2.6 中有错误的边界线 ab 修正为图 2.7[1] 的边界线 $a'b'$。实际上考虑一个 t_1 的恒温线。按图 2.6 的 ab 边界线,则随水溶液中的 Na^+ 和 SO_4^{2-} 的浓度逐渐增加,固相转变次序为

① 韩蔚田等,科学通报,1981,26(16):989。

$$MgSO_4 \cdot H_2O(Ks) \xrightarrow{C_1} \frac{1}{7}[Na_{12}Mg_7(SO_4)_{13} \cdot 15H_2O](Loe)$$

$$\xrightarrow{C_2} MgSO_4 \cdot 6H_2O(Hex)$$

$$\xrightarrow{C_3} MgNa_2(SO_4)_2 \cdot 4H_2O(Bl)$$

按修正了的图 2.7,Hex-Loe 的一维边界线 $a'b'$,固相转变次序为

$$MgSO_4 \cdot H_2O(Ks) \xrightarrow{C'_1} MgSO_4 \cdot 6H_2O(Hex)$$

$$\xrightarrow{C'_2} \frac{1}{7}[Na_{12}Mg_7(SO_4)_{13} \cdot 15H_2O](Loe)$$

$$\xrightarrow{C'_3} MgNa_2(SO_4)_2 \cdot 4H_2O(Bl)$$

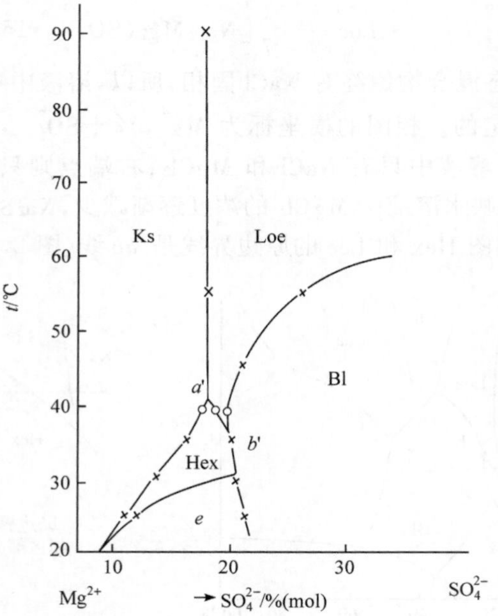

图 2.7　互易盐对 Na^+、$Mg^{2+}//Cl^-$、SO_4^{2-}-H_2O 四元体系多温图的修正部分

o 为 Braitsh 文献数据;× 为韩蔚田实验数据

图 2.6 中随水溶液中 Na_2SO_4 浓度增加,$Loe[Na_{12}Mg_7(SO_4)_{13} \cdot 15H_2O] \rightarrow$ $Hex(MgSO_4 \cdot 6H_2O)$,固相中 Na_2SO_4 反而减少到没有了,这是错误的。图 2.7 中先由 $Ks(MgSO_4 \cdot H_2O) \rightarrow Hex(MgSO_4 \cdot 6H_2O)$,再由 $Hex \rightarrow Loe[Na_{12}Mg_7(SO_4)_{13} \cdot 15H_2O]$,固相成分变化次序与水溶液中的成分变化次序一致,是正确的。因为随水溶液中 Na^+ 和 SO_4^{2-} 离子浓度的增加则水溶液中的 $\mu_{\pm,Na_2SO_4}$ 增加,因而固相中的 Na_2SO_4 含量不能减少,所以不能由 Loe 转变 Hex,故图 2.6 的 ab 线是错误的,

而图 2.7 的 $a'b'$ 线是正确的。图 2.7 符合热力学原理。这就是说,无需做实验,只要通过热力学分析,即可以指出图 2.6 中 Braitsh 所画的 ab 线是错误的。但 ab 线的具体位置则需由实验确定。

2.8　恒压相图的边界理论小结

在恒压相图中相邻相区及其边界之间的关系问题上,作者的研究成果总计有以下四个方面:

(1) 提出了相边界的概念和找出了相边界与边界之间的区别与相互联系。提出了两个或多个相邻相区中所有不同的相的总数 Φ 的概念。相邻相区中相的组合,是相图中的主要的量。由相邻相区的相的组合可以确定相邻相区的重要参数 Φ 和 ϕ_c 之值。从 Φ 和 ϕ_c 的值进一步可以确定相邻相区的共同边界的两个重要物理参数 R_1 和 R'_1 的值。

(2) 在以上概念的基础上,根据存在于共同边界上的平衡体系的相平衡方程,从理论上推出了对应关系定理,$R_1 = N - \Phi + 1$,这样可以从 Φ 的值求得 R_1 的值。

(3) 根据体系点的成分和相点成分的关系以及质量守恒原理,从理论上证明了边界维数 R'_1 与相边界维数 R_1 的关系:$R_1 \geqslant 1$ 或 $R_1 = 0$ 而在两个相邻相区之间不存在($\phi_{max} + 1$) = ($N + 1$)个相的共存区,则 $R'_1 = R_1 + \phi_c - 1$ (2-14);$R_1 = 0$,在两个相邻相区之间存在($\phi_{max} + 1$) = ($N + 1$)个相的共存区,则 $R'_1 = R_1 + \phi_c$。这样可以从 R_1 及 ϕ_c 的值求 R'_1 的值。

(4) 从逻辑上推出了对应关系定理在恒压相图中的几条推论,它们确定了 Φ、ϕ_c 和 R_1 的变化范围和若干规律。有了这些推论,推证某些关系式就简便得多。

把这四个方面的成果合在一起,统称之为恒压相图的边界理论。其中相边界概念是最基础的概念,没有它,对应关系定理就推导不出来。对应关系定理在相图边界理论中是一个关键的定理,应用它可以从 Φ 的值求出 R_1 的值。再加上从理论上推出的 R'_1 与 R_1 和 ϕ_c 的两个关系式,则决定相邻相区及其边界之间的关系的几个关键物理量,如 Φ、R_1 和 R'_1 等的值都可以求出来,这样可以全面阐述恒压相图中相邻相区及其边界的关系,实际上也就是阐明了相区及其边界构成整个相图的规律。

式(2-6)、式(2-13)和式(2-14)是恒压相图的边界理论的三个主要公式。

相图中各相成分随体系总成分变化的规律是应用热力学原理于相图所得出的有用规律,它不是恒压相图的边界理论的组成部分。但有了它,有时可以判断某些相区的正误和某些边界的走向。把这个规律和相图的边界理论结合起来,处理问题的面就扩展了一些。

第三章 恒压相图的边界理论在单、二、三元相图中的应用

根据恒压相图的边界理论,可以导出有关相邻相区及其边界关系的边界规则和相区接触法则,可以系统说明 Rhines 构成三元复杂相图的十条经验规则,也可以系统说明单、二、三元的各类相图(包括三元水平截面图和垂直截面图)中的相邻相区及其边界的关系。

3.1 边界规则和相区接触法则

这是有关相邻相区及其边界关系的两个一般规则,但这两个规则是有缺陷的。这里首先介绍这两个规则,然后根据恒压相图的边界理论来推导它们,并由推导过程指出它们的缺陷所在以及产生这些缺陷的原因。

3.1.1 Gorden 边界规则

它是由经验归纳得到的,尚未见到理论推导。若已知相邻的第一相区的相数 ϕ_1,两个相邻相区之间的边界的维数 R_1',根据边界规则,相邻的第二相区的相数 ϕ_2 应满足下列关系

$$\phi_2 = \phi_1 \pm (R - R_1') \tag{3-1}$$

式中:R 是相图或相图的某一定截面的维数。

这是一个不成熟的规则,人们不常用它。

3.1.2 Palatnik-Landau 的相区接触法则(Palatnik, Landau 1964)

Palatnik-Landau 法则所解决的问题是已知两个相邻相区中相的组合,则可以确定它们之间的边界的维数。其公式是

$$R_1' = R_1 - D^+ - D^- \geqslant 0 \tag{3-2}$$

D^+、D^- 分别是由相邻的第一相区越过边界到达相邻的第二相区时,所增加的新相数目和减少的旧相数目;或者说,相当于形成的新相数目和消失的旧相数目。

3.1.3 边界规则和相区接触法则的缺陷

这两个规则所指的边界都是指体系点的集合。这两个规则都有一些缺陷。

（1）它们所解决的问题实际上是一个问题的两个侧面。边界规则是已知相邻的第一相区的相数和它们的边界的维数，求相邻的第二相区的相数。相区接触法则是已知两个相邻相区的相的组合求它们之间的边界的维数。但它们未能统一，它们之间不能互推。

（2）在两个相邻相区的相转变过程中，满足 $R_1 = 0$ 而且体系中存在（$N+1$）个相的共存区。把 P-L 的相区接触法则应用到处理这类相转变过程时，就需要引入退化区概念，才能说明问题（Palatnik，Landau　1964）。在这种情况下，边界规则也是不适用的。

以图 3.1 中的相邻相区（$S_1 + L$）/（$S_1 + S_2$）的边界 cE 为例。

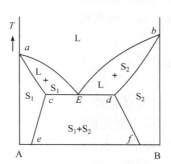

按边界规则，$\phi_1 = 2$，$R_1' = 1$，$R = 2$，则

$$\phi_2 = \phi_1 \pm (R - R_1') = 2 \pm (2-1) = 3 \text{ 或 } 1。$$

但实际上，$\phi_2 = 2$。

按相区接触法则，无论从相邻相区 $L + S_1$ 到 $S_1 + S_2$ 或从相邻相区 $S_1 + S_2$ 到 $L + S_1$，均有 $D^+ = 1$，$D^- = 1$，则

$$R_1' = 2 - 1 - 1 = 0$$

实际上，因边界是 cE 线，$R_1' = 1$。

图 3.1　二元恒压相图

（3）当 P-L 碰到其他困难时，相应地又引入一些相应的其他概念（Palatnik，Landau　1964）。

3.1.4　相区接触法则的推导

从相图的边界理论出发，很容易导出相区接触法则。

按 P-L 的相区接触法则中 D^+ 和 D^- 的定义，则（$D^+ + D^-$）实际上就是两个相邻相区中互不相同的相（不包括共同相在内）的数目；Φ 既包括（$D^+ + D^-$），又包括两个相邻相区中的共同相的数目 ϕ_c 在内，即

$$\Phi = D^+ + D^- + \phi_c \tag{3-3}$$

在一般恒压相图中，$r = Z = 0$，p 恒定，按对应关系定理，可以写出

$$R_1 = N + 1 - \Phi \tag{3-4}$$

同时，第二章 2.2.2 小节已经证明，恒压相图中，$R = N$，见式（2-1）。将这个关系式以及式（3-3）均代入式（3-4），并加以整理，得

$$R_1 + \phi_c - 1 = R - D^+ - D^- \tag{3-5}$$

在 $R_1 \geqslant 1$ 或 $R_1 = 0$，但在两个相邻相区间不存在（$\phi_{max} + 1$）=（$N+1$）个相的共存区的情况下，均有

$$\phi_c \geqslant 1 \quad 和 \quad R_1' = R_1 + \phi_c - 1 \tag{3-6}$$

将式(3-6)代入式(3-5),即得式(3-2),证毕。

这个证明非常简单。而 Palatnik 和 Landau 在他们的专著中(Palatnik,Landau 1964)却用了很大的篇幅才导出这个法则。

3.1.5　边界规则的推导

在式(3-1)中,因 ϕ_1 和 ϕ_2 的次序的规定可以是任意的;为讨论方便,现在规定相数较多的那个相邻相区为第一相区,而且因 R 总是大于 R_1',故按式(3-1)有 $\phi_1 > \phi_2$。因此式(3-1)可以写为

$$\phi_2 = \phi_1 - (R - R_1') \tag{3-7}$$

即

$$\phi_2 = \phi_1 - (N - R_1') \quad (因 R = N) \tag{3-8}$$

现证明式(3-8)。对应关系定理是普适的,作者发现从恒压相图的边界理论(以下简称为相图边界理论以节省笔墨)推导边界规则,必须引入一个特殊的条件,即 $\Phi = \phi_1$。

现令 $\Phi = \phi_1$,故得

$$\begin{aligned}
\phi_2 &= (2\phi_1 - 2\Phi) + \phi_2 \\
&= \phi_1 - \Phi + (\phi_1 + \phi_2 - \Phi) \\
&= \phi_1 - \Phi + \phi_c
\end{aligned} \tag{3-9}$$

将 $Z = r = 0$ 的恒压相图中的对应关系定理:$\Phi = N + 1 - R_1$ 代入式(3-9),并加以整理,可得

$$\phi_2 = \phi_1 - [N - (R_1 + \phi_c - 1)] \tag{3-10}$$

将式(3-6)代入式(3-10),可得式(3-8),亦即式(3-7)。前面已经说明为推导方便,才规定 $\phi_1 > \phi_2$。在实际的相图问题的讨论中,相邻的第一和第二相区的次序原则上是任意的,即 ϕ_2 也可以大于 ϕ_1,若 $\phi_2 > \phi_1$,则

$$\phi_2 = \phi_1 + (R - R_1') \tag{3-11}$$

将式(3-11)与式(3-7)合并,即得边界规则的式(3-1)。

由上可见,根据相图边界理论,既可以推导相区接触法则,也可以推导边界规则。

3.1.6　两个法则的局限性

根据这两个法则的上述推导过程,很容易指出它们的局限性。对应关系定理是普适的,由它推导两个法则的过程中,却引用了几个补充的方程。这些补充方程只能适用于一定的条件,因而,在这些条件下,这两个法则才有效。不满足这些条

件,这两个法则无效。

在以下的两种情况下,相区接触法则无效:

(1) 因在推导过程中,引入了下述条件"在 $R_1 \geqslant 1$ 或 $R_1 = 0$,但在两个相邻相区间不存在($N+1$)个相的共存区的情况下,均有 $\phi_c \geqslant 1$ 和 $R_1' = R_1 + \phi_c - 1$ 和 $Z = r = 0$",因此,当 $R_1 = 0$、同时在两个相邻相区间存在($N+1$)个相的共存区时, $\phi_c \geqslant 0$, $R_1' = R_1 + \phi_c$ [见式(2—13)],推导不出 $R_1' = R - D^+ - D^-$。实际上相区接触法则在这种情况下的确无效。见前 3.1.6 小节。

(2) 在相区接触法则的推导过程中,还引用了 $r = Z = 0$, p 恒定的条件,因此当 r 或 Z 不等于 0 时,这个法则也无效。根据同样理由,边界规则在上述两种情况下亦无效。此外,在边界规则的推导过程中,还引用了 $\Phi = \phi_1$ 的条件,若推导过程成立,则当 $\Phi > \phi_1$ 时,边界规则也无效。以图 3.1 的相邻相区($S_1 + L$)/($S_1 + S_2$)和相邻相区($L + S_2$)/($S_1 + S_2$)为例,均有 $\Phi = 3$, $\phi_1 = 2$, $R_1' = 1$, $R = 2$,则 $\phi_2 = \phi_1 \pm (R - R_1') = 2 \pm 1$, $\phi_2 = 3$ 或 1。事实上, $\phi_2 = 2$,即边界规则无效。

如果相图边界理论和边界规则、相区接触法则是等价的,则它们之间应能互推。这两个法则既没有相边界概念,又没有相邻相区不同相的总数 Φ 的概念,根本推导不出来对应关系定理。相反,从相图边界理论出发,不仅可以推导出这两个法则(或规则),而且根据推导过程,可以指出它们的适用的和不适用的范围以及其所以不适用的原因。这说明相图边界理论不是和两个法则(或规则)等价的,而是高出它们一筹。

3.2　根据相图的边界理论确定相邻相区中的相的组合和它们的边界特性

3.2.1　由相邻的第一相区中相的组合及两个相邻相区的边界的性质确定相邻的第二相区的相的组合

根据已知条件,则 ϕ_1、 R_1 及 R_1' 为确定值。按 $\Phi = N + 1 - R_1$,可以算出 Φ。分别根据不同的情况,可以按式(3—6)或式(2—13)由 R_1 和 R_1' 得到 ϕ_c,而

$$\phi_c = \phi_1 + \phi_2 - \Phi$$

则

$$\phi_2 = \Phi + \phi_c - \phi_1$$

两个相邻相区的共同相的数目是 ϕ_c,相邻的第一相区单独具有的相的数目是($\phi_1 - \phi_c$)。相邻的第二相区单独具有的相的数目是

$$\phi_2 - \phi_c = (\Phi + \phi_c - \phi_1) - \phi_c = \Phi - \phi_1$$

由上可见,根据所给条件及相图边界理论,即可确定相邻的第二个相区所具有

的相的相数、它所具有的共同相的相数和它单独具有的相的相数。也就是说,相邻的第二相区的相的组合完全确定。

3.2.2　由已知两个相邻相区中相的组合确定其边界的性质

根据已知条件,则 ϕ_1、ϕ_2、ϕ_c 和 Φ 均已确定。按对应关系定理,由 Φ 的值可以求 R_1 的值;根据不同情况由 R_1 及 ϕ_c 的值按式(2-14)或式(2-13)可以求 R_1' 的值,故两个相邻相区之间边界的性质完全确定。

3.2.3　实例

以图 3.1 的相邻相区 $(S_1+L)/(S_1+S_2)$ 及其边界为例。若已知相邻的第一相区 $\phi_1=2$,边界 cE 的性质,$R_1'=1$,$R_1=0$,则可以确定相邻的第二相区中的相的组合。因

$$\Phi = N + 1 - R_1 = 2 + 1 - 0 = 3$$

按式(2-13),可得两个相邻相区的共同相的相数

$$\phi_c = R_1' - R_1 = 1$$

而相邻的第二相区的相数

$$\phi_2 = \Phi + \phi_c - \phi_1 = 3 + 1 - 1 = 2$$

相邻的第二相区单独具有的相的数目为

$$\phi_2 - \phi_c = \Phi - \phi_1 = 3 - 2 = 1$$

所以相邻的第二相区的相数为 2,它与相邻的第一相区有一个共同相,它自己还有一个单独具有的相。因此,相邻的第二相区的相的组合完全确定。

若已知相邻的第一相区的相的组合为 $L+S_1$,相邻的第二相区的相的组合为 S_1+S_2,可以确定其边界的性质。$\Phi=3$,$\phi_c=1$。相边界维数为

$$R_1 = N + 1 - \Phi = 2 + 1 - 3 = 0$$

边界的维数,按式(2-13)可得

$$R_1' = R_1 + \phi_c = 0 + 1 = 1$$

故相邻相区间的边界的性质完全确定。

3.2.4　相图边界理论与边界规则和相区接触法则的比较

根据边界规则或相区接触法则,分别只能解决相邻相区及其边界的一个方面的问题,或者得到 ϕ_2,或者得到 R_1'。根据相图边界理论则两方面的问题均能解决,可以同时得到 ϕ_2、R_1 和 R_1'。即相图边界理论可以概括两个规则,而且所得到的信息比两个规则所能得到的信息要具体和全面得多。

边界规则和相区接触法则有局限性,对于 3.2.3 小节的实例来说,如果不引入

补充概念,它们是无效的,此外还有许多例子说明这点。相图边界理论却能解决这个例子的问题,它的适用面广得多。

相图边界理论在恒压相图中的相邻相区及其边界关系的问题上,没有碰到过例外,在个别情况下,要用一些补充的原理来说明,这在本章第 3.4.4 小节有详细说明。但这种说明是合理的和必须的,并没有引入任何人为的概念。这与相区接触法则在其应该处理的范围内在某些条件下就不能适用而须引入人为的退化区的概念有本质的区别。

3.3　相图的边界理论在单元相图中的应用

3.3.1　对应关系定理的处理

对于图 3.2 中 aO、bO、cO 三条边界线,其相邻相区的 Φ 值为 2,则
$$R_1 = N + 2 - \Phi = 1 + 2 - 2 = 1$$

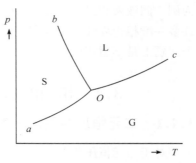

在单相区中,相点和体系点是合一的,因此在单元相图中,相边界线和边界线是同一条线。所以,这三条线分别是一条一维的相边界线,也分别是一条一维的边界线。

对于 O 点,其相邻相区的 $\Phi=3$,则
$$R_1 = 1 + 2 - 3 = 0$$

O 点是一个零维的相边界点;在单元相图中,边界和相边界是相同的,O 点也是一个零维的边界点。

所以,按相图边界理论所得结果与实际相图相符。

图 3.2　单元系 $p\text{-}T$ 相图

3.3.2　Palatnik-Landau 的处理[①]

同是图 3.2,对于边界线 aO、bO、cO 三条线来说,无论按相区接触法则或边界规则直接处理的结果均与实际不符。按相区接触法则,有 $D^+=1$,$D^-=1$,故
$$R_1' = R_1 - D^+ - D^- = 2 - 1 - 1 = 0$$

按边界规则,从固相经过 aO 线到气相,对于相邻的第一相区为固相的 $\phi_1=1$,边界 $R_1'=1$,则相邻的第二相区的相数
$$\phi_2 = \phi_1 \pm (R - R_1') = 1 \pm (2-1) = 0 \text{ 或 } 2$$

———————————

①　Palatnik,Landau,1964.

这两个规则(法则)所推导的结果都与实际不符。

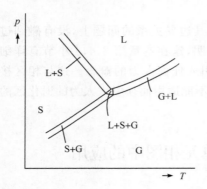

图 3.3　Palatnik-Landau 所画的
单元相图

Palatnik-Landau 为了说明单元系的三相图,引入退化区概念,把边界线 aO、bO、cO 三条线扩展为三个两相区,边界点 O 点扩展为一个三相共存区,才能用相区接触法则予以说明。如图 3.3 所示。

以通过边界线 bO 从固相到液相为例,则是固相→固、液两相共存区→液相。此时,从固相到固、液两相共存区的边界线 $R_1'=1$。然后,从固、液两相共存区到液相,有另一条边界线,$R_1'=1$。这就是说,P-L 要把事实上的一条边界线扩展为两相共存区,才能说明问题。显然,这是牵强附会。仍以图 3.2 的固液相间的 bO 线为例。固液两相虽然可以在 bO 线上共存,但 bO 线毕竟只是一维的相边界线,与许多一维相边界线性质相同,而不是一个二维的两相区。这说明 P-L 的理论在这个问题上是不适用的。

3.4　相图的边界理论在二元相图中的应用

3.4.1　二元恒压相图的一般分析

对于二元恒压相图,可将对应关系定理写为
$$R_1 = N+1-\Phi = 3-\Phi$$
故
$$\Phi = 2, 则 \ R_1 = 1$$
$$\Phi = 3, 则 \ R_1 = 0$$
对于后一种情况,在两个相邻相区转变过程中,可以存在($\phi_{max}+1$)=($N+1$)个相的共存区。体系中无变量转变的类型有两种
$$f_1 \rightarrow f_2 + f_3$$
和
$$f_1 + f_2 \rightarrow f_2 + f_3$$

在一个复杂的二元相图中,可以将其划分为若干相图基本单元。每一个相图基本单元都是由同一组三个相的排列组合而成的若干个相区组成。当然并非所有的相图基本单元都一定包括三个相。各个相图基本单元的相邻相区及其边界具有共同性。若能分析清楚一个相图基本单元以及由一个相图基本单元过渡到另一个

相图基本单元过程中的相邻相区及其边界关系,则等于分析了复杂二元相图中所有相邻相区及其边界的关系。将相图边界理论应用于二元恒压相图的一个基本单元,可以得到表 3.1。

表 3.1　二元恒压相图的一个基本相图单元中的 R_1、Φ、ϕ_C 和 R_1' 的变化规律[①]

$R_1(1 \geqslant R_1 \geqslant 0)$	1	0
$\Phi(3 \geqslant \Phi \geqslant 2)$	2	3
ϕ_C	$\phi_C = 1$	$1 \geqslant \phi_C \geqslant 0$
R_1'	$R_1' = R_1 + \phi_C - 1$	$R_1' = R_1 + \phi_C$[②]
两个相邻相区中相的组合 $i, j, k = 1, 2, 3$ $i \neq j \neq k$(下表同)	$f_i/(f_i + f_j)$	$\phi_C = 1, R_1' = 1$ $(f_i + f_j)/(f_j + f_k)$ $\phi_C = 0, R_1' = 0$ $f_i/(f_j + f_k)$

① $r = Z = 0$, $R_1 = 3 - \Phi$,体系中可有 f_1、f_2、f_3 三个相。

② R_1、Φ 和 R_1' 的变化范围可方便地用对应关系定理的推论直接推出。表中,没有考虑 $R_1 = 0$, $R_1' = R_1 + \phi_C - 1$ 的情况,因它只存在于体系的成分有变化的情况下;在封闭体系的相变中,它不重要。在个别情况下,有 f_i/f_j, $\Phi = 2$, $Z = 1$, $R_1 = 0$, $R_1' = 0$。除非特别指出,下同。

由一个相图基本单元过渡到另一个相图基本单元的方式讨论如下:设指定的相图基本单元中包含 f_1、f_2 和 f_3 三个相。相图中可能存在的其他相为 $f_4, f_5, \cdots$, f_{3+p}。设 f_m、f_n 为从指定的相图基本单元过渡到另一相图基本单元时可能出现的新相,$m, n = 4, 5, \cdots, 3 + p$, $m \neq n$。相图基本单元之间的过渡方式如表 3.2 所示。

表 3.2　二元恒压相图中两个相图基本单元之间的过渡方式

单变转变	无变量转变
$R_1 = 1$	$R_1 = 0$
	$\Phi = 3$
	$\phi_C = 0, R_1' = 0$
	$f_i/(f_m + f_n)$
	$\phi_C = 1, R_1' = R_1 + \phi_C = 1$
$\Phi = 2, \phi_C = 1, R_1' = 1$	$(f_i + f_j)/(f_j + f_m)$
$f_i/(f_i + f_m)$	$\phi_C = 1, R_1' = R_1 + \phi_C - 1 = 0$[①]
	$(f_i + f_j)/(f_j + f_m)$
	$\Phi = 2$
	$\phi_C = 0, Z = 1, R_1 = R_1' = 0$
	f_i/f_m

① 两个相邻相区间无($N+1$)个相的共存区,这种相转变只能发生在体系成分有变化的情况。

3.4.2　几个具体相图的分析

3.4.2.1　一个典型的二元恒压相图

图 3.1 所示的部分互溶的二元低共晶相图。这个相图的不同类型的边界线实际上已经在各种不同的场合讨论过了。此处只讨论边界规则和相区接触法则不能直接处理的几个特殊点。

(1) 图 3.1 的 $L/(S_1+S_2)$ 的边界点 E。因 $\Phi=3$，$R_1=0$，相邻相区 L 与 S_1+S_2 分属于无变量转变区的上下两侧，在这两个相邻相区间存在 $(N+1)$ 个相的共存区，又 $\phi_c=0$，故

$$R'_1 = R_1 + \phi_c = 0 + 0 = 0$$

与实际相符。

(2) 图 3.1 的 a 或 b 点。可以从两个不同的角度分析。以 a 点为例，a 点可以看成是纯组元 A 的熔点，因 $N=1$，则

$$R_1 = 1 + 1 - 2 = 0$$

或者从二元相图看，它也可以看成是相邻相区 L/S_1 的边界。$\Phi=2$，同时因液固相成分相同，$Z=1$，故

$$R_1 = N + 1 - Z - \Phi = 2 + 1 - 1 - 2 = 0$$

所以 a 点是一个共同相点。

3.4.2.2　SiO_2-Al_2O_3 相图

这个相图见图 3.4(图中，S、A 分别代表 SiO_2 和 Al_2O_3)。除了 M 点和 Me 线以外，其他各点线的意义已经很清楚。此处，先讨论 M 点。M 点可以看成是 $3Al_2O_3 \cdot 2SiO_2$ 的熔点，它是单元系两个单相区之间的相边界点。单相区内，相点与体系点是重合的，所以它也是两个单相区的边界点。Me 是复合氧化物 $3Al_2O_3 \cdot 2SiO_2$ 的单相线。

3.4.2.3　有最低熔点的相图——KCl-NaCl 体系的相图

这个相图见图 3.5。仅分析一个特殊点 M，它是 L 和 S 两个单相区的边界。$\Phi=2$；同时有固液相成分相同，$Z=1$；故

$$R_1 = (N-2) + 1 - \Phi = (2-1) + 1 - 2 = 0$$

M 点是两个相邻相区 L 和 S 之间的一个相边界点。而单相区的相点与体系点是同一的，故这个相边界点也是边界点。

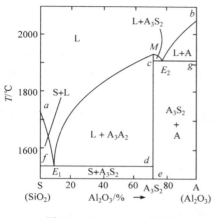

图 3.4 SiO₂-Al₂O₃ 相图

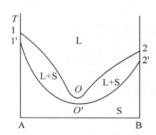

图 3.5 NaCl-KCl 相图

3.4.3 Palatnik-Landau 对这几种情况的处理[①]

P-L 在处理图 3.1 的 *cEd* 线和图 3.5 的 *M* 点时,碰到了困难。此时,P-L 就引入退化区的概念(即某些边界可以看成是两相或三相共存区退化而成)或其他令人不能接受的方法。

3.4.3.1 二元部分互溶的低共晶相图

这个相图见图 3.1。用相区接触法则的公式[式(3-2)]说明相图上的 *a*、*b* 点和 *cEd* 线有困难,P-L 则认为 *a*、*b* 两点由两相共存区退化而成,*cEd* 线由三相共存区退化而成。Palatnik 和 Landau 把 *cEd* 线看成是一个 L+S₁+S₂ 的三相区,得到图 3.6,则相区 L+S₁+S₂ 和相区 L+S₁ 或 S₁+S₂ 之间分别有一条一维边界线,同时 *a*、*b* 两点拉开成为 *a*、*a'* 和 *b*、*b'* 的四个点。这样,才可以用相区接触法则讨论。

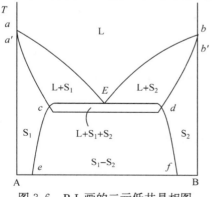

图 3.6 P-L 画的二元低共晶相图

图 3.7 P-L 画的有最低共熔点的相图

---

① Palatnik,Landau,1964.

3.4.3.2　有最低恒熔点的相图

Palatnik 和 Landau 把它画成图 3.7 的形式。则 L/(L+S) 和 (L+S)/S 的边界均可用相区接触法则说明。显然,P-L 画的相图与实际相图的情况是不同的,而且是令人难以接受的。

3.4.4　相图边界理论所不能处理或者说不属于它处理范围的几种情况及其说明

3.4.4.1　SiO_2-Al_2O_3 系相图(图 3.4)中的 *Mcde* 线

以 *de* 线段为例说明。两侧相邻相区有三个不同的相,不能用对应关系定理来说明。这是因为 *de* 线左右两个相区中体系的总成分都不相同。$S+A_3S_2$ 相区中任何一点所代表的体系均不可能通过相变,到达 A_3S_2+A 相区。在 *de* 线上也不存在 $S+A_3S_2+A$ 三个相或三个物种平衡共存的可能。这是该类分界线与其他相邻相区的边界线的本质上不同之处。既然在这类分界线上不存在两个相邻相区中各个不同相平衡共存的状态,因此不服从对应关系定理是可以理解的和可以接受的(因对应关系定理的前提是相邻相区中各个相在边界上可以平衡共存,如图3.1,相邻相区 $(S_1+L)/(L+S_2)$ 的相边界点 *E* 的情况。)。*cd* 和 *cM* 线段与此相似,但可把 *Mcae* 线看成是 $3Al_2O_3 \cdot 2SiO_2$ 的单相线,*M* 点是这个复合氧化物的熔点。这时,它们可以用相图边界理论处理。

3.4.4.2　图 3.5 的从Ⅱ区经过 *M* 点到Ⅲ区的情况

Ⅱ区和Ⅲ区实际上是同一个两相区 L+S,*M* 点是这个相区中的一个奇点。同一个相区内的平衡问题应该用相律来说明,它不属于对应关系定理讨论相邻相区及其边界关系所应处理的范畴。虽然此例中,可令 $\Phi = \phi = 2, Z = 1$(因 $x_S = x_L$),则

$$R_1 = N + 1 - Z - \Phi = 2 + 1 - 1 - 2 = 0$$

似乎与实际相符。但这样处理不正确,因只有一个相区就谈不上 Φ 值了。

3.4.4.3　临界点

如图 3.8 所示,图上有一个临界点 *K*。临界点满足下列两式

$$\left[\frac{\partial \mu}{\partial x}\right]_{p,T} = 0$$

$$\left[\frac{\partial^2 \mu}{\partial x^2}\right]_{p,T} = 0$$

故临界点是一个孤立的点,它可以从一般相平衡原理讨论(傅鹰　1963),而不由对

应关系定理处理。

对于图 3.8 的二元相图中的临界点,表面上看,似乎可以这样处理:把 K 点看成是 α 相和 β 相成分相同的一个特殊边界点,则有 $\Phi=2$,$Z=1$,故

$$R_1 = N+1-\Phi-2 = 2+1-2-1 = 0$$

也与实际相符,但这只是巧合。把这种方法用于处理三元临界点,所得结果就不对了。所以 K 点应该如实地看成是满足临界点条件的特殊点。

以上是作者经过考查发现的相图边界理论所不能处理的或者说不属于它处理范围的三类不同的情况。

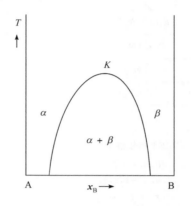

图 3.8　有临界点的二元恒压相图

3.5　相图的边界理论在三元相图中的应用

3.5.1　恒压三元相图的一般分析

一个复杂的三元体系中,由于温度和组成均可独立变化,使体系中在不同组成和不同条件下可能存在的总相数比($N+1$)(此处 $N+1=4$)为多。在确定的某一个温度下,在同一个相图基本单元中,若 $\Phi=N+1=4$,则 $R_1=0$,为一无变量转变。在一个复杂相图中可以有两个或多个无变量转变,因而可以把一个复杂的相图分解为两个或几个相图基本单元。每一个相图基本单元由同一组中的四个相组成,它们之间可以有一个无变量转变。以这个无变量转变为中心,再加上与其相关的由同一组中的四个相中、但相数比 4 为少的诸相组成的单变量或者双变量转变区构成一个相图基本单元。复杂相图则由两个或多个这种相图基本单元组成。如果研究清楚每一个相图基本单元中相邻相区及其边界关系,同时又研究了一个相图基本单元通过怎样的相区及其边界的组合过渡到另一个相图基本单元,则等于研究清楚了一个复杂相图中相邻相区及其边界的全部的主要关系。

对于三元恒压相图就按上述方法来进行分析。

一个典型的恒压三元相图基本单元中包括四个相:f_1、f_2、f_3 和 f_4,其相邻相区及其边界关系如表 3.3 所示。

表中的 R_1、Φ、ϕ_C 和 R_1' 的变化范围都直接来源于对应关系定理的推论。

表 3.3　恒压三元相图基本单元中 R_1、Φ、ϕ_C 和 R_1' 的变化规律

$R_1(2\geqslant R_1\geqslant 0)$	2	1	0
$\Phi(4\geqslant\Phi\geqslant 2)$	2	3	4
ϕ_C	$\phi_C=1$	$2\geqslant\phi_C\geqslant 1$	$2\geqslant\phi_C\geqslant 0$
R_1'	$R_1+\phi_C-1=2$	$R_1+\phi_C-1=\phi_C$	$R_1+\phi_C=\phi_C$
两个相邻相区中相的组合 $i,j,k,m=1,2,3,4$ $i\neq j\neq k\neq m$	$f_i/(f_i+f_j)$	$\phi_C=1,R_1'=1$ $f_i/(f_i+f_j+f_k)$ $(f_i+f_j)/(f_j+f_k)$ $\phi_C=2,R_1'=2$ $(f_i+f_j)/(f_i+f_j+f_k)$	$\phi_C=0,R_1'=0$ $f_i/(f_j+f_k+f_m)$ $(f_i+f_j)/(f_k+f_m)$ $\phi_C=1,R_1'=1$ $(f_i+f_j)/(f_j+f_k+f_m)$ $\phi_C=2,R_1'=2$ $(f_i+f_j+f_k)/(f_j+f_k+f_m)$

注：① $r=Z=0$，$R_1=4-\Phi$，体系中可有 4 个相。

　② 表中，没有考虑 $R_1=0$，$R_1'=R_1+\phi_C-1$ 的情况，因在封闭体系的相变中，它不重要。在个别情况下，还有 f_i/f_j，$\Phi=2$，$Z=2$，$R_1=0$，$R_1'=0$。

由一个三元相图基本单元过渡到另一个三元相图基本单元的方式讨论如下。设指定相图基本单元中包含 f_1,f_2,f_3 和 f_4 四个相。相图中可能存在的其他相为 $f_5,f_6,\cdots,f_{(4+p)}$。设 f_m,f_n,f_q 为相图基本单元之间的过渡中可能出现的新相，$m,n,q=5,6,\cdots,4+p$，$m\neq n\neq q$。相图基本单元之间的过渡方式如表 3.4 所示。

表 3.4　两个三元恒压相图基本单元之间的过渡方式①

双变转变 $R_1=2$	单变转变 $R_1=1$	无变量转变 $R_1=0$
$\phi_C=1,R_1'=2$	$\phi_C=1,R_1'=1$	$\phi_C=0,R_1'=0$
$f_i/(f_i+f_n)$ $(f_i+f_j)/(f_i+f_j+f_n)$	$f_i/(f_i+f_n+f_p)$ $(f_i+f_j)/(f_j+f_n)$ $\phi_C=2,R_1'=2$	$f_i/(f_n+f_p+f_q)$ $(f_i+f_j)/(f_n+f_p)$ $\phi_C=1,R_1'=1$ $(f_i+f_j)/(f_j+f_n+f_p)$ $\phi_C=2,R_1'=2$ $(f_i+f_j+f_k)/(f_j+f_k+f_n)$ $\Phi=2,Z=2,$ $\phi_C=0,R_1'=0$ f_i/f_n

① $i,j,k,m=1,2,3,4$，$i\neq j\neq k\neq m$。

由表 3.3 与表 3.4 的对比可以看出,从一个相图基本单元过渡到另一个相图基本单元的相区组合方式与同一相图基本单元内的相区组合方式基本相同。表3.3 和表 3.4 除了 $R_1=0$,同时还有 $R_1'=R_1+\phi_c-1$ 的情况以外,基本上概括了三元恒压相图中相邻相区及其边界的各种关系。应该指出,这两个表不是根据经验归纳得到的,而是根据相图的边界理论经逻辑推理得到的。根据这两个表可以系统说明恒压三元相图中各种相邻相区及其边界的关系。

3.5.2　构成复杂三元相图所必须遵循的十条经验规则

三元相图很复杂,种类又很多。Rhines(1956)通过经验归纳,得到了十条经验规则,它们是构成复杂三元相图所必须遵循的。根据恒压相图的边界理论可以系统地从理论上予以证明。Rhines 所讨论的这些相邻相区及其边界的关系实际上都已经包括在表 3.3 中,此处只简单地证明一下。

为了便于阅读,在同一条经验规则中,先列出 Rhines 的叙述,随即给出作者以符号和数学式表达的诠释。下面所用的符号均与表 3.3 中的相同。

(1)"诸单相区只能在个别的点上彼此相交。这些点也是温度的最高点或最低点。"

$$f_i/f_j, \quad \Phi=2, Z=2, \quad (x_{1,i}=x_{1,j}, \ x_{2,i}=x_{2,j})$$
$$\phi_c=0, \quad R_1=0$$

单相区中,相点与体系点是合一的,故 R_1' 也等于 0。只有个别相点才能满足这个条件。

(2)"诸单相区在其他地方被一个由相关的两相组成的两相区分隔开。这两个单相区的边界曲面也总是这个两相区的边界。"

$$f_i/(f_i+f_j)/f_j, \quad \Phi=2, \quad R_1=2, \quad \phi_c=1$$
$$R_1'=R_1+\phi_c-1=R_1=2$$

所以相邻相区 $f_i/(f_i+f_j)$,或 $(f_i+f_j)/f_j$ 的边界分别是共同相 f_i 或 f_j 的相边界曲面。

(3)"诸单相区与三相区相交于若干个一般是非恒温的曲线上。"

$$f_i/(f_i+f_j+f_k), \quad \Phi=3, \quad R_1=1, \quad \phi_c=1$$
$$R_1'=R_1+\phi_c-1=1$$

所以其边界一般是温度可变的(因 $R_1=1$)相边界曲线。

(4)"诸单相区仅在个别点上与四相共存反应面相交。"

$$f_i/(f_j+f_k+f_m), \quad \Phi=4, \quad R_1=0, \quad \phi_c=0$$
$$R_1'=R_1+\phi_c=0$$

所以单相区与 $\Phi=4$ 的二维边界面只能相交于个别点上。

(5)"诸两相区只能相交于通常是非恒温的曲线上。"

$$(f_i + f_j)/(f_j + f_k), \quad \Phi = 3, \quad R_1 = 1, \quad \phi_c = 1$$

$$R_1' = R_1 + \phi_c - 1 = 1$$

所以边界是非恒温的相边界曲线,它是体系的平衡相点的集合。

此外,还有一种情况是 Rhines 所没有考虑到的,在有包晶转变 $(f_i + f_j)/(f_k + f_m)$ 的三元恒压相图中,两个两相区也可以相交于四相共存面的个别点上。因 $\Phi = 4$, $R_1 = 0$, $\phi_c = 0$,故 $R_1' = R_1 + \phi_c = 0$,所以是相交于个别体系点上。因为两个相区的相的组合互不相同,无共同相点,所以这个别体系点不是平衡相点。

(6)"诸两相区在其他地方被单相区和三相区分隔开。这些两相区和单(或三)相区之间的共同边界就是包围这单(或三)相区的边界面。"

两个两相区被单相区分隔开的情况

$$(f_i + f_j)/f_j/(f_j + f_k), \quad \Phi = 2, \quad R_1 = 2, \quad \phi_c = 1$$

$$R_1' = R_1 + \phi_c - 1 = 2$$

所以其边界是二维的相边界面,也是这个单相区的相边界面。

两个两相区被三相区分隔开的情况

$$(f_i + f_j)/(f_i + f_j + f_k)/(f_j + f_k), \quad \Phi = 3, \quad R_1 = 1, \quad \phi_c = 2$$

$$R_1' = R_1 + \phi_c - 1 = 1 + 2 - 1 = 2$$

所以其边界是两条相边界曲线上相应的平衡相点的结线运动的轨迹所形成的边界曲面。它由体系点构成,所以,其边界性质与两个两相区被单相区分隔开的情况下的边界性质是不同的。

(7)"两相区与三相区交于诸结线构成的边界面上。"

这一点已经在第(6)点说明。

(8)"两相区与四相共存反应面相交于恒温的个别线上,这些线是结线。"

$$(f_i + f_j)/(f_j + f_k + f_m), \quad \Phi = 4, \quad R_1 = 0, \quad \phi_c = 1$$

$$R_1' = R_1 + \phi_c = 1$$

所以是一个共同相点(因为只有一个共同相)和一个共同的体系点连成的结线(参看第二章 2.5 节中 R_1' 和 R_1 的关系的有关论述)。

(9)"诸三相区除了在四相共存恒温面之外,没有其他地方相交。"

$$(f_i + f_j + f_k)/(f_j + f_k + f_m), \quad \Phi = 4, \quad R_1 = 0, \quad \phi_c = 2$$

如果在这两个相邻相区之间存在 $(N+1)$ 个相共存区,则

$$R_1' = R_1 + \phi_c = 0 + 2 = 2$$

是两个共同相点(因有两个共同相)和一个共同体系点所构成的结面。

若两个三相区分布在无变量共存面的同一边,即两个三相区间无 $(N+1)$ 个相的共存区,则

$$R'_1 = R_1 + \phi_c - 1 = 0 + 2 - 1 = 1$$

因此,这两个三相区的边界是两个共同相的相点的结线。

除此以外,诸三相区不可能在其他地方相交或相邻。因为对于三元恒压相图, $2 \geqslant R_1 \geqslant 0$,除四相共存面以外的其他地方,则应有 $R_1 = 1$ 或 $R_1 = 2$。

若 $R_1 = 1$,则 $\phi_c \geqslant 1$。设相邻的第一相区为 $f_i + f_j + f_k$,若 $\phi_c = 1$,则相邻的第二相区为 $f_k + f_m + f_n$,这样 $\Phi = 5$。但在三元恒压相图中 $\Phi \leqslant 4$,故不可能。

若 $\phi_c = 2$,则 $\Phi = 4$,$R_1 = 0$。这与 $R_1 = 1$ 的前提相矛盾,故不可能。

若 $\phi_c = 3$,则两个三相区全同。ϕ_c 最大是 3,故没有其他可能了。

若 $R_1 = 2$,则因 $\Phi = 4 - R_1 = 4 - 2 = 2$,现在一个三相区就有三个相了,故也不可能。

这样,就可以根据相图边界理论,从理论上证明了除四相共存面以外,诸三相区不能在其他地方相交或相邻。

(10)"诸三相区在其他地方被两相区分隔并与其毗邻。这两相区所包含的两个相是两个三相区所共同具有的。"

$$(f_i + f_j + f_k)/(f_j + f_k)/(f_j + f_k + f_m), \quad \Phi = 3, \quad R_1 = 1, \quad \phi_c = 2$$
$$R'_1 = R_1 + \phi_c - 1 = 1 + 2 - 1 = 2$$

边界曲面是两个恒温相点的结线在温度变化时所形成的轨迹构成的。

但 Rhines 考虑的不全面。还应补充一条:"诸三相区之间也可以被一个单相区分隔开。"

$$(f_i + f_j + f_k)/f_k/(f_k + f_m + f_n)$$
$$\Phi = 3, \quad R_1 = 1, \quad \phi_c = 1$$
$$R'_1 = R_1 + \phi_c - 1 = 1 + 1 - 1 = 1$$

这两对相邻相区 $(f_i + f_j + f_k)/f_k/(f_k + f_m + f_n)$ 分别形成的两条边界线,它们也是相边界线。

Rhines 提出了构成复杂三元相图的所必须遵循的十条经验规则,还遗漏了两条,可补充上两条。就是在 Rhines 所陈述的十条经验规则中,作者的论证中所给的信息也比 Rhines 著作所给的信息全面得多。这是因为他们没有理论指导,只能凭经验归纳,不仅有所遗漏,而且所给的信息不全。而作者在相图边界理论指导下,不仅补充了两条规则,而且所给的信息更全。

梁敬魁的著作中(1993)还补充列入了第 11 条和第 12 条规律。第 11 条在多元系水平截面图的有关章节中讨论,第 12 条将在三元非规则面的专文中讨论。

3.5.3　三元恒压相图的等温截面图

等温截面图又叫水平截面图。水平截面图由于温度恒定,一个变量已经固定,所以在一般的情况下,水平截面上的相边界维数$(R_1)_H$和边界维数$(R'_1)_H$[①] 比空间相图的对应的相边界维数R_1和边界维数R'_1分别少一维,即

$$(R_1)_H = R_1 - 1 = (N - \Phi + 1) - 1$$
$$= N - \Phi = 3 - \Phi \tag{3-12}$$
$$(R'_1)_H = R'_1 - 1 \tag{3-13}$$

但是在个别的情况下,水平截面恰好切割在个别的极值点或无变量转变点上,此时与这些特殊点相关的部分边界或相边界则满足下列关系式

$$(R_1)_H = R_1 \tag{3-14}$$
$$(R'_1)_H = R'_1 \tag{3-15}$$

凡水平截面上全部边界和相边界都满足式(3-12)和式(3-13)的,可把它称之为规则水平截面。若有个别边界或相边界不能满足式(3-12)或式(3-13),则可把它称之为不规则的水平截面。

　　应用相图边界理论来分析水平截面图比相区接触法则的分析优越一些。前者可以判别水平截面图中两个相点所形成的结线和一维相边界线之不同,还能具体说明图中各点的性质。这是相区接触法则做不到的。

3.5.3.1　规则的三元恒压水平截面图的分析

　　图3.9是一个规则的三元恒压低共晶体系的水平截面图。以图中的相邻相区

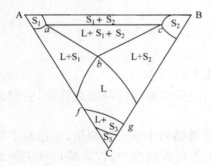

图3.9　三元恒压低共晶
　　　体系的水平截面图

$(S_1+L)/(L+S_1+S_2)$的边界ab线和相邻相区$(L+S_3)/L$的边界线fg线为例。按相区接触法则,这两组相邻相区的边界线都具有下列特征

$$R'_1 = R - D^+ - D^- \tag{3-2}$$
$$= 2 - 1 = 1$$

这两条线都是一维边界线,所以,按相区接触法则不能区别这两条线在性质上的差别。

　　按相图边界理论,对fg线,有
$$(R_1)_H = R_1 - 1 = 3 - \Phi = 3 - 2 = 1$$
$$R'_1 = R_1 + \phi_C - 1 = 2 + 1 - 1 = 2$$
$$(R'_1)_H = R'_1 - 1 = 2 - 1 = 1$$

所以,fg线是相邻相区$L/(L+S_3)$的共同相L的一条相边界线。

　　而对于ab线,则有

$$(R_1)_H = R_1 - 1 = 3 - \Phi = 3 - 3 = 0$$

而 $\phi_c = 2$

$$R_1' = R_1 + \phi_c - 1 = 1 + 2 - 1 = 2$$
$$(R_1')_H = R_1' - 1 = 2 - 1 = 1$$

所以,ab 线是两个相邻相区 $(S_1 + L)/(L + S_1 + S_2)$ 的共同相点 $a(S_1)$ 和 $b(L)$ 连成的结线。因此,按相图边界理论可以指出 fg 线和 ab 线的性质的不同。这个水平截面上的其他边界线完全可以按类似的方法来分析。

再看 a、b、c 三点,仅以 a 点为例来分析。它可以看成是相邻相区 $S_1/(S_1 + S_2 + L)$ 或相邻相区 $(S_1 + L)/(S_1 + S_2)$ 的边界,也可以看成是 S_1、$S_1 + L$、$S_1 + S_2 + L$ 和 $S_1 + S_2$ 四个相邻相区的边界。无论是哪一种情况,均有 $\Phi = 3$,$\phi_c = 1$(S_1),按相图边界理论,其边界的特性为

$$(R_1)_H = R_1 - 1 = 3 - \Phi = 0$$
$$(R_1')_H = R_1' - 1 = (R_1 + \phi_c - 1) - 1$$
$$= (1 + 1 - 1) - 1 = 0$$

a 点是共同相 S_1 的一个相点。

b、c 两点的分析从略。

3.5.3.2 边界线和边界点的理论分析

总结三元恒压水平规则截面的各种边界,可以归纳出两类不同的边界,即边界线和边界点。下面再深入一步,从理论上来分析这两类边界的特性。

对于三元恒压相图,按对应关系定理

$$R_1 = N - \Phi + 1 = 4 - \Phi$$

在一般情况下,当 $R_1 \geqslant 1$,则

$$R_1' = R_1 + \phi_c - 1 = 4 - \Phi + \phi_c - 1 = 3 - \Phi + \phi_c$$

对于三元恒压水平截面图上的边界维数 $(R_1')_H$ 和相边界维数 $(R_1)_H$ 与 Φ 之间有下列关系

$$(R_1)_H = R_1 - 1 = 3 - \Phi \qquad\qquad (3-12)$$
$$(R_1')_H = R_1' - 1 = 2 - \Phi + \phi_c \qquad\qquad (3-16)$$

下面分开讨论。

(1)边界线 $(R_1')_H = 1$,故按式(3-16)有

$$1 = 2 - \Phi + \phi_c$$
$$\phi_c = \Phi - 1$$

按 Φ 值大小,又可以细分为两类:

1)$\Phi = 2$,$(R_1)_H = 3 - \Phi = 1$,故这类边界线还是相边界线,并有 $\phi_c = 1$。

若 $\phi_1=1$，$\phi_c=1$，则 $\phi_2=2$。

若 $\phi_1=2$，$\phi_c=1$，则 $\phi_2=\Phi-\phi_1+\phi_c=2-2+1=1$。

两种情况是类似的，只是次序颠倒而已。它们都是 $f_i/(f_i+f_j)$ 类型的相邻相区。

2) $\Phi=3$，$(R_1)_H=R_1-1=3-\Phi=0$，只可能有相边界点。

$$(R'_1)_H=2-\Phi+\phi_c=\phi_c-1[见式(3-16)]$$

$$1=(R'_1)_H=\phi_c-1$$

故

$$\phi_c=2$$

$$\Phi-\phi_c=1$$

两个相邻相区的非共同相数为 1，则两个相邻相区以边界线毗邻。

若 $\phi_1=2$，因 $\phi_c=2$，$\Phi=3$，则

$$\phi_2=\Phi-\phi_1+\phi_c=3-2+2=3$$

即相邻相区为 $(f_i+f_j)/(f_i+f_j+f_k)$ 的类型。

若 $\phi_1=3$，则 $\phi_2=2$，也是 $(f_i+f_j+f_k)/(f_i+f_j)$ 的同一类型，只是相区次序颠倒而已。

边界线是一定温度下、两个共同相 f_i 和 f_j 的平衡相点的结线。

(2) 边界点 $(R'_1)_H=0$，若 $\Phi=3$，则按式(3-12)有

$$(R_1)_H=3-\Phi=0$$

按式(3-16)有

$$(R'_1)_H=2-\Phi+\phi_c$$

$$=2-3+\phi_c=0$$

则

$$\phi_c=1$$

$$\Phi-\phi_c=2$$

两个相邻相区的非共同相数为 2，则两个相邻相区只能以点接触，或者说对顶相交。

若 $\phi_1=1$，因 $\phi_c=1$，又 $\Phi=3$，故 $\phi_2=3$，两个相邻相区为 $f_i/(f_i+f_j+f_k)$ 类型，以点相交，它是共同相 f_i 的相点。

若 $\phi_1=2$，因 $\phi_c=1$，所以 $\phi_2=2$，即两个相邻相区为 $(f_i+f_j)/(f_j+f_k)$ 的类型，对顶相交也是以点相交。它是共同相 f_j 的相点。

若 $\phi_1=3$，$\phi_c=1$，则 $\phi_2=1$，两个相邻相区的类型与 $\phi_1=1$ 的情况相同，两个相邻相区为 $f_i/(f_i+f_j+f_k)$ 类型，以点相交。它是共同相 f_i 的相点。

通过相图边界理论对三元恒压水平截面的讨论，可以清楚地了解这类截面上边界的性质。还可以利用这些来勾画不同相区之间的边界线，可以用来计算相邻

的第二相区中的相数和类型(如相邻相区所包含的共同相的相数和不同的相的相数),等等。因此,相图边界理论对相图的测定和计算都是有意义的。

其次对于规则的水平截面,其边界和相边界的维数都比立体相图中的少一维。既然,对水平截面上边界的性质了解得很具体,那么进一步就可以推测立体相图中相应的边界性质。例如,根据图 3.9 的水平截面可以推想出在相应的立体相图中,与 a 点相应的是共同相 S_1 的一维相边界线,与 fg 线相应的是共同相 L 的二维相边界曲面,与 ac 线相应的是以共同相 S_1 和 S_2 的两个平衡相点的结线运动的轨迹而构成的边界曲面,只有体系点分布于其中。如果再进一步把立体相图中所有这些边界综合起来,就可以想象出在温度变化范围不大的情况下的立体相图的局部的图像了。

3.5.3.3　不规则的恒压三元水平截面图的分析

图 3.10 是一个不规则的恒压三元水平截面图,这个截面恰好通过无变量转变温度。如图 3.10 所示:abc 三点所包含的三角形区是一个四相共存的无变量转变区。与这个区有关的边界的 $(R_1)_H$ 和 $(R_1')_H$ 不满足式(3-12)和式(3-13)。以 ab 线为例,它是相邻相区 $(S_1+S_3)/(S_1+S_2+S_3+L)$ 的边界

$$(R_1)_H = R_1 = 4 - \Phi = 0$$

因为两个相邻相区间无 $(N+1)$ 个相的共存区,又是一个非规则截面,它正好通过无变量转变区,故

$$(R_1')_H = R_1' = R_1 + \phi_C - 1 = 0 + 2 - 1 = 1$$

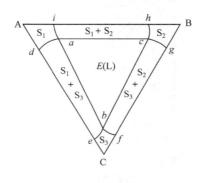

图 3.10　不规则的恒压三元水平截面图

但应注意,在图 3.10 中与这个无变量转变区无关的边界则仍应由式(3-12)和式(3-13)来分析。例如,相邻相区 $S_1/(S_1+S_2)$ 的边界 ia 线

$$(R_1)_H = R_1 - 1 = 3 - \Phi = 1$$
$$(R_1')_H = R_1' - 1 = (R_1 + \phi_C - 1) - 1$$
$$= (2 + 1 - 1) - 1 = 1$$

故 ia 线是一条相边界线。

3.5.4　三元恒压相图的垂直截面图(或称等成分面图)

3.5.4.1　三元恒压垂直截面图的一般分析

三元恒压垂直截面图和水平截面图相比,在性质上有很大的差别,复杂得多。

垂直截面图之所以复杂就在于,虽然它是画在一个平面上,但只是体系的总成分受到某种条件的约束,体系的温度可变,相成分中的两个浓度仍是可变的,独立变量还是 3 个,与立体相图的独立变量相同。垂直截面图与立体相图相比,虽有不同处,但从相平衡的观点看,二者有很大的相似之处。所以,下面准备结合立体相图来讨论垂直截面图,这样,阐述得可能会更清楚些。

3.5.4.2　规则的恒压三元垂直截面图上的边界线的性质

首先根据恒压三元垂直截面图上的相邻相区中相的组合来讨论其边界的性

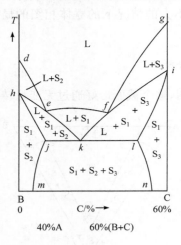

图 3.11　三元恒压低共晶体系
的垂直截面图

质,以图 3.11 的一个典型垂直截面图为例来说明。图上共有三种不同的边界线和两类不同的边界点,分别加以说明。

第一类边界线是 de、ef、fg 线,其边界两侧相邻相区中 $\Phi=2$,$\phi_c=1$(共同相 L),按 $R_1=4-\Phi=2$,在立体相图中相应的相边界维数是 2,又按 $R_1 \geqslant 1$ 时,

$$R_1' = R_1 + \phi_c - 1 = 2 + 1 - 1 = 2$$

在立体相图中边界与相边界是同一个相边界曲面。但在垂直截面图上表现为曲线,这曲线是立体相图中相边界曲面在垂直截面图上的截线,因此是相边界曲线,由平衡相点的集合组成。

第二类边界线是 mj、jh、he、ek、kf、fi、il、ln 等线。这类边界线两侧相邻相区中的 $\Phi=3$,则 $R_1=4-\Phi=4-3=1$,相边界是一维相曲线。$\phi_c=2$,因 $R_1 \geqslant 1$,有

$$R_1' = R_1 + \phi_c - 1 = 1 + 2 - 1 = 2$$

边界是二维曲面。它是这样形成的,在这个曲面上有两条共同相的相边界线;在一定温度下,可以在这两条相边界线上截出两个平衡相点,两个平衡相点连成的结线随温度变化而运动的轨迹就形成了这个边界曲面。图上的边界线是这个边界曲面在垂直截面图上的截线。因此,截线也是由体系点构成,一般没有相点分布于其中。体系相应的平衡相曲线在垂直截面图上一般也没有表现出来。以相区 $S_1 +$ S_2 和它的两个相邻相区 $L+S_1+S_2$ 及 $S_1+S_2+S_3$ 之间的边界为例,hj、jm 是边界曲面的截线,不是相边界线。因此,在 hj 或 jm 线上,既读不出 S_1 相的,也读不出 S_2 相的相平衡成分。

第三类边界线是 jkl 线,两侧相邻相区中的 $\Phi=4$,$R_1=0$,所以是无变量的。

以相邻相区$(L+S_1+S_2)/(S_1+S_2+S_3)$的边界线 jk 为例,在这两个相邻相区间有 $N+1=4$ 个相的共存区,又 $\phi_c=2$,故

$$R_1' = R_1 + \phi_c = 0 + 2 = 2$$

立体相图中的边界是一个边界平面(因温度恒定),jk 线是这个边界平面在垂直截面图上的截线,由体系点构成。这两个相邻相区间有四个平衡相点;原则上,它们在一般的规则的垂直截面图上都显现不出来。可参看下面的图 3.12。在四相共存区上的四个平衡相点分别是 a、b、c、E,它们都不在 jkl 线上。(注:若完全按图 3.11 的尺寸要求的比例画图,则图 3.12 应画得比现图大一些。即图 3.12 上 $60\%B\sim60\%C$ 虚线的线段长度应该等于图 3.11 上的 BC 线段的长度。)

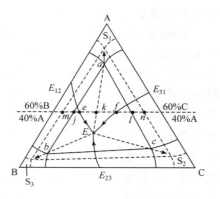

图 3.12　三元低共晶相图的投影图

图 3.12 既是一个投影图,同时虚线部分还显示了一个水平截面图。

3.5.4.3　规则的恒压三元垂直截面图上的边界点的性质

图 3.11 上的两类边界点分别是:

(1) 相点。e、f 点,其相邻相区的 $\Phi=3$,$R_1=1$,又 $\phi_c=1$,故

$$R_1' = R_1 + \phi_c - 1 = 1 + 1 - 1 = 1$$

所以在立体相图中,边界和相边界是同一条 L 相的相边界曲线。e 点(或 f 点)是这条相边界曲线在垂直截面图上的截点,因此,它也是 L 相的一个平衡相点。

(2) 体系点。j、k、l 三个点实际上在讨论第三类边界曲线时已经被讨论过了。在一般的规则垂直截面中,它们都是体系点,见图 3.11。

由上面的分析可见,按相图边界理论的方法来分析垂直截面图,则其中的相邻相区的边界线和边界点的性质都比较清楚。同时,相应的立体相图的边界性质也比较清楚,而相图在横的方向上也有连续性。因此通过一个垂直截面图的分析,可以帮助想像在成分变化不大的情况下的立体相图中局部的综合的图像。

3.5.4.4　三元垂直截面图中的降温过程

仍以图 3.11 为例,根据相图边界理论来讨论垂直截面图上在温度下降过程中相邻相区及其边界变化的规律。即讨论由高温稳定相区(L 相)开始,随温度的下降,体系将如何逐步变化? 相变后,相邻的第二相区中的相的组合情况如何? 这种分析有重要的实用价值。因为,金属及合金的热处理、合金的冷却凝固、水泥陶瓷的烧成和冷却、水盐体系的加热和冷却过程,都与垂直截面图中的变温过程紧密联

系在一起。讨论垂直截面图的变温过程,对了解上述重要的实际工艺有重要意义。对于图 3.11 相应的立体相图,仍是 $R_1=4-\Phi$,$\Phi=4-R_1$。在这个相图中,低温稳定相是 S_1、S_2 和 S_3。在三元恒压相图中,R_1 的变化范围是 $2\geqslant R_1\geqslant0$。现讨论液相 L 在降温过程中的变化。

按德国早期的物理化学大师奥斯特瓦尔德(Ostwald)和俄国物理化学分析大家库尔纳科夫(Курнаков)等人的观点,在许多化学变化和相变中,常有分阶段、顺序、连续进行的特点。按在一定的降温范围内,R_1 由大到小或不变的规律,L 相在降温过程中的相边界维数最大可能是 $R_1=2$,相邻相区的相的组合特性是 $\Phi=2$、$\phi_c=1$,从而相转变过程是 $L\rightarrow L+S_i$。因为在降温过程中,只有体系点正好落在成分三角形的三个二元共晶点与三元共晶点的联结曲线上,才会是相区 L→相区 $L+S_i+S_j$;若体系点正好落在三元共晶点上,才会是相区 L→相区 $S_1+S_2+S_3$。这三线一点在整个三元成分平面上所占的比例极小,如图 3.12 所示。在图 3.11 上只有 e 和 f 两点上,其相转变才是相区 L→相区 $L+S_i+S_j$。此外所有的体系点的体系在 L 相发生相变时,均满足 $R_1=2$ 的条件。$R_1=2$,则 $\Phi=2$,按三元恒压相图的相区组合规律(表 3.3),de、ef 和 fg 三条线另一侧的低温相邻相区必须是相区 $L+S_i$($i=1,2,3$,共同相为 L);靠近 B(60%B)一侧的相区是 $L+S_2$,靠近 C(60%C)一侧是相区 $L+S_3$,中间的相区是相区 $L+S_1$。这三个相区降温,R_1 由 2 减小到 1,$\Phi=3$。在 hk 和 ki 线以下,因温度不够低,L 相还不到完全消失的程度,因而必须形成一个新相。在图上表现出相邻的第二相区为相区 $L+S_1+S_2$(B 多 C 少的一侧)和相区 $L+S_1+S_3$(B 少 C 多的一侧)。这两个相区再降温,相区变化有两种可能:一种可能是 R_1 的值不变,仍等于 1,故 $\Phi=3$。而又有 $\phi_1=\Phi=3$,所以在边界线 hj 和 il 以下,只能是某个或某些相消失,此处只能是高温稳定相 L 消失,余下 S_1+S_2 或 S_1+S_3 两个相邻相区。另一种可能是 R_1 的值减少到零,则 $\Phi=4$,故从三相区中还必须析出一个新相,同时在所述条件下任一给定相区的 $\phi_{max}=3$(表 3.3),因此,必须同时有一个旧相消失,此处只能是 L 相消失,所以在 jkl 线以下的相邻的第二相区是相区 $S_1+S_2+S_3$。由上可见,根据相图边界理论的分析方法,可以清楚地说明这个垂直截面图在降温过程中的相邻相区及其边界变化的规律。在一定的意义上来说,这种方法甚至在相图信息极为有限的情况下也可以粗略地预估相邻相区及其边界的变化。

3.5.4.5　规则的和不规则的垂直截面图的分析以及其与 P-L 理论的比较

前面已经详细分析了规则的垂直截面图上的边界特征。

对于规则垂直截面来说,当 $R_1=0$,则

$$(R_1)_V{}^{①} = R_1 - 1 = -1 \tag{3-17}$$

这就是说,无变量转变区的平衡相点在一般的规则截面上根本表现不出来。因为垂直截面一般很难恰好正切割在无变量的平衡相点上。

但是个别的垂直截面的位置是这样选取的,使得一个或者两个无变量的平衡相点恰好落在这个垂直截面上,那么这一个或两个无变量的平衡相点很自然地就在垂直截面上表现出来,因而不符合$(R_1)_V = -1$的规律。称这种垂直截面图为非规则垂直截面图。

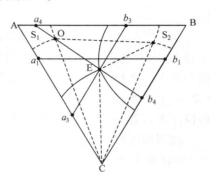

图 3.13　三元恒压低共晶体系的投影图

下面举一个例子综合说明规则的和不规则的垂直截面的边界特征。这个例子包括了七张图。具体分析的体系是一个三元固态部分互溶的恒压低共晶体系,这个体系的投影图如图 3.13 所示。图 3.14、图 3.15、图 3.16 是这个体系的三个垂直截面图。

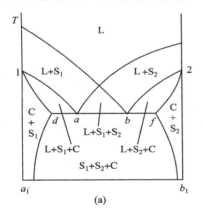

(a)

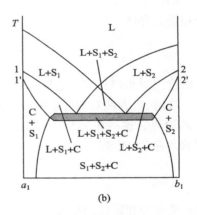

(b)

图 3.14　规则垂直截面图(a)和 P-L 所画的对应的垂直截面图(b)

这三个图的组成线 $a_1 b_1$、$a_3 b_3$、$a_4 b_4$ 也画在图 3.13 上。

(1) 首先,讨论规则的垂直截面图。如图 3.14(a)就是一个典型的规则的垂直截面图。与无变量转变区无关的相邻相区及其边界的关系在前面已经讨论过,从略。此处只再详细讨论一下与无变量转变有关的部分。

首先,L 相区与 $S_1 + S_2 + C(S_3$ 为纯固相 C)相区无交点。因

$$R_1 = 4 - \Phi = 4 - 4 = 0$$

---

① 下标 V 是 Vertical 的第一个字母。

$$(R_1)_V = R_1 - 1 = -1$$

又两个相邻相区间有（$N+1$）个相的共存区，$\phi_c = 0$，故

$$(R_1')_V = R_1 + \phi_c - 1 = -1$$

因

$$(R_1)_V = (R_1')_V = -1$$

所以 $L/(S_1 + S_2 + C)$ 的边界在规则的垂直截面图上显现不出来。这两个相区的中间必须夹一个相区 $L + S_1 + S_2$。应该指出，由于相邻相区 $L/(S_1 + S_2 + C)$ 的边界的 $(R_1)_V$、$(R_1')_V$ 的值为负数，这类边界在规则垂直截面上就显现不出来。若在某些情况下，$(R_1)_V$ 和 $(R_1')_V$ 的值为 -2，则显现出来的概率更小，更显现不出来。

相邻相区 $(L + S_1)/(S_1 + S_2 + C)$ 和相邻相区 $(L + S_2)/(S_1 + S_2 + C)$ 的边界，$R_1 = 0$，$(R_1)_V = -1$，$\phi_c = 1$，

$$(R_1')_V = (R_1 + \phi_c) - 1 = 0$$

所以这种边界只能是个别的体系点而非相点，所以 a、b 点是体系点。

三对相邻相区 $(L + S_1 + C)/(S_1 + S_2 + C)$、$(L + S_1 + S_2)/(S_1 + S_2 + C)$ 和 $(L + S_2 + C)/(S_1 + S_2 + C)$ 的边界，均有 $\Phi = 4$，$R_1 = 0$，在两个相邻相区间存在（$N+1$）个相的共存区。因 $\phi_c = 2$

$$R_1' = R_1 + \phi_c = 2$$

$$(R_1')_V = R_1 - 1 = 1$$

所以这三对相邻相区的边界 da、ab、bf 线是边界线，只有体系点分布于其中。

最后，再看两对相邻相区 $(L + S_1 + C)/(L + S_1 + S_2)$ 和 $(L + S_1 + S_2)/(L + S_2 + C)$ 的边界。这些相邻相区都在无变量转变区同一侧，它们之间不存在（$N+1$）个相的共存区，应该按 $R_1' = R_1 + \phi_c - 1$ 计算

$$R_1' = 0 + 2 - 1 = 1$$

$$(R_1')_V = 0$$

故这类相邻相区仅能相交于个别体系点上。

Palatnik-Landau 为了说明图 3.14(a)，也需引入退化区概念。如图 3.14(b)所示，图上另画了一个四相共存区 $L + S_1 + S_2 + C$，然后分别讨论 $L + S_1 + C$、$L + S_1$、$L + S_1 + S_2$、$L + S_2$ 和 $L + S_2 + C$ 等含两个或三个相的总共五个相区和这个四相共存区 $L + S_1 + S_2 + C$ 的边界。然后再讨论四个相共存区 $S_1 + S_2 + S_3 + L$ 和相区 $S_1 + S_2 + C$ 的边界。

Palatnik 和 Landau 同时把图 3.14(a)上的 1、2 两点拉开为 1、1' 和 2、2' 四个点。这之后，用相区接触法则才能说得通。

按相图的边界理论，因 1、2 两点分别反映的是 A-C 和 B-C 两个二元系，以 1 点为例，是 A-C 二元相图中 $(L + S_1)/(S_1 + C)$ 的边界（图 3.1），本来应该是

$$R'_1 = R_1 + \phi_C = 0 + 1 = 1$$

但因有一个组元的成分固定，$(R'_1)_v = R'_1 - 1 = 0$，所以是一个点，就是 1 点，用不着把它拉开。2 点与此类似。

（2）然后，讨论一个不规则的垂直截面图。如图 3.15(a)的情况。在这个图上只有一处不规则的地方，即图 3.15(a)上显示出相邻相区 $L/(S_1+S_2+C)$ 有一个边界点 e。本来如前所述，对于这种情况来说，假如是规则垂直截面，应该有

$$(R_1)_v = -1$$
$$(R'_1)_v = -1$$

在一般的规则垂直截面图上这两个相区之间应该显现不出来共同边界。但本例的图 3.13 中 $a_3 b_3$ 的组成线恰好通过三元共晶点——L 相的相点 E，也是相邻相区 $L/(S_1+S_2+C)$ 的惟一的共同体系点 $e(E)$，如图 3.13 所示。这个边界点 $e(E)$ 既然坐落在这个四相共存面上，自然就在图 3.15(a)上反映出来了。这个道理从几何学的角度是很容易理解的。

不仅如此，这里无需参看图 3.13，只要根据图 3.15(a)就能证明 e 点是无变量转变面上的一个平衡相点。如图所示，e 点是 ge、he 线的交点。ge 和 he 分别是相邻相区 $L/(L+C)$ 和 $L/(L+S_2)$ 的边界线，前面已经证明了这种线是共同相 L 的相边界线。e 点是它们的交点，所以必定是 L 相的相点；同时 e 点坐落在无变量转变面上，因此，它必然是无变量转变面上 L 相的一个平衡相点(E)。这个平衡相点既然在这个垂直截面上，自然就显示出来了。

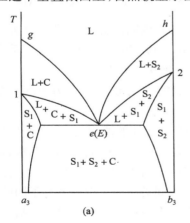 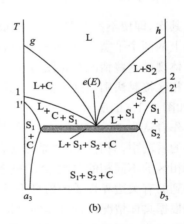

图 3.15　一个不规则的垂直截面图(a)和 P-L 画的相应的垂直截面图(b)

Palatnik-Landau 只简单地指出相区接触法则对这种情况无效，画出图 3.15(b)，未做其他说明(Palatnik，Landau　1964)。

现讨论图 3.16 的情况。这个图包括图 3.16(a)和图 3.16(b)两个图。图

3.16(a)上,在无变量转变区上有两个平衡相点 $O(S_1)$、$e(L)$(e 点也是三元共晶点 E)坐落在这个垂直截面上,这两个平衡相点的结线 Oe 自然也坐落在这个截面上。参看图 3.13 中的 $a_4 b_4$ 线。$a_4 b_4$ 线通过 Oe 的连线。根据以前的分析,结线 Oe 就必然是相邻相区$(L+S_1)/(S_1+S_2+C)$的边界,因此,相邻相区$(L+S_1)/(S_1+S_2+C)$的边界就在这个垂直截面图上完全显示出来了(在一般情况下,因为这两个相区之间相差三个相,或者说,这两个相区之间不同的相有三个,在规则截面上不可能相交。即使是一般的不规则截面,这两个相邻相区的边界线在其截面上也只能截出一个点来)。

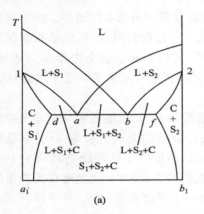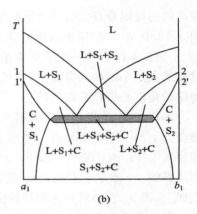

图 3.16　另一个不规则的垂直截面图(a)和 P-L 画的相应的垂直截面图(b)

其次,即使不参考图 3.13,仅根据图 3.16(a),也能证明 O、e 两点是无变量转变面上的两个平衡相点 $O(S_1)$、$e(L)$,讨论从略。应该强调指出,不规则垂直截面图所体现的这些情况与相图边界理论没有任何相互矛盾之处。

相区接触法则在这个情况下显然也是无效的,P-L 也只好人为地画一个退化区,如图 3.16(b)所示。

作者认为 Palatnik-Landau 公式在不少场合下无效的原因,首先在于他们对于边界的看法中,只有一个体系点集合的概念,没有区分边界和相边界;其次,也没有相邻相区的不同相的总数 Φ 的概念。因此,对问题的认识不深刻,从他们的理论所得到的有关边界性质的信息不具体。再次,不同类型的复杂体系有不同的情况,应该根据具体情况进行具体的分析,而不是以一个一成不变的公式来概括一切;碰到问题时才一再修正它,这样就不免显得有些捉襟见肘。

相图边界理论能全面地、较好地说明三元恒压垂直截面图中相邻相区及其边界之间的关系,没有 Palatnik-Landau 理论的缺点。

第四章 恒压相图的边界理论在四元及四元以上恒压相图中的应用

4.1 引　　言

常见的恒压相图以单元、二元、三元的相图为主，四元及四元以上的多维空间相图在二维平面上只能以截面或投影图等形式出现。比较常见的是多元水平截面图和多元垂直截面图，讨论这类截面图，需要四元及四元以上的多元恒压相图的边界理论。不仅如此，人们还希望从低维相图推测高一维的多元恒压相图，也需要多元恒压相图的边界理论。为了便于说明相图边界理论的这种应用，首先需要讨论与多元恒压相图有关的多维空间的几何知识。

从三元恒压立体相图开始讨论。三元立体相图的几何图形可叫等边三棱柱，底面叫底，是等边三角形。如图 4.1 所示，垂直于等边三角形顶点的垂直线叫棱。

四元恒压相图是等面的正四棱柱形的四维空间，其温度一定的截面图是正四面体。四维空间的每一面是等边三棱柱。通过成分正四面体的顶点的连线叫棱，如 AB、CD 等线，见图 4.2。

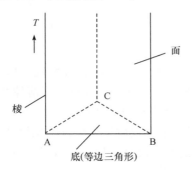

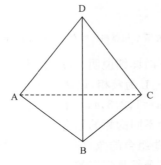

图 4.1　三维立体恒压相图的几何图形

图 4.2　四元恒压相图中的成分正四面体示意图

从恒压低维相图推测高一维相图的方法是很有用的。计算三元水平截面图，就是从二元的边线开始计算的。用一系列平行的三元水平截面图或垂直截面图，就可以构成三元立体相图，图形是等边三棱柱。1980 年初，赵慕愚等曾计算了一系列平行的垂直截面图，当时是用透明塑料板加上不同颜色的线条构成了三元立体相图。这种通过一系列截面构筑立体空间相图的方法对多元体系相图的教学是有用的,而且很容易借助现代教学手段来实现这种构筑与切割。这种方法可能对四元恒压相图的教学也有帮助,但我们缺少这方面的经验。

　　四元或四元以上恒压相图的边界理论对建立、应用或学习四元或四元以上相图都将是十分有益的。在一定意义来说,因为人们对这类相图不熟悉,所以这类相图的边界理论显得就更重要,更迫切。

4.2　典型的四元恒压相图中相邻相区及其边界的关系

　　四元相图是很复杂的,因此,建立四元恒压相图(在本章中简写为"四元相图")中相邻相区及其边界关系的边界理论很重要。把恒压相图的边界理论应用到四元相图,即可得到后者的边界理论。为简明起见,这里不多作文字的叙述,仅用图表形式表达这类相图中相邻相区及其边界的关系。

　　在 $r=Z=0$、p 恒定的条件下,恒压四元相图的 R_1、Φ、ϕ_c 和 R_1' 的变化规律见表 4.1。

表 4.1　四元恒压相图 R_1、Φ、ϕ_c 和 R_1' 的变化规律

	$R_1 = 5 - \Phi$			
$R_1(3 \geqslant R_1 \geqslant 0)$	3	2	1	0
$\Phi(5 \geqslant \Phi \geqslant 2)$	2	3	4	5
ϕ_c	1	$2 \geqslant \phi_c \geqslant 1$	$3 \geqslant \phi_c \geqslant 1$	$3 \geqslant \phi_c \geqslant 0$
R_1'	3	$\phi_c + 1$	ϕ_c	$\phi_c^{①}$ 或 $\phi_c - 1$

　　① 在两个相邻相区间存在($N+1$)个相的共存区。

　　下面详细说明当 R_1 值不同,两个相邻相区中相的组合的各种情况。所用的符号是:L 为液相,设诸组元在液相完全互溶;S_1、S_2、S_3 和 S_4 为四个固溶体相,i,j,k,$m=1,2,3,4$,且有 $i \neq j \neq k \neq m$。例如,L/[L+S_i(4)],因 $i=1,2,3,4$,故共有四种不同的相的组合,以(4)表之。相邻相区的组合数由排列组合的规律计算得到;这些组合的数目是相邻相区类型的可能的最大的数目,但并不一定每一对相邻相区组合都是现实的。

　　表 4.2 中只列出了 $R_1=0$、两个相邻相区间存在($N+1$)个相的共存区的情况。在 $R_1=0$、两个相邻相区间不存在($N+1$)个相共存区的情况下,两个相区之间的过渡只有在体系的总成分发生变化时才发生,此时

$$R_1' = R_1 + \phi_c - 1$$

在这类相区组合中,无 $\phi_c=0$ 的情况。

表 4.2　四元恒压相图中不同条件的相邻相区的相的组合

(1) $\Phi=2, R_1=3, \phi_C=1, R'_1=3$

$L/(L+S_i)(4)$	$S_i/(S_i+S_j)(12)$

(2) $\Phi=3, R_1=2$

$\phi_C=1, R'_1=2$	$\phi_C=2, R'_1=3$
$L/(L+S_i+S_j)(6)$	$(L+S_i)/(L+S_i+S_j)(12)$
$(L+S_i)/(L+S_j)(6)$	$(L+S_i+S_j)/(S_i+S_j)(6)$
$(L+S_i+S_j)/S_i(12)$	$(S_i+S_j)/(S_i+S_j+S_k)(12)$
$(L+S_i)/(S_i+S_j)(12)$	
$S_i/(S_i+S_j+S_k)(12)$	
$(S_i+S_j)/(S_j+S_k)(12)$	

(3) $\Phi=4, R_1=1$

$\phi_C=1, R'_1=1$	$\phi_C=2, R'_1=2$
	$(L+S_i)/(L+S_i+S_j+S_k)(12)$
$L/(L+S_i+S_j+S_k)(4)$	$(L+S_i+S_j)/(L+S_i+S_k)(12)$
$(L+S_i)/(L+S_j+S_k)(12)$	$(L+S_i+S_j)/(S_i+S_j+S_k)(12)$
$(L+S_i)/(S_i+S_j+S_k)(12)$	$(S_i+S_j+S_k)/(S_j+S_k+S_m)(6)$
$(L+S_i+S_j)/(S_j+S_k)(24)$	$(S_i+S_j)/(S_1+S_2+S_3+S_4)(6)$
$(L+S_i+S_j+S_k)/S_k(12)$	$\phi_C=3, R'_1=3$
$S_i/(S_1+S_2+S_3+S_4)(4)$	$(L+S_i+S_j)/(L+S_i+S_j+S_k)(12)$
$(S_i+S_j)/(S_j+S_k+S_m)(12)$	$(L+S_i+S_j+S_k)/(S_i+S_j+S_k)(4)$
	$(S_i+S_j+S_k)/(S_1+S_2+S_3+S_4)(4)$

(4) $\Phi=5, R_1=0$

$\phi_C=0, R'_1=0$	$\phi_C=1, R'_1=1$
$L/(S_1+S_2+S_3+S_4)(\text{I},1)$①	$(L+S_i)/(S_1+S_2+S_3+S_4)(4)$
$(L+S_i)/(S_j+S_k+S_m)(\text{II},4)$	$(L+S_i)/(L+S_j+S_k+S_m)(4)$
$(L+S_i+S_j)/(S_k+S_m)(\text{III},6)$	$(L+S_i+S_j)/(S_j+S_k+S_m)(12)$
$(L+S_i+S_j+S_k)/S_m(\text{IV},4)$	$(L+S_i+S_j)/(L+S_k+S_m)(6)$
$\phi_C=2, R'_1=2$	$(L+S_i+S_j+S_k)/(S_k+S_m)(12)$
$(L+S_i+S_j)/(S_1+S_2+S_3+S_4)(6)$	$\phi_C=3, R'_1=3$
$(L+S_i+S_j)/(L+S_j+S_k+S_m)(12)$	$(L+S_i+S_j+S_k)/(L+S_i+S_j+S_m)(12)$
$(L+S_i+S_j+S_k)/(S_j+S_k+S_m)(12)$	$(L+S_i+S_j+S_k)/(S_1+S_2+S_3+S_4)(4)$

(5) $\Phi=2, Z=3, R_1=0, \phi_C=0, R'_1=0$

L/S

① (I,1)中的 I 表示第一种无变量转变类型,1 仍表示相邻相区的组合类型数目,其他类似。

　　四元恒压相图中,当体系中的组元数减少到 3、2 时,即成分四面体变为等边三角形或线,则可应用第三章所讨论的三、二元相图的规律来讨论。

　　所有上面的讨论,对于下列体系的相图都是适用的:① 液、固相均完全互溶;② 液相完全互溶而固相不互溶或部分互溶,有一对或几对组元形成二元低共晶,或具有三元低共晶,或四元低共晶;③ 包晶转变等。其中有些相图的具体的情况比表 4.2 所表述的情况还简单一些。

4.3　几类典型的四元恒压相图在降温过程中相邻相区及其边界变化的规律

4.3.1　液相完全互溶、固相完全不互溶的恒压四元简单低共晶相图

　　设四个组元为 A、B、C、D。仍用 S_1、S_2、S_3 和 S_4 分别代表这四个互不相溶固态纯组元相。体系中存在一个四元共晶的无变量转变

$$L \to S_1 + S_2 + S_3 + S_4$$

当然,还可能有二、三元的共晶转变。为讨论简单计,主要讨论 $N=4$ 的情况而不涉及 $N=3、2、1$ 的场合。高温稳定相区是 L 相区,中温稳定相区是液固相共存区,计有下列相区:L+S_i(4)(因 $i=1,2,3,4$。共有四个这种相区,故以 4 表示这类相区的数目,下同),L+S_i+S_j(6),L+S_i+S_j+S_k(4),低温稳定相区是 S_1+S_2+S_3+S_4(1)。总共有 16 个相区。在四元成分正四面体中,二、三、四元共晶成分点分别以 E_{ij}(6)(因 $i,j=1,2,3,4$,且 $i \neq j$,共有 6 个二元共晶点,以 6 表示共晶点的数目,下同。),E_{ijk}(4)和 E_{1234}(1)来表示。

　　讨论温度下降过程中相邻相区及其边界变化的规律。

　　对于这种相图,$R_1=5-\Phi$,$3 \geqslant R_1 \geqslant 0$。在高温下液相 L 稳定。随温度下降,体系发生相变,按 R_1 的值随温度下降而变化的规律,可逐级发生各种相变。在第一级相变中,随体系的总成分不同,可分别发生以下几种不同情况的相转变。

　　(1) 在 A、B、C、D 四元成分正四面体的绝大多数的情况下,$R_1=3$(取最大值),$\Phi=2$,$\phi_c=1$,$R'_1=3$。相转变类型为 L→L+S_i(4)(因 $i=1,2,3,4$,故有 4 个这种相转变过程,下同)。

　　(2) 当体系的总成分正好落在成分正四面体的特定曲面上,如通过 E_{ij}—E_{ijk}—E_{1234}—E_{ijm}—E_{ij} 诸点的曲面(6 个这种曲面)上,则 L 相降温到一定程度时,可以同时析出两个固相 S_i+S_j,即 L→L+S_i+S_j(6 个这种相变);此时有 $R_1=2$,$\Phi=3$,$\phi_c=1$,$R'_1=2$。

　　(3) 当体系的总成分正好落在成分正四面体的特定曲线上,如通过 E_{ijk}—E_{1234} 两点的曲线(4 条这样的曲线)上,则 L 相同时析出三个固相,相变类型为 L→L+S_i+S_j+S_k(4 个),此时,$\Phi=4$,$R_1=1$,$\phi_c=1$,$R'_1=1$。

应该指出,几个面、线、点和整个成分正四面体比较,所占的部分是极小的。所以在绝大部分成分范围内,相变形式是 $R_1=3$,$L \rightarrow L+S_i$。相转变的程度最少。

$L+S_i$ 相区再降温时,相转变的规律是:

(1) 在 $L+S_i$ 相区的绝大部分的成分范围内,随温度下降,R_1 的值将下降为 2,$\Phi=3$,$L+S_i \rightarrow L+S_i+S_j$(12 个)。因为,随 S_i 的不断析出,液相成分将落到通过 $E_{ij}-E_{ijk}-E_{1234}-E_{ijm}-E_{ij}$ 四个点的曲面(6 个)上,从而同时析出两个固相 S_i+S_j。对于 $(L+S_i)/(L+S_i+S_j)$ 之边界,因 $\phi_c=2$

$$R_1' = R_1 + \phi_c - 1 = 2 + 2 - 1 = 3$$

故其边界是三维的。

(2) 若体系的总成分点落在成分正四面体中的纯 S_i 组元和 $E_{ijk}-E_{1234}$ 曲线上各点所连的结线所构成的辐射状曲面(12 个)上。因随 S_i 的不断析出,液相成分将落到 $E_{ijk}-E_{1234}$ 曲线上,从液相可以同时析出 S_i、S_j、S_k 三个固相,即 $L+S_i \rightarrow L+S_i+S_j+S_k$(12 个),$R_1=1$,$\phi_c=2$,$R_1'=2$。

(3) 若体系的总成分点落在成分正四面体中纯 S_i 和 E_{1234} 的连线上,则随 S_i 的不断析出,相成分将落在 E_{1234} 点,从液相中可同时析出 S_1、S_2、S_3 和 S_4,故为 $L+S_i \rightarrow S_1+S_2+S_3+S_4$(4 个)。$\Phi=5$,$R_1=0$,$\phi_c=1$

$$R_1' = R_1 + \phi_c = 1$$

$L+S_i+S_j$ 相区再降温的变化规律:

(1) 一般情况下,R_1 的值将减少到 1,$\Phi=4$,所以应该析出一个新固相,即 $L+S_i+S_j \rightarrow L+S_i+S_j+S_k$(12 个),$\phi_c=3$,$R_1'=3$。因随 S_i+S_j 的不断析出,液相成分最终将落到 $E_{ijk}-E_{1234}$ 的曲面上,故可同时析出 S_i、S_j 和 S_k 三个固相。

(2) 在个别情况下,随 S_i+S_j 的析出,恰好使液相成分最后落在 E_{1234} 点上,此时,液相将同时析出 S_1、S_2、S_3 和 S_4,相转变是 $L+S_i+S_j \rightarrow L+S_1+S_2+S_3+S_4$(6 个)。$\Phi=5$,$R_1=0$,$\phi_c=2$,$R_1'=2$。相邻相区的边界是无变量转变区中三个恒温边界点(两个共同相点和一个共同体系点)的两两结线所围成的结面。

$L+S_i+S_j+S_k$ 相区再降温的相区变化规律:

随 $S_i+S_j+S_k$ 的不断析出,液相成分最终必然落到 E_{1234} 点上。R_1 的值由 1 降到 0,相转变是 $L+S_i+S_j+S_k \rightarrow S_1+S_2+S_3+S_4$(4 个),$\Phi=5$,$\phi_c=3$,$R_1'=3$。

4.3.2 液相完全互溶、固相部分互溶的恒压四元低共晶相图

该相图的液相区与液固共存相区和简单低共晶相图的相应相区基本相同,差别仅在于液固共存相区中的诸固相为固溶体。在固相区因组元间有部分互溶现象,较为复杂。计有:S_i(4 个),S_i+S_j(6 个),$S_i+S_j+S_k$(4 个),$S_1+S_2+S_3+S_4$(1 个)等相区,共 15 个。连同一个液相区和 14 个液固共存相区,总共有 30 个不同的相区。设同样有二、三和四元共晶点 E_{ij}(6 个)、E_{ijk}(4 个)和 E_{1234}(1 个)。

温度下降过程中,该相图的相邻相区及其边界变化的规律较简单低共晶相图为复杂,现分析如下。

高温稳定相区为液相 L,这个相区在降温过程中的相邻相区及其边界的变化规律与简单低共晶相图中液相 L 的降温过程中所述的(1)～(4)的四个情况基本相同,只是析出的固相为固溶体。

$L+S_i$、$L+S_i+S_j$、$L+S_i+S_j+S_k$ 三类相区在降温过程中,除了有前一相图的相应的同一相区的各种情况以外,因为固溶体有一定的溶解度范围,所以以上三类相区在降温过程中还各有一种较普遍的情况,即 R_1 的值仍保持不变。因此它们各自经历下列的相转变过程为:

$L+S_i \rightarrow S_i$,$R_1=3$,$\phi_c=1$,$R_1'=3$(4 个这种相转变)。

$L+S_i+S_j \rightarrow S_i+S_j$,$R_1=2$,$\phi_c=2$,$R_1'=3$(6 个这种相转变)。

$L+S_i+S_j+S_k \rightarrow S_i+S_j+S_k$,$R_1=1$,$\phi_c=3$,$R_1'=3$(4 个这种相转变)。

另外也可以说明这类相图的各种垂直截面,现仅分析一个典型的垂直截面,见图 4.3。

虽然,这个垂直截面中,体系的总成分中的 B 和 D 所占的百分数是固定的(20%),但体系中各个组元的相成分却都是可变的(包括 B 和 D 的成分),其性质和四维空间相图相同。所以,仍有

$$R_1 = 5 - \Phi, \quad \Phi = 5 - R_1$$

仍可用四元相图中 R_1 与 R_1' 的关系式来分析这类相图中相应的诸边界的性质。然后进一步了解这类垂直截面图上各点各线的含义就比较容易了。

四元垂直截面一般有两个成分参变量固定。因此,对于四元规则的垂直截面中的相边界维数 $(R_1)_V$ 和边界维数 $(R_1')_V$ 与相应的四元恒压相图中的相边界维数和边界维数之间,有下列两个关系式

$$(R_1)_V = R_1 - 2 \tag{4-1}$$

$$(R_1')_V = R_1' - 2 \tag{4-2}$$

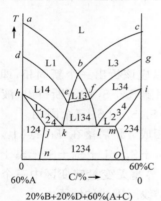

图 4.3　部分互溶四元低共晶体系的一个典型垂直截面[①]
L 代表液相;1,2,3,4 分别代表 S_1, S_2, S_3, S_4 固溶体

下面根据上述原理来分析图 4.3,图 4.3 是一个规则截面。

两个相邻相区的 $\Phi=2$ 的边界线,简称之为 $\Phi=2$ 的边界线(下同),计有图 4.3 之 ab、bc 两条边界线,它们周围的相邻相区中,$\Phi=2$,$R_1=3$。它反映了四维空间的四元恒压相图中相应的相边界是三维空间,相点有三个自由度。又 $\phi_c=1$,故

① Rhines, 1956. P.261.

$$R_1' = R_1 + \phi_c - 1 = 3$$

故在四维空间中,其边界与相边界相同,都是三维的。在这个垂直截面上,体系中 B 和 D 的成分固定,即有两个成分变量固定,因此

$$(R_1)_V = R_1 - 2 = 1$$

$$(R_1')_V = R_1' - 2 = 1$$

ab、bc 线是上述三维边界(亦即相边界)在这个垂直截面上的截线,它们也是相边界线,它们是共同相 L 的相边界线。

$\Phi=3$ 的边界线计有 de、eb、bf、fg 等线,它们周围的相邻相区中,$\Phi=3$,$R_1=2$。它反映四维空间相图中相应的相边界是二维相曲面。$(R_1)_V=2-2=0$,所以这个相边界曲面表现在垂直截面上的一般就只能是个别相点,而不是 de 等这些曲线本身。以 de 线为例,$(L+S_1)/(L+S_1+S_4)$,$\phi_c=2$,则

$$R_1' = R_1 + \phi_c - 1 = 3$$

这反映 de 线所对应的四维空间相图的边界是三维空间的边界。$(R_1')_V=3-2=1$,de 线是这三维空间的边界在垂直截面上的截线;它是边界线,只有体系点分布于其中。

$\Phi=4$ 的边界线有 nj,jh,$\cdots$,mo 等线。它们周围的相邻相区中相的组合以下述方式表示

$$nj(S_1 + S_2 + S_3 + S_4)/(S_1 + S_2 + S_4)$$

$$jh(S_1 + S_2 + S_4)/(L + S_1 + S_2 + S_4)$$

$$hk(L + S_1 + S_2 + S_4)/(L + S_1 + S_4)$$

$$ke(L + S_1 + S_3 + S_4)/(L + S_1 + S_4)$$

$$ef(L + S_1 + S_3 + S_4)/(L + S_1 + S_3)$$

$$fl(L + S_1 + S_3 + S_4)/(L + S_3 + S_4)$$

$$li(L + S_2 + S_3 + S_4)/(L + S_3 + S_4)$$

$$im(L + S_2 + S_3 + S_4)/(S_2 + S_3 + S_4)$$

$$mo(S_2 + S_3 + S_4)/(S_1 + S_2 + S_3 + S_4)$$

它们满足 $\Phi=4$,$R_1=1$,$(R_1)_V=-1$ 的条件,说明四维空间相图中相应的相边界曲线在这个垂直截面上原则上不可能有截点(相点)。两个相邻相区中,$\phi_c=3$,故

$$R_1' = R_1 + \phi_c - 1 = 3$$

$$(R_1')_V = 3 - 2 = 1$$

这说明 nj 等线仅只是边界线,只有体系点分布于其中。

$\Phi=5$ 的边界为 $jklm$ 直线,其周围相邻相区中相的组合为

$$(L + S_i + S_j + S_k)/(S_1 + S_2 + S_3 + S_4)$$

$\Phi = 5$, $R_1 = 0$, 它反映四维空间相图中有 5 个恒温、成分固定的相点。因 $(R_1)_v = 0 - 2 = -2$, 因此, 这些平衡相点原则上在规则的垂直截面上表现不出来。两个相邻相区中, $\phi_c = 3$, 同时还存在 $(N+1) = 5$ 个相的共存区, 所以

$$R_1' = R_1 + \phi_c = 3$$

$$(R_1')_v = 3 - 2 = 1$$

所以 $jklm$ 的这些线段只是边界线。j、k、l、m 点一般也只是体系点。

$\Phi = 3$ 的边界点 b 点周围, $\Phi = 3$, $R_1 = 2$, $\phi_c = 1$, 它反映出四维空间相图中 L、$L + S_1$、$L + S_1 + S_3$、$L + S_3$ 四个相邻相区的相边界是共同相 L 的相边界曲面

$$R_1' = R_1 + \phi_c - 1 = 2 + 1 - 1 = 2$$

边界与相边界维数相同。b 点是这二维的相边界面(同时也是边界曲面)在垂直截面上的截点 $[(R_1)_v = 2 - 2 = 0, (R_1')_v = 2 - 2 = 0]$, b 点是个相点。

$\Phi = 4$ 的边界点计有 e、f 两点, 其周围相邻相区的 $\Phi = 4$, $R_1 = 1$, $\phi_c = 2$, 故 $R_1' = 2$,

$$(R_1)_v = 1 - 2 = -1$$

$$(R_1')_v = 2 - 2 = 0$$

所以 e、f 两点仅只是二维边界面在垂直截面上的截点, 它们只是体系点。

通过上面的分析表明, 在这个垂直截面上, 同样是边界线或点, 但其含义不同; 有的还是相边界线或相边界点, 有的则仅只是边界线或边界点。

对于这个垂直截面图来说, 从液相 L 起, 随温度下降, 相邻相区及其边界变化的规律完全可以按前面已经讨论过的原理来分析。

再进一步, 还可画出一系列不同成分的垂直截面图, 如图 4.4 所示。

图 4.4 上, L 为液相, 1、2、3、4 表示 S_1、S_2、S_3、S_4 四个固溶体相, 后面将引用的相图都用类似的表示方法, 以后不再说明。这一系列垂直截面是在 B 的成分固定为 20%(如摩尔百分数), D 的成分分别取 0、20%、40%、60% 和 80% 的情况下, A、C 的成分可以变化的垂直截面。诸垂直截面上, 只有与 L 相相邻的 $\Phi = 2$ 的边界线 ab、bc 及 a、b、c 边界点才是相边界线或相边界点。其他线都是由体系点构成的边界线, E_{24} 点(80% D + 20% B)也是体系点。诸垂直截面表明了不同成分的体系的各级相变发生的温度及所析出的固相。按相图边界理论还可以找出诸边界线的性质。如果边界线不同时是相边界线, 则应根据相图测定或理论计算找出相边界线, 这样才能确定有关的平衡相的成分。从图上可以看出, A、B、D 的熔点都比较高, C 的熔点相对低一点。图上也表出了二元共晶温度 E_{12}、E_{23}、E_{24} 和三元共晶温度 E_{124}、E_{234}。

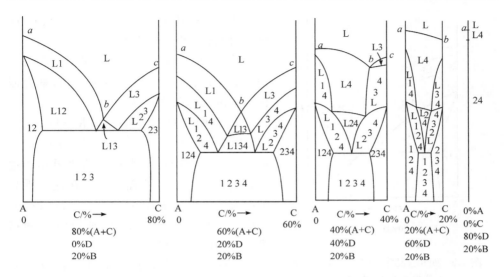

图 4.4 固相部分互溶低共晶的四元体系的一系列垂直截面图[①]

4.3.3 具有包晶转变的四元恒压相图

包晶转变有下列三种类型：

$$L + S_i \longrightarrow S_j + S_k + S_m$$

$$L + S_i + S_j \longrightarrow S_k + S_m$$

$$L + S_i + S_j + S_k \longrightarrow S_m$$

在每一类型的相图中，相邻相区中的相的组合方式又有许多种，因此整个图像是比较复杂的。与低共晶相图对比，包晶的转变方式与共晶的不同；在包晶体系中液相稳定存在的温度范围更大一些，固溶体存在的浓度范围更广一些。因此，包晶体系的相图类型更多样和复杂一些。但从原理上来看，并无本质的不同。

为节省篇幅，只分析一个具有 $L + S_i \longrightarrow S_j + S_k + S_m$ 类型的包晶转变的四元相图的一个典型的垂直截面图(图 4.5)。

$\Phi = 2$ 的边界线计有 ab、bc、cd 三线，它们满足 $\Phi = 2$，$R_1 = 3$，$\phi_c = 1$ 的条件，

$$R'_1 = R_1 + \phi_c - 1 = 3$$

在垂直截面上，因而有

$$(R'_1)_v = R'_1 - 2 = 1$$

$$(R_1)_v = R_1 - 2 = 1$$

故在垂直截面上，这三条线既是边界线，也是相边界线。

---

① Rhines, 1956, P.261.

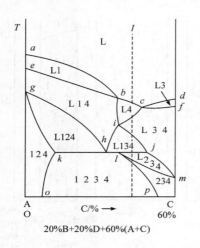

图 4.5　四元包晶体系的一个垂直截面[①]

L 液相；1,2,3,4 分别代表

S_1, S_2, S_3, S_4 固溶体

$\Phi=3$ 的边界线计有 eb、bi、ic、cf 四线，它们满足 $\Phi=3,R_1=2,\phi_c=2$

$$R'_1 = R_1 + \phi_c - 1 = 2 + 2 - 1 = 3$$

与上面 ab 等线相类似的讨论可知，垂直截面图上的这四条线只是边界线。

b,c 两点，$\Phi=3,R_1=2,\phi_c=1$

$$R'_1 = R_1 + \phi_c - 1 = 2 + 1 - 1 = 2$$

所以在四元空间相图中相应的边界和相边界是同一个相边界曲面。它们在这个垂直截面截于一点，$(R_1)_V = R_1 - 2 = 2 - 2 = 0$，$(R'_1)_V = R'_1 - 2 = 2 - 2 = 0$，所以 b,c 两点是 0 维的体系点和相点。

$\Phi=4$ 的边界线计有 ok、kg、gh、hi、ij、jm、ml、lp 等八条线，它们满足 $\Phi=4$，$R_1=1$，$\phi_c=3$

$$R'_1 = R_1 + \phi_c - 1 = 3$$

$$(R_1)_V = -1$$

$$(R'_1)_V = 1$$

这八条线只是边界线，只有体系点分布于其中。

$\Phi=5$ 的边界计有 k、h、l、j 四点及其连接线，在这连接线上下两方的相邻相区中，$\Phi=5,R_1=0$，所以这连接线上下两方的相邻相区之间的转变是无变量的相转变。很容易求证，这四个点是 $(R'_1)_V=0$ 的体系点。

再分析一个总成分为 Ⅰ 点所代表的体系的冷却过程。L 相冷却所产生的第一级相变，$R_1=3,\Phi=2,\phi_c=1$。故相邻的第二相区中有一个共同相而且必须析出一个新相，相转变是 $L \longrightarrow L+S_i$，此处 $S_i=S_4$。随温度进一步降低，R_1 的值由 3 减少到 2，再减少到 1，所以相变过程是依次增加一个新相，即

$$L \rightarrow L+S_i \rightarrow L+S_i+S_j \rightarrow L+S_i+S_j+S_k$$

此处为

$$L \rightarrow L+S_4 \rightarrow L+S_3+S_4 \rightarrow L+S_1+S_3+S_4$$

随温度进一步降低，R_1 的值减少到 0，$\Phi=5$。所以必须析出一个新相 S_m，此处为 S_2，同时为了满足任一相区最大相数为 4 的条件，必须有一个旧相消失，至于是哪一个相消失，则从相图边界理论得不出任何信息。对于这个包晶转变，应是 S_1 消失。故相变为 $L+S_1+S_3+S_4 \rightarrow L+S_2+S_3+S_4$。随温度进一步降低，由于原

---

①　Rhines，1956，P.209.

来的 R_1 的值已经降到零,根据 R_1 的值降到零以后又可增加的规律,R_1 的值由零增大到 1,$\Phi=4$,因相邻的第一相区中 $\phi_1=4$,故相区变化只能是一个旧相消失。此处为高温稳定相 L 消失,剩下 $S_2+S_3+S_4$。随温度下降,R_1 的值可不变,仍为 1,$\Phi=4$,析出一个新相 S_1,故相邻的第二相区为 $S_1+S_2+S_3+S_4$。

同样,还可以画出这个体系的一系列的垂直截面图,如图 4.6 所示。

这一系列垂直截面是组元 B 固定为 20%,组元 D 的成分分别为 0%、20%、40%、60% 和 80%,A、C 两个组元的成分可连续变化的垂直截面。对于图 4.6,也可以按照分析图 4.4 的方法来进行分析,可以得出一系列有意义的信息,读者可以自行分析之。

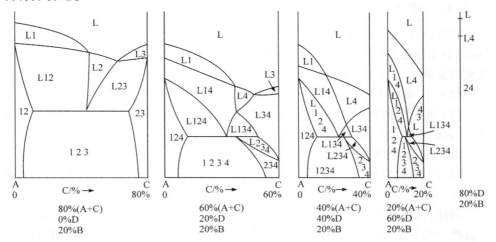

图 4.6　四元包晶体系的一系列恒压垂直截面图[①]

4.3.4　形成化合物或中间相(具有同成分熔点或异成分熔点)或最高(最低)熔点的恒压相图

一般说来,要综合考虑 N、r、Z 的关系,分析略为复杂些。或者可以把整个相图分解为若干个相对独立的部分来分析,例如在 A、B、C、D 四个组元中,若 A、B 之间可以形成稳定化合物 $A_m B_n$,则可以把这个相图分解为两个部分:A、$A_m B_n$、C、D 和 $A_m B_n$、B、C、D 两个部分相图,然后分别加以分析,如此等等。

4.4　五元恒压相图

利用相图边界理论的这一套方法对四元以上的相图也适用,分析这类相图也

---

①　Rhines,1956,P.209.

很容易。例如,对于 $Z=r=0$ 的五元相图的相邻相区及其边界关系的规律,参看表 4.3。

表 4.3　$r=Z=0$ 五元恒压相图中 R_1、Φ、ϕ_C 和 R_1' 的变化规律

	$R_1=6-\Phi$				
$R_1(4\geqslant R_1\geqslant 0)$	4	3	2	1	0
$\Phi(6\geqslant \Phi\geqslant 2)$	2	3	4	5	6
ϕ_C	1	$2\geqslant \phi_C\geqslant 1$	$3\geqslant \phi_C\geqslant 1$	$4\geqslant \phi_C\geqslant 1$	$4\geqslant \phi_C\geqslant 0$
R_1'	4	ϕ_C+2	ϕ_C+1	ϕ_C	ϕ_C[①]或 ϕ_C+1

①　在两个相邻相区间存在 $(\phi_{max}+1)=(N+1)$ 个相的共存区。

　　同样,可以按照四元相图的类似的方法,列出在不同的 R_1 和 Φ 的值的条件下,两个相邻相区的相的组合类型的各种情况。这在原则上并无新的特点,只是情况更加复杂了。表 4.3 适用于下列各类相图:

　　(1) 液、固相均完全互溶;

　　(2) 液相完全互溶,固相完全不互溶或部分互溶,固相有一对或几对组元形成低共晶(也可以是三元、四元或五元的低共晶);

　　(3) 具有包晶转变(无化合物或中间相)等类相图。

　　对于形成化合物或中间相(或具有恒熔点)的相图则应综合考虑 N、r、Z 的关系。

　　同样,也可以分析五元体系的垂直截面。在图 4.7 这个垂直截面中,$Z=r=0$,虽然有三个组元的成分均已固定,但只是体系的总成分受这些条件的限制。而体系的平衡相中几个组元的相成分原则上还是可以任意变化的(但应满足 $\sum\limits_{i=1}^{5} x_{i,j}=1$)。

　　所以,仍按以前的方法,按下式分析五元恒压多维空间相图中相邻相区及其边界之间的关系。

$$R_1 = N+1-\Phi = 6-\Phi$$

$$\Phi = 6-R_1$$

　　图 4.7 中所用的符号与图 4.3 的符号相同。可以按照分析图 4.3 的方法来分析图上相邻相区及其边界之间的性质。

　　$\Phi=2$ 的边界线计有 ab、bc 边界线,$\Phi=2$,$R_1=4$,$\phi_C=1$,$R_1'=4$。因这个垂直截面有三个组元的成分固定,所以

$$(R_1)_V = R_1-3 = R_1'-3 = 1$$

故这两条线是相边界线,除此以外,所有立体相图中 $R_1<4$ 表现在垂直截面图上的边界线都不再是相边界线。

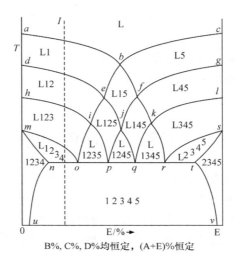

B%, C%, D%均恒定，(A+E)%恒定

图 4.7　五元恒压低共晶体系的垂直截面图[①]

L 液相；1,2,3,4,5 代表 $S_1 \sim S_5$ 五个固溶体相

$\Phi=3$ 的边界计有 de、eb、bf、fg 边界线及边界点 b，$R_1=3$。其中 b 点是个相边界点。这个结论可以从两个角度得到

(1) 因 b 点是两条相边界线的交点，所以是相点；

(2) 也可以直接根据 b 点周围相邻相区中的 Φ 及 ϕ_C 值，得到这个结论。de 等这些边界线则仅是边界线，不再是相边界线。

$\Phi=4$ 的边界计有 hi、ie、ej、jf、fk、kl 六条边界线及 e、f 两个边界点。立体相图中，$R_1=2$，垂直截面上 $(R_1)_V=-1$，诸边界线都不是相边界线，边界点也不是相边界点。

$\Phi=5$ 的边界计有 un、nm、mo、oi、ip、pj、jq、qk、kr、rs、st、tv 等十二条边界线及 m、i、j、k、s 五个边界点。立体相图中，$R_1=1$，$(R_1)_V=-2$ 诸边界线都不是相边界线，边界点也都不是相边界点。

$\Phi=6$ 的边界计有 n、o、p、q、r、t 等六个点及其结线。从 n 点到 t 点的这条边界线的上下的两个相邻相区中，$\Phi=6$，$R_1=0$，为一无变量转变区，这些点并不代表五元空间相图中的无变量的平衡相点，它们都只是体系点。

再分析一个以 I 点为代表的体系的典型的冷却过程。高温下的稳定相为液相 L，温度降低到一定程度，发生第一次相变。在一般情况下，R_1 应取最大值，$R_1=4$，$\Phi=2$，$\phi_C=1$，相邻的第二相区必定为 $L+S_i$，此处，S_i 为 S_1。随温度进一步降低，一般情况下，R_1 的值递减 1，由 $4 \to 3 \to 2 \to 1$，所以 Φ 值递增 1；在一般情况下，

① Rhines, 1956, P.271.

相邻的第二相区递增一个新相,即:$L+S_i \rightarrow L+S_i+S_j \rightarrow L+S_i+S_j+S_k \rightarrow L+S_i+S_j+S_k+S_m$;此处是:$L+S_1 \rightarrow L+S_1+S_2 \rightarrow L+S_1+S_2+S_3 \rightarrow L+S_1+S_2+S_3+S_4$。随温度再下降,$R_1$ 的值下降到 0,$\Phi=6$,必须析出一个新相 S_5;同时为满足 $\phi_{max}=5$,所以必须有一个旧相消失。此处是高温稳定相 L 消失,相邻的第二相区包含的诸相是 $S_1+S_2+S_3+S_4+S_5$。

4.5　五元以上的恒压相图

　　五元以上的恒压相图是过于复杂了,但也可以很方便地用相图边界理论来分析其相邻相区及其边界的关系。表 4.4 列出了 $N(>5)$ 元恒压相图的相邻相区及其边界的基本情况。原则上,完全可以按照分析四元恒压相图的类似方法做具体分析。因过于复杂,而且叙述起来过于晕嗉,故仅只列出一个表,其他从略。

表 4.4　R_1、Φ、ϕ_C 和 R_1' 的变化规律

		$R_1=N+1-\Phi$		$\Phi=N+1-R_1$		
R_1	$N-1$	$N-2$	...	2	1	0
Φ	2	3	...	$N-1$	N	$N+1$
ϕ_C	1	$2 \geqslant \phi_C \geqslant 1$	...	$(N-2) \geqslant \phi_C \geqslant 1$	$(N-1) \geqslant \phi_C \geqslant 1$	$(N-1) \geqslant \phi_C \geqslant 0$
R_1'	$N-1$	ϕ_C+N-3	...	ϕ_C+1	ϕ_C	ϕ_C[①]或 ϕ_C-1

① 在两个相邻相区间存在 $(\phi_{max}+1)=(N+1)$ 个相的共存区。

　　由上可见,对于如此复杂的恒压相图的相邻相区及其边界的关系,相图边界理论都能给予比较清楚的说明。这表明相区及其边界构成相图的规律的确研究得较为透彻。

第五章 多元恒压的水平截面图中相邻的 与不相邻的相区及其边界之间的关系 和这类截面图的粗略构筑

若能研究清楚多元恒压的水平截面图中相邻的与不相邻的相区及其边界之间的关系,则有利于在实验数据不充分的条件下粗略构筑这类水平截面图。

5.1 多元恒压的水平截面图中相邻相区及其边界之间的关系

5.1.1 一般规律

在恒压相图中温度是可变的。为实验测定的方便,常常人为地选定某一温度,然而测量等温水平截面图。一般不选在 $R_1=0$ 的无变量转变的温度上,所以下面讨论的等温水平截面都是指其相邻相区的边界满足 $R_1 \geqslant 1$ 的规则等温水平截面。

N 元体系的规则水平截面图上,温度 T 和压力 p 恒定,还应该有 $(N-3)$ 个组元的成分恒定。例如,三元恒压水平截面图,3 个组元均是可变的;$N-3=0$ 个组元恒定。四元恒压水平截面图,有 $N-3=4-3=1$,1 个组元的成分恒定。恒压多元水平截面图总共有 $(N-3)+1=(N-2)$ 个参变量恒定[包括 $(N-3)$ 个成分和一个温度参变量]。所以对于规则的多元恒压水平截面图有下列关系存在

$$(R_1')_H = R_1' - (N-2) \tag{5-1}$$

$$(R_1)_H = R_1 - (N-2) \tag{5-2}$$

$(R_1')_H$ 和 $(R_1)_H$ 分别为恒压水平截面图上的边界维数和相边界维数。因对于恒压相图,根据对应关系定理,有下列关系式

$$R_1 = N - \Phi + 1$$

$$(R_1)_H = (N-\Phi+1) - (N-2) = 3 - \Phi \tag{5-3}$$

$$(R_1')_H = R_1' - (N-2) = R_1 + \phi_C - 1 - (N-2)$$

$$= (N-\Phi+1) + \phi_C - 1 - (N-2)$$

$$(R_1')_H = \phi_C - \Phi + 2 \tag{5-4}$$

边界同时也是相边界的条件是

$$(R_1)_H = (R_1')_H \tag{5-5}$$

当

$$(R_1)_H < (R'_1)_H \tag{5-6}$$

此时,边界只是由体系点组成的边界,它们不再是相边界。

5.1.2　恒压多元等温水平截面图上有边界线的条件

当

$$\Phi - \phi_c = 1 \tag{5-7}$$

则

$$(R'_1)_H = \phi_c - \Phi + 2 = 1$$

这就是说,当两个相邻相区间只差一个相,即两个相邻相区间只有一个不同的相时,则在这两个相邻相区间可以有一条边界线。

当 $\Phi = 2$,根据式(5-7),则有 $\phi_c = 1$

$$(R_1)_H = 3 - \Phi = 1$$

这条边界线同时也是相边界线。

当 $\Phi = 3$,根据式(5-7),则有 $\phi_c = 2$

$$(R_1)_H = 3 - \Phi = 0$$

这样,边界线仅只是由体系点组成的边界线,它们不再是相边界线。

5.1.3　两个相邻相区间只有零维的边界点,即(R'_1)$_H$=0 的条件

当

$$\Phi - \phi_c = 2 \tag{5-8}$$

则

$$(R'_1)_H = \phi_c - \Phi + 2 = 0$$

即当两个相邻相区相差两个不同的相时,则在这两个相邻相区间只可以出现一个共同的边界点。即这两个相邻相区只能以一个共同边界点对顶相交。

当 $\Phi = 3$ 时,则

$$(R_1)_H = 3 - \Phi = 0$$

则在两个相邻相区的共同边界点同时也是共同的相边界点。

当 $\Phi \geqslant 4$ 时,则

$$(R_1)_H = 3 - \Phi \leqslant -1 \tag{5-9}$$

这时两个相邻相区间的边界点是且仅是一个共同的体系点,不再是共同的相点。即两个相邻相区之间无出现相边界的可能,只能出现边界点或边界线。这种情况只有四元及四元以上恒压水平截面图才能出现。

三元水平截面图中相邻相区及其边界的关系在第三章已经详细讨论过,此处从略。

按四、五、…元恒压水平截面图逐个讨论，过于烦琐。参照三元恒压水平截面图，只讨论恒压多元水平截面图中的普遍情况即可。

5.1.4　$N \geqslant 3$ 的多元恒压水平截面图的边界理论

（1）$N \geqslant 3$，两个相邻相区有 $\Phi \geqslant 3$ 而且彼此间只有一个不同的相，如

$$(f_1 + f_2 + \cdots + f_{\phi_C})/(f_1 + f_2 + \cdots + f_{\phi_C} + f_{\phi_C+1})$$

由式（5-4），有

$$(R_1')_H = \phi_C - \Phi + 2$$
$$= \phi_C - (\phi_C + 1) + 2 = 1$$

故相邻相区之间的边界为边界线。

（2）$N \geqslant 3$，两个相邻相区之间有两个不同的相，如

$$(f_1 + f_2 + \cdots + f_{\phi_C} + f_{\phi_C+1'})/(f_1 + f_2 + \cdots + f_{\phi_C} + f_{\phi_C+1})$$

或

$$(f_1 + f_2 + \cdots + f_{\phi_C})/(f_1 + f_2 + \cdots + f_{\phi_C} + f_{\phi_C+1} + f_{\phi_C+2})$$

则

$$(R_1')_H = \phi_C - \Phi + 2 = \phi_C - (\phi_C + 2) + 2 = 0$$

即为边界点。

上述结论都与体系的组元数 N 无关，所以它们在 $N \geqslant 3$ 的任一 N 元的恒压水平截面图均成立。

从图 5.1 也可以看出，两个相邻相区之间有一个不同的相，其边界为边界线；两个相邻相区间有两个不同的相，则其边界为边界点。或者说从一个相邻相区过渡到另一个相邻相区的过程来看，从相邻相区 AOB 通过边界点 O 到相邻相区 COD，两个相邻相区间有两个不同的相，即两个相邻相区间相差两个不同的相。若 AOB 相区通过边界线 AO 到达彼此间只有一个不同的相的 AOD 相区，则 AOD 相区还要通过一条边界线 DO 才能到达 COD 相区。即从相邻相区的过渡的过程来看，可以概括为，两个相邻相区间的一个边界点相当于三个相邻相区间的两条边界线。以上关系可以用图 5.1 来概括并可以把它称之为交叉规则。

（3）两个相区彼此不相邻的条件。

根据交叉规则，若两个相区间彼此相差的相数 $\geqslant 3$，即

$$\Phi - \phi_C \geqslant 3 \tag{5-10}$$

则这两个相区既不能交于边界线，也不能交于边界点。即这两个相区不可能相邻。这就是恒压等温多元水平截面图上，两个相区不可能彼此相邻的条件。从交叉规则只能看出这个结论，相图边界理论却可以从理论上证明这个结论。在恒温水平截面图上，有

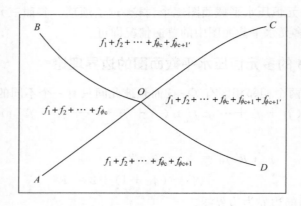

图 5.1　普遍情况下的交叉规则（Schreinemakers 规则）

$$(R_1')_H = \phi_c - \Phi + 2 \tag{5-4}$$

若 $\Phi - \phi_c \geqslant 3$，则

$$(R_1')_H \leqslant -1$$

即当两个相区的不同的相、或者说相差的相的数目 $\Phi - \phi_c \geqslant 3$ 时，这两个相区不可能彼此相邻。这就是两个相区彼此不可能相邻的条件，它也是一条规律。这个否定性质的规律却在构筑和理解复杂多元水平截面图方面却起了积极作用，本书在后面就要用到它。从否定结论得出有益结果，这是一个例子。当然，在这方面最著名的例证还是热力学三大定律都可以从三个"不可能"的结论得到。

5.2　多元恒压的水平截面图中不相邻的相区和它们之间的诸边界的关系

5.2.1　多元恒压的水平截面图中不相邻的两个相区及其诸边界之间的关系

设这两个不相邻的两个相区为

第 1 个相区 /···/ 第 k 个相区

$\mathrm{PR}_1 / \cdots / \mathrm{PR}_k$

$(f_1 + f_2 + \cdots + f_{\phi_c} + f_{\phi_c+1} + \cdots f_{\phi_c+q}) / \cdots /$

$(f_1 + f_2 + \cdots + f_{\phi_c} + f_{\phi_c+1'} + \cdots + f_{\phi_c+q'})$

从相区 PR_1 到与其不相邻的相区 PR_k，其间要经过一系列其他相区。尽管两个相区不相邻，还是可以计算出这两个相区中所存在的不同的相的总数 Φ

$$\Phi = \phi_c + q + q' \tag{5-11}$$

和两个相区间互不相同的相的相数

$$\Phi - \phi_C = q + q' \qquad (5-12)$$

根据前面所述相邻相区的边界理论,可以做出如下推论。

相区 PR_1 应通过 $(q+q')$ 条边界线或 $(q+q'-2P)$ 条边界线和 P 个边界点 (或者与它们相当的若干边界线和边界点),才能到达与相区 PR_1 不相邻的相区 PR_k。

因为通过 1 条边界线,从相区 PR_1 到相区 PR_2,$\Phi - \phi_C = 1$,两个相区相差 1 个相,即两个相区间有一个非共同相。再从相区 PR_2 通过另 1 条边界线,到达相区 PR_3,两个相区的 $(\Phi - \phi_C)$ 值又等于 1,即又相差 1 个相。如果从相区 PR_1 到 PR_3 来计算,$\Phi - \phi_C = 2$,相区 PR_1 和 PR_3 之间则相差 2 个相。依此类推,从相区 PR_1 到相区 PR_k,两个相区相差 $\Phi - \phi_C = q + q'$ 个相,则从相区 PR_1 到相区 PR_k 必须经过 $(q+q')$ 个边界线才能到达。又因为 1 个边界点相当于 2 条边界线,故从相区 PR_1 也可以通过 p 个边界点和 $(q+q'-2p)$ 条边界线到达相区 PR_k。如果相区过渡过程经过的是一条曲折的路,则还要多经过 $2n$(n 为正整数)条边界线。下面对此做具体分析。

5.2.2　两个相区过渡过程中经历曲折道路的情况

如果在不相邻相区 PR_1 向 PR_k 过渡的过程中,有一个在这两个不相邻相区都存在的相消失了,例如,相区 $S_1 + S_2$ 本可以直接穿过一条边界线过渡到相邻相区 $S_1 + S_2 + S_3$(图 5.2)。S_2 在这两个相邻相区中都存在,在相区过渡中不必消失。但从相区 $S_1 + S_2$ 过渡到相邻相区 $S_1 + S_2 + S_3$ 的过程中,却走 $S_1 + S_2 \rightarrow S_1 \rightarrow S_1 + S_3 \rightarrow S_1 + S_2 + S_3$ 的途径时,S_2 相在过渡过程中曾一度消失,则它必然需要重新出现。因而需要多穿过两条边界线:一条是 S_2 相消失,一条是 S_2 相重新出现。

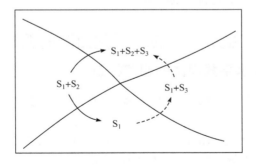

图 5.2　相区 $S_1 + S_2$ 到 $S_1 + S_2 + S_3$ 的过渡

在相区过渡过程中,出现了一个不必出现而且在两个相区中都不存在的相,例如:相区 S_1 本可以直接穿过一条边界线到达相邻相区 S_1+S_2(图 5.3)。

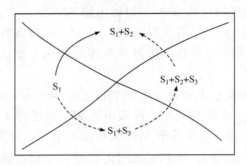

图 5.3 相区 S_1 至 S_1+S_2 的过渡

两个相邻相区中都没有 S_3,在相区过渡过程中,S_3 不必出现。但相区的过渡过程却走另外一条途径 $S_1 \rightarrow S_1+S_3 \rightarrow S_1+S_2+S_3 \rightarrow S_1+S_2$ 时,一个不必要的相 S_3 出现,它必须重新消失。因此也应多穿过两条边界线。

普遍的情况是:从相区 PR_1 到不相邻相区 PR_k 的过渡过程中,若出现 λ_1 个不必出现的而且在两个不相邻相区均不存在的相,则应多穿过 $2\lambda_1$ 条边界线;若消失了 λ_2 个不必消失而且在两个不相邻相区均存在的相,则也应多穿过 $2\lambda_2$ 条边界线。

如果从相区 PR_1 到 PR_k 的途径中,的确出现了一个新相。它在相区 PR_1 和相区 PR_k 中都不存在,和前面讨论的情况相似,则从相区 PR_1 到相区 PR_k 的途径中,也必须增加 2 条边界线。若从相区 PR_1 到相区 PR_k 的途径中,出现了 λ_3 个新相,则从相区 PR_1 到相区 PR_k 要多经过 $2\lambda_3$ 条边界线(或与之相当的边界线和边界点)。这是相区间可能出现新相的征象之一。

5.3 五元恒压的水平截面图的粗略构筑

5.3.1 五元恒压水平截面图的粗略构筑

由于弄清了相邻相区及其边界的关系,故在必要的前提条件下,可直接画出相邻相区的边界。

现借用 Gupta 的例子(Gupta *et al*. 1986)(图 5.4)来说明相图的边界理论分析问题的方法(赵慕愚等 1990)。体系有 A、B、C、D、E 五个组元,温度和 D、E 两个组元的成分恒定,按相图的一般表示方法,α、β、γ、δ、ε 分别表示体系中存在的富含组元 A、B、C、D 和 E 的五个相。图 5.4 中,Gupta 已经标出 9 个相区的相的组合(phase assemblage),有两个相区的相的组合是未知的。并且 *mj*、*jk*、*kc*、*cm* 和 *jc*

五条边界线也是未知的。应用相图边界理论可以直接画出某些边界。相邻相区
$2(\alpha+\epsilon)/3(\alpha+\beta+\epsilon)$ 的相的组合有如下特征：$\phi_2=2$，$\phi_3=3$，$\Phi=3$，$\phi_c=2$，$\Phi-\phi_c=$
1，满足两个相邻相区间有一条边界线的条件，可以在这两个相邻相区间直接画出
一条边界线。围绕边界点 a 有两对相邻相区：$2(\alpha+\epsilon)/4(\beta+\epsilon)$ 和 $5(\epsilon)/3(\alpha+\beta+$
$\epsilon)$。对于这两对相邻相区的相的组合都满足 $\phi_c=1$，$\Phi=3$，$\Phi-\phi_c=2$ 的条件，从
而可以画出一个相边界点，故 a 点是相边界点。用类似的方法可以直接画出三对
相邻相区 $5(\epsilon)/2(\alpha+\epsilon)$、$5(\epsilon)/4(\beta+\epsilon)$ 和 $5(\epsilon)/10(\delta+\epsilon)$ 间的边界线 ac、ad 和 dk。
因 $\Phi=2$，$\phi_c=1$，$\Phi-\phi_c=1$，满足相边界线的条件，它们还是相边界线。同样可得
ae、df、dg、hk、ij、lm、mn 等边界线和 d、m 两个边界点。d 点（因 $\Phi=3$）是相边
界点，m 点（因 $\Phi=4>3$）只是边界点。由 m 点周围的三个相邻相区 $1(\alpha+\delta+\epsilon)$、
$2(\alpha+\epsilon)$ 和 $8(\alpha+\gamma+\delta+\epsilon)$ 很容易推出第四个相邻相区 $7(\alpha+\gamma+\epsilon)$，并可画出边界
线 mj 和 mc。当然它们的端点 j 和 c 的位置还不知道。相区 6 没有实验点，本来
不知道它是否存在，更不知道它含有哪些相。

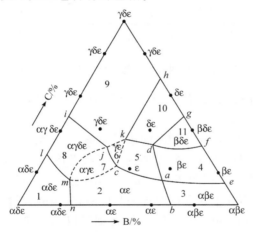

图 5.4　五元体系的水平截面图

现在做如下推理。对于两对相邻相区 $5(\epsilon)/7(\alpha+\gamma+\epsilon)$ 和 $5(\epsilon)/9(\gamma+\delta+\epsilon)$ 的
相的组合均有 $\Phi=3$，$\phi_c=1$ 和 $\Phi-\phi_c=2$，它们都应分别相交于不同的两个边界
点。对于另外三对相邻相区 $2(\alpha+\epsilon)/9(\gamma+\delta+\epsilon)$、$5(\epsilon)/8(\alpha+\gamma+\delta+\epsilon)$ 和 $7(\alpha+\gamma$
$+\epsilon)/10(\delta+\epsilon)$ 的相的组合，则有 $\Phi=4$，$\phi_c=1$ 和 $\Phi-\phi_c=3$，根据 5.1.4 节所述的
原理，它们不可能相交于单一的边界[见式（5-10）]。因此，必须画出一个新相区
6，从而得到 jc、ck、jk 三条边界线和 c、j、k 三个边界点。并可从三个相邻相区
$5(\epsilon)$、$2(\alpha+\epsilon)$、$7(\alpha+\gamma+\epsilon)$ 中相的组合，推导出第四个相邻相区 6，它含有 $(\gamma+\epsilon)$ 两
相。

因为在边界点 c 周围，相区 $2(\alpha+\epsilon)$ 已经通过边界线 mc 和 ac 分别与相区 $7(\alpha$

$+\gamma+\varepsilon$)和相区 5(ε)相邻,所以相区 2($\alpha+\varepsilon$)只能通过边界点 c 与另一个相区对顶相交。按相图边界理论,通过边界点 c 与相区 2($\alpha+\varepsilon$)对顶相交的另一个相区的相的组合应满足 $\Phi=3$,$\Phi-\phi_c=2$;所以与相区 2($\alpha+\varepsilon$)对顶相交的只能是包含($\gamma+\varepsilon$)的相区 6,这就是新相区 6($\gamma+\varepsilon$),见图 5.4。

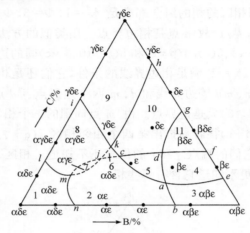

图 5.5　与图 5.4 类似的另一个水平截面图

在相图边界理论提出之前,Gupta(1986)用画 *ZPF* 线的方法画出了一个与图 5.4 类似的水平截面图。

由于相区 6 无实验点,仅从相图的边界关系来看,无论从 Gupta 方法还是从相图边界理论,都还可以画出另一幅类似的水平截面图(图 5.5),相区 6′中含($\alpha+\delta$ $+\varepsilon$)三个相。到底哪一张相图正确,Gupta 等不能解决。他们说:"若需确定哪一个截面图是正确的,需在争议区内有进一步的数据。在缺乏数据的情况下,应该画最简单的截面。"(Gupta et al. 1986)作者则可以从理论上解决它(赵慕愚等1990)。在解决之前,首先讨论若干热力学关系以作解决这个问题的理论基础。

5.3.2　热力学规律

5.3.2.1　热力学规律 1

图 5.6 是一个部分互溶的低共晶二元恒压相图。α、β 分别为富 A 和富 B 的固溶体,图 5.7 为该体系在恒温条件下的摩尔吉布斯自由能曲线。

若体系组成点分别在 p 或 q 点,则根据摩尔吉布斯自由能曲线,应分别取吉布斯自由能最小的相,即分别以 α 或 β 相、亦即以富 A(α)或富 B(β)相的形式存在。对于多元体系也有类似规律。

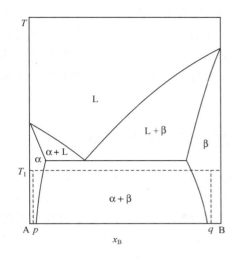

图 5.6 部分互溶的低共晶
二元恒压相图

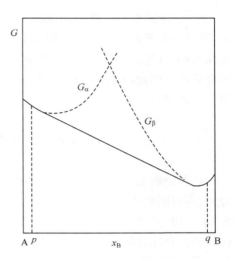

图 5.7 二元摩尔吉布斯自由能曲线
（T 恒定）

5.3.2.2 热力学规律 2[①]

$$\left[\frac{\partial \mu_i}{\partial x_i}\right]_{T,p,x_j} > 0$$

x_i，μ_i 分别为组元 i 的摩尔分数和化学势。由文献（赵慕愚等 1983）可以得出：若体系的平衡相成分可变，在体系中增加组元 i 的量，组元 i 一定会进一步溶解于能溶解它的相如 f_k 中，则 $x_{i,k}$ 应增大，$\mu_{i,k}$ 也将升高。与 f_k 平衡共存的 f_l，f_m 等相的 $\mu_{i,l}$，$\mu_{i,m}$···也升高，因而 $x_{i,l}$，$x_{i,m}$···也将增大。即在体系中增加组元 i 的量，则在能溶解组元 i 且组成可变的诸相中，组元 i 的浓度都将增大。

5.3.3 五元体系的水平截面图的进一步讨论

现在回过头来讨论图 5.4 和图 5.5。α、β、γ、δ、ε 分别为富 A、B、C、D、E 的固溶体相。在图 5.5 的相区 7 内，体系成分点沿 mj 线附近向富 C 端延伸，到相区 $6'$ 内沿 jk 线的附近之处向富 C 端延伸，组元 C 的 x_C（x_C 代表体系中组元 C 的摩尔分数）增大，x_A 减小。依据前述热力学原理：x_C 升高、x_A 下降，富 A 的 α 相不消失，反而是富 C 的 γ 相消失，这不合理。应该是富 A 的 α 相消失，富 C 的 γ 相不应消失，即图 5.4 合理而图 5.5 不合理。此外图 5.5 中，由相区 1(α＋δ＋ε) 到相区 7(α

① 傅鹰，1963；Gibbs，1950.

＋γ＋ε)，x_A 减小、x_C 增大，出现了富 C 的 γ 相，这合理。再由相区 7→相区 6′，随 x_C 的进一步增加，富 C 的 γ 相反而消失，这又不合理。而且相区 6′ 中所包含的诸相(α＋δ＋ε)竟然与其只隔一个相区 7 的相区 1 的诸相(α＋δ＋ε)完全相同，这又是不合理的。因此根据热力学原理，无须在争议区进一步做实验，即可判断图 5.4 比图 5.5 合理。

5.4　八元恒压的水平截面图的粗略构筑

现在仍取 Gupta 在同一篇文章中所研究的另一个体系(Gupta *et al*.　1986)为例，用相图的边界理论来处理它(赵慕愚等　1990)。这个体系的水平截面图含有 11 个相，35 个相区。如图 5.8 所示。这个水平截面图有 5 个组元的成分固定(Fe,62%；Mn,15%；Cr,12%；Mo,2%；Nb,1%)，另外 3 个组元(Al＋Si＋C)%＝8%，温度固定为 700℃。11 个相为 α-Fe、Cr、石墨(用 G 表示)、β-Mn(简写为 βn)、MSi(M 为金属，MSi 用 1S 表示，下面的简化表示方法与此类似)、$M_3Si(_3S)$、Fe_5Si_3(F_5S_3)、$Mn_5Si_3(n_5S_3)$、$M_2C(_2C)$、$M_3C(_3C)$ 和 $M_{23}C_6(_{23}C_6)$。所有的相区中都含有 α-Fe 和 Cr，图 5.8 中没有标出，即在表 5.1 和图 5.8 的水平截面图上各个相区中相的组合中均未标出这两个相。在这个水平截面图中，所有边界线两侧的相邻相区都满足 Φ≥4，故所有这些边界线都不是相边界线。所有的边界点也都不是相点。

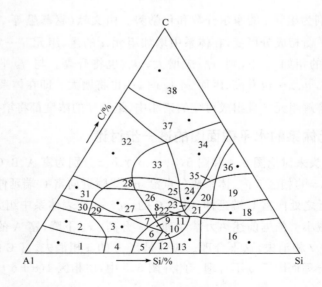

图 5.8　一个八元体系的二维恒压水平截面图

表 5.1　图 5.8 的水平截面图上各个相区中相的组合[①]

序号	相的组合	序号	相的组合
1	βn	20	$_2C,_3C,_1S,_3S,F_5S_3$
2	$\beta n,_{23}C_6$	21	$_2C,_1S,_3S,F_5S_3$
3	$\beta n,_{23}C_6,_1S$	22	$_2C,_{23}C_6,_1S,_3S,F_5S_3$
4	$\beta n,_1S$	23	$_2C,_1S,F_5S_3$
5	$\beta n,_1S,_3S$	24	$_2C,_3C,_1S,F_5S_3$
6	$\beta n,_1S,_3S,_{23}C_6$	25	$_2C,_3C,_{23}C_6,_1S,F_5S_3$
7	$_1S,_{23}C_6$	26	$_2C,_{23}C_6,_1S,F_5S_3$
8	$_1S,F_5S_3,_{23}C_6$	27	$_2C,_{23}C_6,_1S$
9	$_{23}C_6,_1S,_3S$	28	$_2C,_3C,_1S,_{23}C_6$
10	$\beta n,_1S,_3S,_{23}C_6,F_5S_3$	29	$\beta n,_1S,_2C,_{23}C_6$
11	$_1S,_3S,_{23}C_6,F_5S_3$	30	$_{23}C_6,\beta n,_2C$
12	$\beta n,_1S,_3S,F_5S_3$	31	$_2C,_{23}C_6$
13	$_1S,_3S,F_5S_3$	32	$_2C,_3C,_{23}C_6$
14	—	33	$_2C,_3C,_{23}C_6,F_5S_3$
15	—	34	$_2C,_3C,F_5S_3$
16	$_1S,_3S,F_5S_3,n_5S_3$	35	$_2C,_3C,_3S,F_5S_3$
17	—	36	$_2C,_3C,F_5S_3,_3S,n_5S_3$
18	$_2C,_1S,_3S,F_5S_3,n_5S_3$	37	$_2C,_3C$
19	$_2C,_3C,_1S,_3S,F_5S_3,n_5S_3$	38	$_2C,_3C,G$

① 每一个相区都有 α-Fe 和 Cr 这两个相，在表 5.1 中均未表出它们。所以每一个相区都应包含这两个相。

　　如图所示，相区 1、2、3、13、16、18、24、27、31、32、34、36、37 和 38 的 14 个相区为已知相区，其中每一个相区中所包含的相的组合是已知的。这个恒压水平截面图的温度是 700℃，它是实验者人为确定的值。从而可得自由度 $f \geqslant 1$，按恒压相图中的相律：$\phi = N+1-f$，故 $\phi_{max} = 8+1-1 = 8$。根据对应关系定理，因 $R_1 \geqslant 1$（温度是人为选定的），故 $\Phi_{max} = N+1-R_1 = 8+1-1 = 8$。根据交叉规则，凡是两个相邻相区之间的不同的相的数目仅为 1 时，就可以在这两个相邻相区之间直接画出它们的一维边界线。这就是说，可以直接画出相邻相区 1/2（表示相邻相区 1/相邻相区 2，下同）、2/3、27/31、31/32、38/37、37/32、37/34、34/24、18/16、16/13 等之间的 10 条边界线，它们在图 5.9 中以实线表之。因未知相区的相的组合是未知的，故未知相区及其相邻相区之间的边界线都需要经过推理，才能得到。这样的边界线在图 5.9 中以虚线表示。这样的边界线有 44 条，它们比实线多得多。

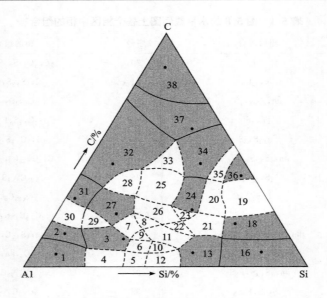

图 5.9　未完成的八元体系的水平二维截面图

其中有些边界线是未知的,以虚线表示;　▨ 表示已知相区

对于这样复杂的相图,最好先依据前面讨论过的原理,找到不相邻的两个相区之间的边界线或边界点的数目(表 5.2)。表 5.2 中只是列出图中几组不相邻相区的代表而已。

表 5.2　不相邻的两个相区间的边界线或边界点的数目

两个不同的相区		Φ	ϕ_C	$\Phi - \phi_C$	可能的边界线或点	
序号	序号				点	线
34	36	7	5	2	0	2
34	18	8	4	4	2(或 0)	0(或 4)
24	36	8	5	3	1(或 0)	1(或 3)
24	16	8	4	4	2(或 0)	0(或 4)
3	13	7	3	4	1(或 0)	2(或 4)
27	24	7	4	3	0(或 1)	3(或 1)

这样就可以大致估计不相邻的两个相区之间的边界数目(其间经过一个或几个相区)。这有利于粗略构筑这个水平截面图。读者可以对照图 5.9 来看。其次围绕一个边界点有四个相邻相区,若已知其中三个相邻相区中相的组合,则可以推出第四个相邻相区中的相的组合(即所包含的诸相),见表 5.3。

表 5.3　相邻相区相组合的确定

已知 3 个相区序号	确定第 4 个相区序号	已知 3 个相区序号	确定第 4 个相区序号
1、2、3	4	13、21、22	11
27、31、32	28	26、22、11	8
32、37、34	33	27、26、8	7
28、32、33	25	7、8、11	9
27、28、25	26	3、7、9	6
26、25、24	23	6、9、11	10
13、16、18	21	10、11、13	12
21、23、24	20	6、10、12	5
20、24、34	35	3、7、27	29
20、35、36	19	2、3、29	30
21、23、26	22		

按这个方法可以依次推出第 4、28、33、25 等相区,这个推导的次序不能乱。因为只有推出了前面的相区之后,才可以根据它们继续推导后面的未知相区。推导的次序以及所有推出的这些相区都可以从表 5.3 查到,共 21 个相区,它们的相的组合可以在表 5.1 中查到。这样所有的相区的相的组合都已找出,如表 5.1 所示。实际上,第一组已知的三个相邻相区(它们共有一个边界点)可以任意选,都可以推导得到相同的结果。作者曾经让一个同学做过类似的推导,所得结果完全相同。读者不妨试试,可以任选一组已知的共用一个边界点的三个相邻相区推导起,一定可以把所有相区中的相的组合都推导出来。这样,知道了所有相区的相的组合之后,则所有的边界线都可以很容易画出来了。从而完成了整个八元水平截面图的粗略构筑(图 5.8)。这里画出的这个图比 Gupta 等(1986)的原图更合理(图 5.10),与实际相图的形状更接近。仅已知 14 个相区和 10 条边界线,就可以推出 21 个未知相区和 44 条未知的边界线,从而粗略构筑出整个水平截面图。

从以上的讨论可以看出,根据相图边界理论和有关的热力学关系式,从不完全的实验数据出发,可以构筑多元水平截面图。不仅可以画出未知的边界线,确定未知相区的相的组合。在某些情况下,还可以判断相的正误和边界线的走向。根据相图边界理论发现 Gupta 等(1986)所构筑的原相图中的个别相区,即他们原图的第 14、15、17 相区是不必要的。所以图 5.8 中的相区标号虽有第 38 号相区,但图上实际上却只有 35 个相区。Gupta 方法在相图计算方面很有用,因而得到了广泛的应用。赵慕愚的上述构筑多元水平截面图的方法晚了四年,是 1990 年发表在高等学校化学学报上,用中文发表的(赵慕愚等　1990),迄今未引起国际上应有的重视。实际上赵慕愚的这个分析方法比 Gupta 等的方法合理些。有兴趣的读者可以对比 Gupta 等(Gupta *et al*. 1986)的论文来阅读比较,就会能分清优劣了。

另外,利用相图边界理论构筑多元水平截面图的方法对测定多元水平截面图特别有用,比 Gupta 等用 ZPF 线构筑多元水平截面图的方法好些。

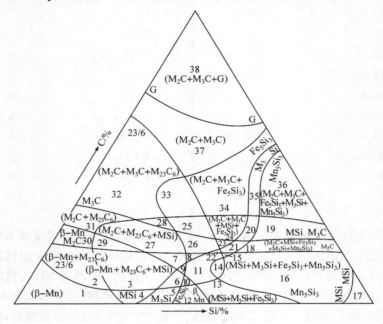

图 5.10 Gupta 等构筑的八元水平截面图

比较图 5.9 和图 5.10,可见作者构筑的相图的形状与将要用实验测定出来的相图形状比较相近。这有利于在相图测定过程中实验点的布置,以测定有关的相邻相区的边界线。人们很难根据 Gupta 等用 ZPF 线所画出的理论相图来布置实验点。

由上可见,八元体系的水平截面图是一个相当复杂的相图。根据相图边界理论竟能依据很不充分的条件,即可粗略构筑出这样复杂的水平截面。这不仅有利于相图计算(这点与 Gupta 方法相同),而且有利于相图的测定(这是比 Gupta 方法优越的地方)。显然,相图边界理论对类似情况下,粗略构筑 4、5、6 和 7 元水平截面图一定也会有重要的参考价值。在测定多元水平截面图时,上述的粗略构筑水平截面图的方法对预估未知相区,布置新的实验点和连接未知的边界线是十分有益的。对计算多元水平截面图也会有一定的指导作用。

总之,相图边界理论对研究复杂多元恒压水平截面图的确是一个有用的基础理论。

第六章　p-T-x_i 多元相图的边界理论

6.1　引　　言

p-T-x_i 均可独立变化的多元相平衡,是地质学和高压物理学中研究的关键问题之一,这种相平衡在地质学上常用无组成变量的 p-T 相图和不同压力条件下的温度组成图来讨论。而本书则是用 p-T-x_i 多元相图的边界理论直接研究这类相图,这样的分析应该说更全面一些,这对研究地质学和高压物理的相平衡是有意义的。

p-T-x_i 相图和恒压相图相比,参变量多了一个,二元相图就需要用三维空间来描述。因此,它们复杂得多。

研究 p-T-x_i 相图的边界理论可以利用恒压相图的边界理论作基础,并可以参考恒压相图的边界理论的研究方法。本章探讨问题的思路、方法和术语基本上与第二章是相似的,而且 p-T-x_i 相图的对应关系定理在第二章已经导出,所以本章可以直接讨论这个定理的推论以及边界维数 R_1' 与相边界维数 R_1 的关系。

本章又有特殊性。因 p-T-x_i 多元相图多了一个参变量——压力,而压力对相变的作用,不如温度对相变的影响那么强烈。对于固液相的相图来说,只有压力高达几个 GPa 的高压相图才能显现出它与常压相图的显著差别来。而研究如此高的压力下的相变过程的实验设备很复杂,因此国际上在这方面的研究不是太多,高压实验相图远比常压相图的数目为少。从目前情况看,高压相图主要还是单元的和二元的。三元相图极少,可以借鉴的相图的类型也少。现在还没有看到国际上有研究这类相图的相邻相区及其边界关系的系统工作。所以本书中讨论的研究 p-T-x_i 多元相图的边界理论的可靠性必须依靠前提的可靠和逻辑推理的严谨来保证。

首先简述一下适用于 p-T-x_i 多元相图的一些基本概念及若干结论。

在 p-T-x_i 多元相图中,若组元数为 N,则相图维数为 $(N-1)+2=N+1$ 维。相图的边界理论中定义的相区,其维数仍与相图的维数相同。令任一相区的相数为 ϕ,仍有 $N \geqslant \phi \geqslant 1$。因为在 p-T-x_i 多元相图中,在这样定义的相区中,体系的温度和压力都必须是独立可变的,即 $f \geqslant 2$。若温度、压力两个变数中某一个变数恒定,或温度和压力之间存在某种函数关系:$f(T,p)=0$,则这相区只能存在于恒压(或恒温)或 $f(T,p)=0$ 的 $(N+1)-1=N$ 维的截面或曲面上,而不能存在于 p-T-x_i 均可独立变化的 $(N+1)$ 维的相图空间中。既然,$f \geqslant 2$,按相律,$\phi=N+2-$

f,则有 $\phi \leqslant N$,故 $N \geqslant \phi \geqslant 1$。

对于 $p\text{-}T\text{-}x_i$ 多元相图,仍有 $\phi_c = \phi_1 + \phi_2 - \Phi$,相区中最大的相数 $\phi_{max} = N$。相邻相区的边界维数为 R_1' 和相边界维数为 R_1。

6.2　$p\text{-}T\text{-}x_i$ 多元相图的对应关系定理及其推论

同恒压相图一样,下面讨论对决定相邻相区及其边界关系有重要意义的几个物理量：Φ、R_1、R_1' 和 ϕ_c 的变化范围和若干规律。

对应关系定理可写为

$$\left. \begin{array}{l} R_1 = (N - r - Z) - \Phi + 2 \\ \Phi = (N - r - Z) - R_1 + 2 \end{array} \right\} \qquad (6-1)$$

这种形式的对应关系定理在第二章的 2.3 节已经讨论过。

这个定理在 $p\text{-}T\text{-}x_i$ 多元相图的推论如下,这些推理规定了 Φ、R_1 和 ϕ_c 的变化范围。

推论 1　在任一相图中,根据对应关系定理式(6-1),以及两个相邻相区的相数不能少于 2 的明显道理,故 Φ 的变化范围

$$(N - r - Z) + 2 \geqslant \Phi \geqslant 2$$

r、Z 的含义已经在第二章中讨论过了。当 $r = Z = 0$,则

$$N + 2 \geqslant \Phi \geqslant 2$$

推论 2　在任一相图中,因实际相图的 R_1 值不可能小于 0；又因 $\Phi \geqslant 2$,故 R_1 的变化范围

$$(N - r - Z) \geqslant R_1 \geqslant 0$$

当 $r = Z = 0$,则

$$N \geqslant R_1 \geqslant 0$$

推论 3　在 $r = 0$, $N \geqslant 2$, $p\text{-}T\text{-}x_i$ 相图中,诸单相区仅能相交于一维共同相边界曲线上(这一点与恒压相图中仅能相交个别相点不同)。现证明如下。

若两个单相区 f_j、f_k 相交于某一共同相边界,则这相边界上的各共同相点上,均有

$$x_{1,j} = x_{1,k}, x_{2,j} = x_{2,k}, \cdots, x_{N,j} = x_{N,k}$$

故 $Z = N-1$,$\Phi = 2$,则

$$R_1 = [N - (N-1)] + 2 - 2 = 1$$

即 $p\text{-}T\text{-}x_i$ 多元相图中,诸单相区仅可相交于一维相边界曲线上。

推论 4　在 $r = Z = 0$ 的 $N \geqslant 2$ 的 $p\text{-}T\text{-}x_i$ 相图中,当两个相邻相区间有 $R_1 \geqslant 2$ 维的共同相边界时,则 $\phi_c \geqslant 1$。证明如下。

此处用反证法来证明。首先讨论当两个相邻相区之间无共同相，即 $\phi_c = 0$ 时，两个相邻相区的边界应满足什么条件。因 $\phi_c = 0$，则两个相邻相区之间必须有共同的体系点，否则，两个相邻相区之间既无共同相，又无共同体系点，则这两个相区互不相交。这个（或这些）共同的体系点上的体系必须能同时满足两个相区的平衡条件。

设相邻的第一相区有 ϕ_1 个相，相邻的第二相区有 ϕ_2 个相，相邻的第一和第二相区中各相的物质的量和各组元的摩尔分数分别为 $m_1, m_2, \cdots, m_{\phi_1}, m_{1'}$；$m_{2'}, \cdots, m_{\phi_2}$；$\sum m_j = \sum m_{j'} = M$。$x_{i,1}, x_{i,2}, \cdots, x_{i,\phi_1}$；$x_{i,1'}, x_{i,2'}, \cdots, x_{i,\phi_2}$（$i = 1, 2, \cdots, N$）。体系中的各组元的摩尔分数 x_i（$i = 1, 2, \cdots, N$），此外还有参变量 p 和 T，故未知数总共有 $\phi_1 + \phi_2 + N\phi_1 + N\phi_2 + N + 2 = N(\phi_1 + \phi_2) + \phi_1 + \phi_2 + N + 2$ 个。

这些变量之间要满足相平衡条件

$$\mu_{i,1} = \mu_{i,2} = \cdots = \mu_{i,\phi_1} = \mu_{i,1'} = \mu_{i,2'} = \cdots = \mu_{i,\phi_2}$$

其中：$i = 1, 2, \cdots, N$。共 $N(\phi_1 + \phi_2 - 1)$ 个方程，体系的各组元还应满足下列质量守恒方程。

当体系的诸组元全分布在相邻的第一相区，有

$$x_{i,1} m_1 + x_{i,2} m_2 + , \cdots, + x_{i,\phi_1} m_{\phi_1} = M x_i \tag{6-2}$$

其中：$i = 1, 2, \cdots, N$。共 N 个方程。

当体系的诸组元全分布在相邻的第二相区有

$$x_{i,1'} m_{1'} + x_{i,2'} m_{2'} + , \cdots, + x_{i,\phi_2} m_{\phi_2} = M x_i \tag{6-3}$$

其中：$i = 1, 2, \cdots, N$。共 N 个方程。

对于相邻的第一个相区的第 j 个相的第 i 个组元，有

$$\sum_{i=1}^{N} x_{i,j} = 1 \tag{6-4}$$

其中：$j = 1, 2, \cdots, \phi_1$。共 ϕ_1 个方程。

对于相邻的第二相区的第 j' 个相的组元 i，有

$$\sum_{i=1}^{N} x_{i,j'} = 1 \tag{6-5}$$

其中：$j' = 1, 2, \cdots, \phi_2$。共 ϕ_2 个方程。

若选定式（6-2）～式（6-5）为独立方程，将式（6-2）两端对 i 求和，并利用式（6-4），可得

$$\sum_{i=1}^{N} \sum_{j=1}^{\phi_1} x_{i,j} m_j = \sum_{j=1}^{\phi_1} m_j = M = M \sum_{i=1}^{N} x_i$$

即

$$\sum_{i=1}^{N} x_i = 1$$

所以这个方程不是独立方程。在相变过程中,质量守恒,故又有下列的一个方程

$$\sum_{j=1}^{\phi_1} m_j = \sum_{j'=1'}^{\phi_2} m_{j'}$$

故独立方程数共有

$$N(\phi_1 + \phi_2 - 1) + N + N + \phi_1 + \phi_2 + 1 = N(\phi_1 + \phi_2) + \phi_1 + \phi_2 + N + 1(个)$$

因此处于边界上的体系的自由度为

$$f = \left[N(\phi_1 + \phi_2) + \phi_1 + \phi_2 + N + 2 \right]$$
$$- \left[N(\phi_1 + \phi_2) + \phi_1 + \phi_2 + N + 1 \right] = 1$$

即 $R_1 = f = 1$。所以当 $\phi_c = 0$,R_1 只能等于 1,而不能是 $R_1 \geq 2$。根据 ϕ_c 的定义,必有 $\phi_c \geq 0$。综合这两点,因此,当 $R_1 \geq 2$,则有 $\phi_c \geq 1$。

推论 5　在 $Z = r = 0$ 的 $N \geq 2$ 的 p-T-x_i 多元相图中,当 $R_1 \geq 2$,ϕ_c 的变化范围为

$$(\Phi - 1) \geq \phi_c \geq 1 \tag{6-6}$$

首先讨论两个相邻相区中任一相区的最大相数 ϕ_{max}。对于所述条件的相图,当 $R_1 \geq 2$,按对应关系定理 $\Phi = N + 2 - R_1$,则 $\Phi \leq N$,故 $\phi_{max} \leq \Phi$。其次 ϕ_c 至少比 ϕ_{max} 小 1,否则,两个相区全同。因此 $(\Phi - 1) \geq \phi_c$,又按推论 4,当 $R_1 \geq 2$,则 $\phi_c \geq 1$,故得式(6-6)。

推论 6　$r = Z = 0$,$N \geq 2$ 的 p-T-x_i 多元相图中,可以分两种情况讨论。

(1) 当 $R_1 = 1$,则

$$(\Phi - 2) \geq \phi_c \geq 0 \tag{6-7}$$

因 $R_1 = 1$,$\Phi = N + 2 - 1 = N + 1$,故 $\phi_{max} \leq N = \Phi - 1$。又 $\phi_c \leq (\phi_{max} - 1) \leq (\Phi - 2)$,故 $\phi_c \leq (\Phi - 2)$。其次,对于所述条件下,一个相区的 ϕ_1 值最大可以是 $N = (\Phi - 1)$,另一个相邻相区的 ϕ_2 值最小可以是 1,二者之和等于 Φ,故 ϕ_c 值最小可以是 0,所以有 $\phi_c \geq 0$,因而有式(6-7)。

(2) 当 $R_1 = 0$,则

$$(\Phi - 4) \geq \phi_c \geq 0 \tag{6-8}$$

因为 $R_1 = 0$,$\Phi = N + 2$,$\Phi > N$,故 $\phi_{max} \leq N$。在这种情况下,两个相邻相区的最大相数都可以是 N,而不至于两个相区全同。因此 ϕ_c 的最大值,可由下式得到

$$\phi_c = \phi_1 + \phi_2 - \Phi = N + N - \Phi = 2(\Phi - 2) - \Phi = \Phi - 4$$

值得注意的是:当 $R_1 = 0$,$\Phi = N + 2$,若相邻的一个相区的 ϕ_1 的最大值是 N,则另一个相邻相区的 ϕ_2 的最小值可以是 2,二者之和等于 Φ,故两个相邻相区可以无共同相,即 $\phi_{c,min} = 0$,所以 $\phi_c \geq 0$(注:相邻相区之间无共同相并不排斥这两个相邻

相区之间可以有而且必须有共同的体系点）。综合以上两点,得式(6-8)。

推论 6 是 $p\text{-}T\text{-}x_i$ 多元相图不同于恒压相图所特有的有趣规律。

6.3　$p\text{-}T\text{-}x_i$ 多元相图中边界维数 R_1' 与相边界维数 R_1 的关系

根据对应关系定理,有了 Φ 的值就可以求 R_1 的值。有了 R_1 的值如何求 R_1' 的值? 这就需要研究 R_1' 与 R_1 之间的关系。

在 $r=Z=0$, $N\geqslant2$ 元的 $p\text{-}T\text{-}x_i$ 相图中,边界维数 R_1' 与相边界维数 R_1 的关系可以分下列几种情况来讨论。

6.3.1　第一种情况

当 $R_1\geqslant2$ 时,则有 $\phi_c\geqslant1$

$$R_1' = R_1 + \phi_c - 1 \tag{6-9}$$

在不同压力条件下的恒压相图中,当 $R_1\geqslant1$, $\phi_c\geqslant1$ 时,体系中发生相变,从一个相邻的相区通过其边界到达另一个相邻的相区,在边界上的体系具有这样的性质:根据推广的重心定律,相邻的第一相区中即将消失的非共同相的量趋于无限小量,同时,相邻的第二相区即将形成的非共同相也只有无限小量,体系基本全部处于共同相中。任一不同压力下的温度组成图都具有这样的特性。一系列的恒压的温度组成图的轨迹就构成了 $p\text{-}T\text{-}x_i$ 多元相图。显然,在 $p\text{-}T\text{-}x_i$ 多元相图中,当 $R_1\geqslant2$, $\phi_c\geqslant1$,边界上的体系也具有相同的特性,即各组元基本上全部分布在共同相中,即将消失的和刚刚形成的非共同相的量都是无限小的。

在一定温度、压力下,相邻相区的 ϕ_c 个共同相有 ϕ_c 个共同相点,它们形成 ϕ_c 个 N 维浓度矢量 $\{x_{i,j}\}$（$i=1,2,\cdots,N$；$j=1,2,\cdots,\phi_c$）。因已证明,当 $R_1\geqslant2$,则 $\phi_c\leqslant(\Phi-1)$,见式(6-6)。又按 $\Phi=N+2-R_1$,则

$$\Phi \leqslant R_1$$

因此

$$\phi_c \leqslant (N-1)$$

这 ϕ_c 个相点的浓度矢量除了以相平衡条件相互联系以外,彼此线性无关,这 ϕ_c 个共同相点构成(ϕ_c-1)维超平面。因边界上的体系中的各组元基本上全分布在共同相中,可以写出下列关系式:

$$x_{i,1}y_1 + x_{i,2}y_2 + \cdots + x_{i,j}y_j + \cdots + x_{i,\phi_c}y_{\phi_c} = x_i$$

$$y_j = \frac{m_j}{M}$$

$$\sum_{j=1}^{\phi_C} y_j = 1$$

$$1 \geqslant y_j \geqslant 0$$

$x_{i,j}$ 是组元 i 在第 j 个相的摩尔分数，m_j 是第 j 个相中各个组元的物质的量之和

$$M = \sum_{j=1}^{\phi_C} m_j$$

由于有上列关系，由几何学原理可知，在一定温度压力下边界上的体系点 x_i（$i=$ $1,2,\cdots, N$）必分布在 ϕ_C 个共同相点 $\{x_{i,j}\}$ 所构成的（ϕ_C-1）维的超平面中，并充满这个超平面而不能超出这个超平面之外。

随条件的变化，诸共同相的平衡相点[亦即上述（ϕ_C-1）维超平面的顶点]又可以在 R_1 维的空间运动。边界上的体系点分布于其中的（ϕ_C-1）维的超平面，因而又可以在这 R_1 维空间内运动。所以边界上的体系点所分布的空间的总维数是 （$R_1+\phi_C-1$），故

$$R_1' = R_1 + \phi_C - 1 \tag{6-9}$$

6.3.2　第二种情况

当 $R_1=1$（或 0），并在温度或压力变化过程中，两个相邻相区之间存在 $\Phi=$ （$N+1$）（或 $\Phi=N+2$）个相的共存区，体系中诸组元原则上可以在一定范围内以任意比例分布在这 Φ 个相中。为了便于理解，首先定性地说明 R_1' 与 R_1 的关系，然后再严格证明。

6.3.2.1　$R_1=1$, $R_1'=R_1+\phi_C$ 的情况

当 $R_1=1$，在两个相邻相区间存在（$N+1$）个相的共存区的情况，此时有

$$R_1' = R_1 + \phi_C \tag{6-10}$$

例如，以二元液相完全互溶、固相完全不互溶的 $p\text{-}T\text{-}x$ 相图的 $L/(S_1+S_2)$ 的相邻相区及其边界为例。$\Phi=3$，则

$$R_1 = N+2-\Phi = 1$$

两个相区间存在 L、S_1、S_2 三相共存区。因 $R_1=1$，即三个等温点的温度可随压力而变化。又 $\phi_C=0$，从体系点来看，L 与 S_1+S_2 也是相交于液相的共晶点 $T_E=$ $f_E(p)$ 的曲线上，$R_1'=1$，即 $R_1'=R_1+\phi_C=1+0=1$。

对于相邻相区（$L+S_1$）/（S_1+S_2），$R_1=1$，$\phi_C=1$，就体系点而言，这两个相区相交于两个等温相点（一个是共同相 S_1 的相点，另一个是共晶点）的温度随压力而变化的两条曲线所包围的曲面上，$R_1'=R_1+\phi_C=1+1=2$。

6.3.2.2　$R_1 = 0$，$R_1' = R_1 + \phi_c + 1$ 的情况

在温度压力变化过程中，在特定条件下，当 $R_1 = 0$，并在两个相邻相区间存在一个（$N+2$）个相的共存区，则

$$R_1' = R_1 + \phi_c + 1 \tag{6-11}$$

想像一个二元液、固相均部分互溶的 p-T-x 相图，$L_1 + L_2$ 是高温稳定相区，$S_1 + S_2$ 是低温稳定相区，在 p、T 变化过程中，在一个特定的温度、压力条件下，$L_1 + L_2 + S_1 + S_2$ 四相平衡共存。四个相的温度、压力相同。从相点看，是温度、压力恒定，成分固定的四个相点平衡共存。从体系点的角度看，$(L_1 + L_2)/(S_1 + S_2)$ 两个相区相交，两个相区的四个相点温度、压力相同，但成分却不相同。L_1 和 L_2 的相点的结线必然有一部分与 S_1 和 S_2 两个相点的结线是彼此重合的，因此，有一段共同的边界线，$R_1' = 1$，又 $\phi_c = 0$，所以是

$$R_1' = R_1 + \phi_c + 1 = 0 + 0 + 1 = 1$$

上述情况是一般恒压相图中所没有的，这是值得注意的。

6.3.2.3　式（6-10）和式（6-11）的证明

根据推广了的重心定律（Palatnik，Landau　1964）和相转变的规律，这两类相区的转变有这样的特点。在转变开始以前或者说刚开始，体系的各组元全分布在相邻的第一相区的各相 f_1，f_2，f_3，$\cdots$，f_{ϕ_1} 中。相变不断进行，相邻的第一相区中的非共同相逐渐减少，相邻的第二相区中的非共同相形成并逐渐增多。在相转变过程中，两个相邻相区所包含的各个相（$\Phi = N+1$ 或 $\Phi = N+2$ 个相）均可同时存在，并在一定范围内可以任意比例分布。这个相转变刚一结束，则体系中的诸组元全分布在相邻的第二相区的各相 $f_{1'}$，$f_{2'}$，$f_{3'}$，$\cdots$，f_{ϕ_2} 中。

当体系的诸组元全分布在相邻的第一相区的诸相中，体系点的总成分 $\{x_i\}$（$i = 1,2,\cdots,N$），和诸相的相成分 $\{x_{i,j}\}$（$i = 1,2,\cdots,N$；$j = 1,2,\cdots,\phi_1$），之间存在下列关系

$$x_{i,1} m_1 + x_{i,2} m_2 + \cdots + x_{i,\phi_1} m_{\phi_1} = M x_i \tag{6-12}$$

$i = 1,2,\cdots,N$。共 N 个方程。m_1，m_2，$\cdots$，m_{ϕ_1} 为相邻的第一相区的诸相中各组元的物质的量之和，M 为体系中各组元的物质的量之和。当体系全分布在相邻的第二相区时，体系的总成分 $\{x_i\}$ 和相邻的第二相区的诸相的相成分 $\{x_{i,j'}\}$（$i = 1$，$2,\cdots,N$；$j' = 1',2',\cdots,\phi_2$）之间存在下列关系：

$$x_{i,1'} m_{1'} + x_{i,2'} m_{2'} + \cdots + x_{i,\phi_2} m_{\phi_2} = M x_i \tag{6-13}$$

其中：$i = 1,2,\cdots,N$。共 N 个方程。$m_{1'}$，$m_{2'}$，$\cdots$，m_{ϕ_2} 为相邻的第二相区的诸相中各组元的物质的量之和。

当 $R_1=1$，在指定压力（或温度）的条件下，体系为无变量的。当 $R_1=0$ 时，体系中的各个相的相点成分本身就是无变量的。在这两种不同的无变量的情况下，相成分不变，故 $\{x_{i,j}\}$、$\{x_{i,j'}\}$ 都是固定值，由于两个相邻相区中存在 ϕ_c 个共同相，所以 $\{x_{i,j}\}$、$\{x_{i,j'}\}$ 中有一些浓度矢量是共同的。虽然是共同相，当它们处于不同的相区时，各个相中各组元的物质的量却可以是不同的。所以，$m_1,m_2,\cdots,m_{\phi_1}$；$m_{1'},m_{2'},\cdots,m_{\phi_2}$；都可视为变量。因 $\sum\limits_{j=1}^{\phi_1} m_j = M$，故 M 不是独立变量。又有下面的一个方程

$$\sum_{j=1}^{\phi_1} m_j = \sum_{j'=1'}^{\phi_2} m_{j'} \qquad\qquad (6-14)$$

在认定了式（6-12）～式（6-14）三个方程为独立方程以后，则

$$\sum_{i=1}^{N} x_i = 1$$

不是独立方程。在式（6-12）～式（6-14）中的未知数有 N 个 x_i（$i=1,2,\cdots,N$），ϕ_1 个 m_j（$j=1,2,\cdots,\phi_1$），ϕ_2 个 $m_{j'}$（$j'=1,2,\cdots,\phi_2$），计有：$N+\phi_1+\phi_2=N+\Phi+\phi_c$ 个独立变数。独立的方程数为（$2N+1$）个，故式（6-12）～式（6-14）这一组式子的解的维数，即体系点的维数是

$$R_1' = N+\Phi+\phi_c-(2N+1) = (\Phi-N-1)+\phi_c \qquad (6-15)$$

对于第一种情况：即当 $R_1=1$ 时，有 $\Phi=N+2-1=(N+1)$；若选定温度或压力，此时，体系的诸相点固定；则体系点的维数 $R_1'=\phi_c$。虽然在式（6-12）～式（6-14）中的未知数计有 $x_i,m_j,m_{j'}$，但相图中实际显示的，也是希望首先确定的是 x_i，所以要将解中的未知量在 x_i 中选定。在其中确定了 ϕ_c 个 x_i 以后，并可以把 M 任意确定为1，则通过式（6-12）～式（6-14）诸式可以把这些式中的所有其他未知量的相对值全部求出来。再则，因 $\phi_c \leqslant (N-1)$，所以这 ϕ_c 个未知量的确可以在 x_i 中选择。这就是体系点的维数 $R_1'=\phi_c$ 的理由。也就是说，在所述条件下，相点固定后，体系点可分布在 ϕ_c 维超平面中。体系点所分布的 ϕ_c 维超平面是这样构成的，ϕ_c 个共同相有 ϕ_c 个共同相点。此外在这种情况下，当 $\phi_c=0$ 时还有一个共同的体系点（下面证明），这 ϕ_c 个共同相点和一个共同体系点张出一个 ϕ_c 维的空间，体系点就分布于其中。当温度或压力变动时，相点可以在 $R_1=1$ 维空间运动，因而体系点所分布的 ϕ_c 维空间又可在 $R_1=1$ 维空间运动，所以体系点所分布的空间的总维数是

$$R_1' = R_1 + \phi_c \qquad\qquad (6-10)$$

对于第二种情况，$R_1=0$，$\Phi=N+2$，故体系点的解的维数是

$$R_1' = (\Phi-N-1)+\phi_c \qquad\qquad (6-15)$$

$$= (N + 2 - N - 1) + \phi_c$$

$$= \phi_c + 1$$

也就是当 $R_1 = 0$，相点固定，体系点还可以分布在 $(\phi_c + 1)$ 维浓度空间中。$(\phi_c + 1)$ 维浓度空间是这样构成的。ϕ_c 个共同相有 ϕ_c 个共同相点；当 $\phi_c = 0$，$R'_1 = 1$，在这种情况下，还有一个由两个共同体系点构成的一维边界线。这一维边界线的两个端点——两个共同的体系点和 ϕ_c 个共同相点总共有 $(\phi_c + 2)$ 个共同体系点（ϕ_c 个共同相点当然也是 ϕ_c 个共同体系点）。前面已经证明，见式(6-8)。

$$\phi_{c,\max} = \Phi - 4 = N - 2$$

$$\phi_c + 2 = N$$

因此，这 $(\phi_c + 2)$ 个体系点一定可以在 N 维浓度空间中彼此线性无关，它们组成一个 $\phi_c + 1 = N - 1$ 维的超平面。体系点分布于其中，所以，$R'_1 = \phi_c + 1$，又 $R_1 = 0$，为公式形式上的统一，故可写为

$$R'_1 = R_1 + \phi_c + 1 \tag{6-11}$$

证毕。

现在讨论如下问题：当 $R_1 = 1$，两个相邻相区间存在 $\Phi = N + 1$ 个相的共存区。因选定了温度或压力，$R_1 = 1$ 维的自由度已经用去，又 $\phi_c = 0$ 时，两个相邻相区间具有惟一的一个共同的体系点。

$$R'_1 = R_1 + \phi_c = 0 + 0 = 0$$

对于第二种情况，说理已经说得很清楚了，无须证明。

6.3.3 第三种情况

当 $R_1 = 1$ 或 $R_1 = 0$，但在两个相邻相区之间并不存在 $\Phi = N + 1$ 或 $\Phi = N + 2$ 个相的共存区，即两个相邻相区同时分布在这 Φ 个相共存区的同一侧，这时两个相邻相区之间的过渡，只有依靠体系的总成分的变化才能实现。此时有

$$\phi_c \geqslant 1 \quad \text{和} \quad R'_1 = R_1 + \phi_c - 1 \tag{6-15}$$

这种情况与 $R_1 \geqslant 2$，$\phi_c \geqslant 1$ 的式(6-9)类似。体系从相邻的一个相区过渡到相邻的另一个相区时，当体系处于边界上，相邻的第一相区中即将消失的非共同相的量趋于无限小值，相邻的第二相区中刚刚形成的非共同相的量也应是无限小值，体系中的各组元基本上全处于 ϕ_c 个共同相中。当温度和压力一定，则 ϕ_c 个共同相有 ϕ_c 个共同相点，它们形成 $(\phi_c - 1)$ 维超平面，按照前面所述的同样理由，体系点必然分布在这 $(\phi_c - 1)$ 维的超平面中。当条件变化，ϕ_c 个共同相点又可在 R_1 维空间运动，故体系点分布的空间的维数是 $(R_1 + \phi_c - 1)$，即式(6-15)。

在恒温的压力组成图中的 R_1、Φ、ϕ_c 和 R'_1 的变化范围和规律与恒压的温度组成图的基本相同，可以参看第二章。

6.4　温度压力变化对物质形态的影响

　　随温度下降,体系由高温稳定相转变为低温稳定相,由气相变为液相,再进一步变化为固相。随压力升高,体系由低压稳定相转变为高压稳定相,而且随液固相的比体积差的不同,不同物质有两类不同的单元系 p-T 图。

　　第一类是一般物质型,纯物质的固态的摩尔体积比液态的小,随压力升高,由气态变液态再进一步变固态。第二类是水型的,纯物质的固态的摩尔体积比液态的大,它们熔化时体积缩小。属于这一类的金属有 Sb、Bi、Ge、Ga 等。在气-液-固共存的三相点的温度以下,随压力升高,气态变固态,再进一步变液态。大部分物质都属于第一类。

　　在地质相图中,虽然温度、压力均可独立变化,但对于凝聚态物质的相变而言,温度变化的影响比压力变化的影响大。按热力学原理有

$$\mathrm{d}\,G = -\,S\mathrm{d}\,T + v\mathrm{d}\,p$$

式中:G、S 和 v 分别是体系的吉布斯自由能、熵和体积。温度、压力变化对体系的吉布斯自由能的影响的大小对比,可以通过如下的估算加以比较。将上式应用于 273K、10^5 Pa、1g 水条件下,假设温度改变了 1K、压力改变 1.01×10^5 Pa,则

$$\frac{S\mathrm{d}\,T}{v\mathrm{d}\,P} = \frac{3.77(\mathrm{J \cdot K^{-1}}) \times 1(\mathrm{K})}{1 \times 10^{-6}(\mathrm{m^3}) \times 1.01 \times 10^5(\mathrm{Pa})} \approx 37$$

式中:3.77J·K^{-1} 是 1g 水的熵值;1×10^{-6} m^3 是它的体积。对于其他纯物质,由于其密度一般比水大一些,所以压力的作用更小一些。计算结果说明温度变化对于体系的吉布斯自由能的影响比压力变化的影响为大。正因为如此,对于大部分金属和硅酸盐来说,压力对于熔点的影响,不过是每改变 1.0GPa 使熔点只改变 3~15K 左右。对于一个给定的两个凝聚相之间的转变来说,如果温度改变几十 K 到几百 K 就可以实现的话,压力则需要改变几个到几十个 GPa 才能实现,后者一般是不容易达到的。所以,对于凝聚态物质的相变来说,温度变化是一个重要的因素。

　　在地层中,物质形态的变化则是由温度和压力的共同影响造成的。地壳深度在 0~33km 之间,压力为 0.00(不计大气压力)~0.01×10^{11} Pa,温度在常温至 1000℃ 的范围内,物质形态都是固态。地幔深度在 33~2900km 之间,密度为 3.4~5.7g·cm^{-3},压力为 0.01×10^{11}~1.5×10^{11} Pa,温度为 1000~2700℃。岩石软化,或发生固-固相转变。但岩石仍基本上保持固态。地核的深度在 2900~4600km 之间,压力为 1.5×10^{11}~2.98×10^{11} Pa,温度为 2900~3050℃,物质的形态为液态。

6.5　相图的边界理论在二元 p-T-x 相图中的应用

同恒压相图一样,首先分析一个相图基本单元,然后再分析由一个相图基本单元过渡到另一个相图基本单元的可能方式。这样,对不同类型的复杂相图的相邻相区及其边界关系的基本规律也就清楚了。

6.5.1　一个简单的二元 p-T-x 相图

因为二元液相完全互溶、固相部分互溶的 p-T-x 相图既是大家比较熟悉、又有一定典型性的相图,所以首先以它为例来分析,可能有助于对有关规律的理解。液相为 L,固相为 S_1 和 S_2,按大多数情况,液相为高温低压相、固相则为低温高压相。$r = Z = 0$, $R_1 = N - \Phi + 2 = 4 - \Phi$, $\Phi = 4 - R_1$。有关详细信息见表 6.1。

表 6.1　简单的二元 p-T-x 相图中 R_1、Φ、ϕ_C、R_1' 的关系[①]

$\Phi(3 \geqslant \Phi \geqslant 2)$	2	3	
$R_1(2 \geqslant R_1 \geqslant 1)$	2	1	
ϕ_C	1	$1 \geqslant \phi_C \geqslant 0$	
R_1'	2	$\phi_C + 1$	
各个相邻相区中 相的组合类型 $i, j = 1, 2$ $i \neq j$	$L/(L+S_i)(2)$[②] $S_i/(S_i+S_j)(2)$	$\phi_C = 0, R_1' = 1$ $L/[S_1+S_2(\text{I},1)]$ $(L+S_i)/[S_j(\text{II},2)]$	
		$\phi_C = 1, R_1' = 2$ $(L+S_i)/[S_1+S_2(\text{I},\text{II},2)]$[③] $(L+S_i)[(L+S_j(\text{II},1)]$	

① 体系中总共只有三个相,故无 $\Phi = 4$, $R_1 = 0$ 的情况。

② $L/[L+S_i(2)]$,括号中的阿拉伯数字表示相邻相区中相的组合类型的数目,因 $i = 1, 2$,故有两组。$L/[S_1+S_2(\text{I},1)]$括号中的罗马数字表示无变量转变类型。

③ 表中没有讨论仅由于体系总成分变化才发生的相邻相区过渡的相区组合中的 R_1' 的情况,例如 $(L+S_i)/(L+S_j)$ 在共晶转变的相图中就是这种情况。此时 $R_1' = R_1 + \phi_C - 1 = 1$,比表中所示的 $R_1' = 2$,少 1 维(后面的表中,一般均有以上两点类似的情况)。

6.5.2　一般的二元 p-T-x 相图

首先讨论一个二元 p-T-x 相图的一个基本单元。它可以包含 f_1、f_2、f_3、f_4 四个相,它们之间所能形成的相邻相区及其边界的关系如表 6.2 所示。

下面开始讨论 $R_1 = 0$, $\Phi = 4$ 的一个有趣的情况。两个三维两相的相邻相区

$(f_i+f_j)/(f_k+f_m)$ 彼此相交于 $R_1'=1$ 的直线边界上,四个无变量平衡相点(I,J,K,M)分布在这条边界线上。图 6.1 给出了这种转变的一个可能的方式。

表 6.2　二元 $p\text{-}T\text{-}x$ 相图的一个基本单元的相邻相区及其边界关系[①]

$r=Z=0$, $R_1=4-\Phi$			
$\Phi(4\geqslant\Phi\geqslant2)$	2	3	4
$R_1(2\geqslant R_1\geqslant0)$	2	1	0
ϕ_{max}	2	2	2
ϕ_C	1	$1\geqslant\phi_C\geqslant0$	0
R_1'	2	ϕ_C+1	ϕ_C+1
各个相邻相区的相的组合 $i,j,k,m=1,2,3,4$ $i\neq j\neq k\neq m$	$f_i/(f_i+f_j)$	$\phi_C=0$ $R_1'=1$ $f_i/(f_j+f_k)$ $\phi_C=1$ $R_1'=2$ $(f_i+f_j)/(f_j+f_k)$	$\phi_C=0$ $R_1'=1$ $(f_i+f_j)/(f_k+f_m)$

① 极少数情况下,有 f_i/f_j,$\Phi=2$,$\phi_C=0$,$Z=1$,$R_1=1$。

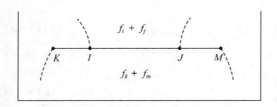

图 6.1　$p\text{-}T\text{-}x$ 二元相图的无变量转变的可能方式

　　这种转变方式在恒压相图中是没有的,在二元高压相图的有关文献中也没有看到这种方式。希望以后能有学者选择适当的体系验证这个理论预言。

　　下面研究由一个相图基本单元过渡到另一个相图基本单元的可能方式。设研究对象是一个($4+p$)个相的多相体系,设所研究的相图基本单元中的四个相为 f_1、f_2、f_3 和 f_4,除这四个相以外,相图中还有 f_5、f_6、$\cdots$、f_{3+p}、f_{4+p},令 i,j,k,m 如前所述,$n,q=5,6,\cdots,4+p$,$n\neq q$。f_n、f_q 为相图基本单元之间的过渡过程中新形成的相。由 f_1、f_2、f_3、f_4 四相构成的相图基本单元过渡到另一个相图基本单元的相区组合方式见表 6.3。

表 6.3 二元的相图基本单元之间的过渡方式[①]

无变量转变 $\Phi=4$, $R_1=0$	单变量转变 $\Phi=3$, $R_1=1$	双变量转变 $\Phi=2$, $R_1=2$
$\phi_C=0$, $R_1'=1$ $(f_i+f_j)/(f_n+f_q)$ $(f_i+f_j)/(f_k+f_n)$	$\phi_C=0$, $R_1'=1$ $(f_i+f_j)/f_n$ $f_i/(f_j+f_n)$ —— $\phi_C=1$, $R_1'=2$ $(f_i+f_j)/(f_j+f_n)$	$\phi_C=1$, $R_1'=2$ $f_i/(f_i+f_n)$

① 还有一种情况是：$\Phi=2$, $Z=1$, $\phi_C=0$, $R_1'=1$, f_i/f_n。

6.6 相图的边界理论在三元 p-T-x_i 相图中的应用

6.6.1 一类简单的三元 p-T-x_i 相图

设一个简单的三元体系中，液相完全互溶、固相部分互溶并形成低共晶转变，现讨论这个体系的 p-T-x_i 相图。设液相 L，固相为 S_1、S_2、S_3，按一般情况，即液相为高温低压相，固相为低温高压相，$r=Z=0$。各个相区中相的组合见表 6.4。

表 6.4 三元简单的 p-T-x_i 相图中 R_1、Φ、ϕ_C 和 R_1' 的变化规律，$R_1=5-\Phi$

$\Phi(4\geqslant\Phi\geqslant2)$	2	3	4
$R_1(3\geqslant R_1\geqslant1)$[①]	3	2	1
ϕ_C	1	$2\geqslant\phi_C\geqslant1$	$2\geqslant\phi_C\geqslant0$
R_1'	3	$R_1+\phi_C-1=\phi_C+1$	$R_1+\phi_C=\phi_C+1$[②]
两个相区的 相的组合 $i,j,k=1,2,3$ $i\neq j\neq k$	$L/(L+S_i)$ $S_i/(S_i+S_j)$ $(L+S_i)/S_i$	$\phi_C=1$, $R_1'=2$ $L/(L+S_i+S_j)$ $(L+S_i)/(L+S_j)$ $(L+S_i)/(S_i+S_j)$ $S_i/(S_1+S_2+S_3)$ $(S_i+S_j)/(S_j+S_k)$ —— $\phi_C=2$, $R_1'=3$ $(L+S_i)/(L+S_i+S_j)$ $(S_i+S_j)/(S_1+S_2+S_3)$ $(L+S_i+S_j)/(S_i+S_j)$	$\phi_C=0$, $R_1'=1$ $L/(S_1+S_2+S_3)$ $(L+S_i)/(S_j+S_k)$ $(L+S_i+S_j)/S_k$ —— $\phi_C=1$, $R_1'=2$ $(L+S_i)/(S_1+S_2+S_3)$ $(L+S_i)/(L+S_j+S_k)$ —— $\phi_C=2$, $R_1'=3$ $(L+S_i+S_j)/(S_1+S_2+S_3)$ $(L+S_i+S_j)/(L+S_j+S_k)$

① 体系中总共只有四个相，故无 $\Phi=5$，$R_1=0$ 的情况。

② 没有讨论 $R_1=0$，两个相邻相区无($N+1$)个相共存区的情况。此时有 $\phi_C\geqslant1$，$R_1'=R_1+\phi_C-1$。

6.6.2　一般的三元 p-T-x_i 相图

同样,先分析由同一组($N+2$)=5 个相组成的相图基本单元中有关相邻相区及其边界的关系,再分析从一个相图基本单元过渡到另一个相图基本单元的可能方式。

6.6.2.1　三元 p-T-x_i 相图中的一个相图基本单元

三元 p-T-x_i 相图中一个相图基本单元的相邻相区及其边界关系,见表 6.5。

表 6.5　三元相图基本单元中的 R_1、Φ、ϕ_C 和 R'_1 的关系

(体系中有 5 个相, $R_1 = 5 - \Phi$)[①]

$\Phi(5 \geqslant \Phi \geqslant 2)$	2	3	4	5
$R_1(3 \geqslant R_1 \geqslant 0)$	3	2	1	0
ϕ_C	1	$2 \geqslant \phi_C \geqslant 1$	$2 \geqslant \phi_C \geqslant 0$	$1 \geqslant \phi_C \geqslant 0$
R'_1	3	$\phi_C + 1$	$\phi_C + 1$[①]	$\phi_C + 1$[①]
各个相区中相的组合 $i, j, k, m, n =$ $1, 2,$ $3, 4, 5$ (它们互不相等)	$f_i/(f_i+f_j)$ 个别情况下,有 f_i/f_j $\Phi = 2$ $Z = 2$ $R_1 = 1$	$\phi_C = 1$ $R'_1 = 2$ $f_i/(f_i+f_j+f_k)$ $(f_i+f_j)/(f_j+f_k)$ $\phi_C = 2$ $R'_1 = 3$ $(f_i+f_j)/(f_i+f_j+f_k)$	$\phi_C = 0$ $R'_1 = 1$ $f_i/(f_j+f_k+f_m)$ $(f_i+f_j)/(f_k+f_m)$ $\phi_C = 1$ $R'_1 = 2$ $(f_i+f_j)/(f_j+f_k+f_m)$ $\phi_C = 2$ $R'_1 = 3$ $(f_i+f_j+f_k)/(f_j+f_k+f_m)$	$\phi_C = 0$ $R'_1 = 1$ $(f_i+f_j)/(f_k+f_m+f_n)$ $\phi_C = 1$ $R'_1 = 2$ $(f_i+f_j+f_k)/(f_k+f_m+f_n)$

① 没有讨论 $R_1 = 1$ 或 $R_1 = 0$,而在两个相邻相区之间既不存在($N+1$)个相,又不存在($N+2$)个相的共存区的情况。在这种情况下,仍有 $R'_1 = R_1 + \phi_C - 1$,但表中未讨论。

6.6.2.2　从一个相图基本单元过渡到另一相图基本单元的方式

设研究对象中包含($5+p$)个相,所研究的相图基本单元中包含 f_1、f_2、f_3、f_4、f_5 五个相,用 f_i、f_j、f_k、f_m、f_n 分别表示之。此外体系还有 f_6、f_7、$\cdots$、$f_{(5+p)}$ 等相,用 f_q、f_r、$f_s\cdots$ 等分别表示之。f_q、f_r、f_s 等为相图基本单元之间过渡时新加入的相。$q, r, s = 6, 7, \cdots, 5+p, q \neq r \neq s$。由 $f_1, f_2, \cdots, f_5$ 等相构成的相图基本单元过渡到其他相图基本单元的可能方式见表 6.6。

表 6.6　三元相图基本单元之间的过渡方式

无变量转变 $\Phi=5,\ R_1=0$	单变量转变 $\Phi=4,\ R_1=1^{①}$	双变量转变 $\Phi=3,\ R_1=2$	三变量转变 $\Phi=2,\ R_1=3$
$\phi_C=0$ $R'_1=1$ $(f_i+f_j)/(f_q+f_r+f_s)$ $(f_i+f_j)/(f_k+f_q+f_r)$ $(f_i+f_j)/(f_k+f_m+f_q)$ $(f_i+f_j+f_k)/(f_q+f_r)$ $(f_i+f_j+f_k)/(f_m+f_q)$	$\phi_C=0,\ R'_1=1$ $(f_i+f_j+f_k)/f_q$ $(f_i+f_j)/(f_q+f_r)$ $(f_i+f_j)/(f_k+f_q)$ $f_i/(f_q+f_r+f_s)$ $f_i/(f_j+f_q+f_r)$ $f_i/(f_j+f_k+f_q)$	$\phi_C=1$ $R'_1=2$ $f_i/(f_i+f_q+f_r)$ $f_i/(f_i+f_j+f_q)$ $(f_i+f_j)/(f_j+f_q)$	$\phi_C=1$ $R'_1=3$ $f_i/(f_i+f_q)$
$\phi_C=1$ $R'_1=2$ $(f_i+f_j+f_k)/(f_k+f_q+f_r)$ $(f_i+f_j+f_k)/(f_k+f_m+f_q)$	$\phi_C=1,\ R'_1=2$ $(f_i+f_j)/(f_j+f_q+f_r)$ $(f_i+f_j)/(f_j+f_k+f_q)$ $(f_i+f_j+f_k)/(f_k+f_q)$ $\phi_C=2,\ R'_1=3$ $(f_i+f_j+f_k)/(f_j+f_k+f_q)$	$\phi_C=2$ $R'_1=3$ $(f_i+f_j)/(f_i+f_j+f_q)$	

① 还有一种情况是 $\Phi=2,\ Z=2,\ R_1=R'_1=1,\ f_i/f_q$。

6.7　相图的边界理论在四元 $p\text{-}T\text{-}x_i$ 相图中的应用

四元比较完整的 $p\text{-}T\text{-}x_i$ 相图目前实验研究尚未开展,因此只列一个简单的表来说明四元 $p\text{-}T\text{-}x_i$ 相图中相邻相区及其边界关系的基本规律,见表 6.7。

表 6.7　四元 $p\text{-}T\text{-}x_i$ 相图中 R_1、Φ、ϕ_{max}、ϕ_C 和 R'_1 的规律

$\Phi(6\geqslant\Phi\geqslant2)$	2	3	4	5	6
$R_1(4\geqslant R_1\geqslant0)$	4	3	2	1	0
ϕ_{max}	2	3	4	4	4
ϕ_C	$\phi_C=1$	$(\Phi-1)\geqslant\phi_C\geqslant1$ $2\geqslant\phi_C\geqslant1$	$(\Phi-1)\geqslant\phi_C\geqslant1$ $3\geqslant\phi_C\geqslant1$	$(\Phi-2)\geqslant\phi_C\geqslant0$ $3\geqslant\phi_C\geqslant0$	$(\Phi-4)\geqslant\phi_C\geqslant0$ $2\geqslant\phi_C\geqslant0$
R'_1	$R_1+\phi_C-1=4$	$R_1+\phi_C-1$ $=\phi_C+2$	$R_1+\phi_C-1=$ ϕ_C+1	$R_1+\phi_C^{①}$ $=\phi_C+1$	$R_1+\phi_C+1^{①}$ $=\phi_C+1$

① 在这个表中,没有考虑 $R_1=1$,或 $R_1=0$ 而在两个相邻相区之间不存在($N+1$)或($N+2$)个相的共存区的情况。在这两种情况下,仍有 $R'_1=R_1+\phi_C-1$,另外在个别情况下,有 f_i/f_j,$\Phi=2,\ Z=3,\ R_1=1$,$R'_1=1$。表 6.7 中没有列出这些情况。

根据表 6.7,显然完全可以把四元 $p\text{-}T\text{-}x_i$ 相图中两个相邻相区的相的组合完全推导出来,只是情况比较复杂而已。

6.8　相图的边界理论在五元以上的高阶的 p-T-x_i 相图中的应用

　　五元以上的 p-T-x_i 相图是过于复杂了,这类相图的测定是将来的事情。赵慕愚在《相律的应用及其进展——相图的边界理论》(1988 年)一书中,曾经讨论了相图的边界理论在五元及五元以上的 p-T-x_i 多元相图中的应用。考虑到问题过于复杂,目前又无实际应用,同时这种讨论又无新意,故从略。

6.9　关于 p-T-x_i 多元相图的边界理论的可靠性问题

　　对于恒压相图来说,已经有大量的实验相图检验了恒压相图的边界理论。检验的结果证明这个理论是正确的、可靠的,而 p-T-x_i 相图的情况不同,由于高压实验的困难,已经实验研究过的 p-T-x_i 相图的类型是不多的。从 20 世纪 80 年代末到 90 年代初,赵慕愚等人曾按 p-T-x_i 多元相图的边界理论提出了计算多元高压合金相图的计算原理(Muyu Zhao et al. 1987),接着由其同事和学生们进行了 Cd-Sn-Zn(宋利珠等　1992, 1993)和 Cd-Pb-Sn(周维亚等　1990, 1992)两个三元合金体系以及相关的诸二元体系的高压相图的理论计算和实验测定。计算相图和实验相图符合的很好,这部分地验证了这个理论。但四元以上高压相图还没见到研究报道,还有待将来的实验验证。尽管如此,作者却确信 p-T-x_i 多元相图的边界理论是正确的。因为该理论基础是可靠的,而且所有的 p-T-x_i 多元相图的边界理论的基本关系式都是从基本原理出发,用逻辑推理或数学论证证明了的。恩格斯明确地指出了思维规律的客观性,他说:"如果我们的前提是可靠的,如果我们对它正确地运用思维规律,那么结论一定符合现实……"

　　总之,作者深信,相图的边界理论是正确的,对高压相图的研究会有帮助。

第七章　单元和二元高压相图的计算

7.1　引　　言

高压相图,特别是多元高压相图的测定是困难的,大部分已测定的高压相图是单元的。二元高压实验相图为数也不多。但是有一些与高压多元相平衡有关的实验数据通常是地质学中的氧化物体系的数据。有人测定了三元高压合金相图(周维亚等　1988,1990;宋利珠等　1992,1993),并得到较好的评价。理论计算是研究高压相图的有效的补充手段。在常压相图的计算方法的基础上,引入体积项,进而就可以计算高压相图;但是计算中常遇到一些困难。主要困难之一是高压条件下的热力学数据,特别是高压条件下的多元体系的热力学数据很少,或者对某些体系来说,根本没有。因此必须采用一些近似的假设和利用某些有关近似规律,才能计算高压相图。

7.2　单元 p-T 相图的计算

计算单元 p-T 相图的热力学原理并不复杂。热力学原理指出

$$dG = -SdT + Vdp$$

式中:G、S 和 V 分别是封闭体系的摩尔吉布斯自由能、摩尔熵和摩尔体积。当 1mol 单质或化合物从固态变成液态时,则

$$d\Delta G = -\Delta SdT + \Delta Vdp$$

在恒温恒压条件下,体系达到平衡时,则有

$$\Delta G = 0$$

$$\frac{dp}{dT} = \frac{\Delta S}{\Delta V} = \frac{\Delta H}{T\Delta V} \qquad (7-1)$$

这里,ΔG、ΔH、ΔS 和 ΔV 分别是平衡时,从固态到液态的相转变中摩尔吉布斯自由能、摩尔熵、摩尔熵和摩尔体积的增量。为了求高温高压下的 $T = f(p)$ 的关系式,则应求出高温高压下的 $\Delta H(p,T)$ 和 $\Delta V(p,T)$。可选择一定的参考态,其 $\Delta H(p_0,T_0)$ 和 $\Delta V(p_0,T_0)$ 是已知的或容易得出的。以它们为基础,设法用热力学原理来求 $\Delta H(p,T)$ 和 $\Delta V(p,T)$。比较困难的是求 $\Delta H(p,T)$。

按热力学原理,对于某一个相,如液相,当在恒定压力 p_0 下,这个相的温度从 T_0 变到 T,则有

$$\mathrm{d}\,H_\mathrm{L} = C_{p,\mathrm{L}}\mathrm{d}\,T$$

或

$$\Delta H_\mathrm{L} = H_\mathrm{L}(T, p_0) - H_\mathrm{L}(T_0, p_0) = \int_{T_0}^{T} C_{p,\mathrm{L}}\mathrm{d}\,T \qquad (7-2)$$

在恒温条件下,改变压力,按热力学原理,同样可得

$$\mathrm{d}(H_\mathrm{L}) = \left[\frac{\partial H_\mathrm{L}}{\partial p}\right]_T \mathrm{d}\,p$$

和

$$\mathrm{d}(H_\mathrm{L}) = T\mathrm{d}\,S_\mathrm{L} + V_\mathrm{L}\mathrm{d}\,p$$

$$\left[\frac{\partial H_\mathrm{L}}{\partial p}\right]_T = T\left[\frac{\partial S_\mathrm{L}}{\partial p}\right]_T + V_\mathrm{L} \qquad (7-3)$$

根据 Maxwell 关系式

$$\left[\frac{\partial S_\mathrm{L}}{\partial p}\right]_T = -\left[\frac{\partial V_\mathrm{L}}{\partial T}\right]_p$$

因此,可将式(7-3)改写为

$$\left[\frac{\partial H_\mathrm{L}}{\partial p}\right]_T = -T\left[\frac{\partial V_\mathrm{L}}{\partial T}\right]_p + V_\mathrm{L} \qquad (7-3')$$

令 α_L 为液体在恒压条件下的体热膨胀系数,则有

$$\left[\frac{\partial H_\mathrm{L}}{\partial p}\right]_T = -T\alpha_\mathrm{L} V_\mathrm{L} + V_\mathrm{L} = V_\mathrm{L}(1 - \alpha_\mathrm{L} T) \qquad (7-4)$$

$$\Delta H = \int_{p_0}^{p} V_\mathrm{L}(1 - \alpha_\mathrm{L} T)\mathrm{d}\,p$$

$$H_\mathrm{L}(p, T) = H_L(p_0, T_0) + \int_{T_0}^{T} C_{p,\mathrm{L}}\mathrm{d}\,T + \int_{p_0}^{p} V_\mathrm{L}(1 - \alpha_\mathrm{L} T)\mathrm{d}\,p \qquad (7-5)$$

对于固相,同样可以写出

$$H_\mathrm{S}(p, T) = H_\mathrm{S}(p_0, T_0) + \int_{T_0}^{T} C_{p,\mathrm{s}}\mathrm{d}\,T + \int_{p_0}^{p} V_\mathrm{S}(1 - \alpha_\mathrm{S} T)\mathrm{d}\,p \qquad (7-6)$$

因此,在温度为 T、压力为 p 时,1mol 固体转变为液体的焓变

$$\Delta H(p, T) = H_\mathrm{L}(p, T) - H_\mathrm{S}(p, T)$$

$$= \left[H_\mathrm{L}(p_0, T_0) - H_\mathrm{S}(p_0, T_0)\right] + \int_{T_0}^{T} \Delta C_p \mathrm{d}\,T$$

$$+ \int_{p_0}^{p} \left[V_\mathrm{L}(1 - \alpha_L T) - V_\mathrm{S}(1 - \alpha_\mathrm{S} T)\right]\mathrm{d}\,p$$

$$= \Delta H_0(p_0, T_0) + \int_{T_0}^{T} \Delta C_p \mathrm{d}\,T$$

$$+ \int_{p_0}^{p} \left[V_L(1 - \alpha_L T) - V_S(1 - \alpha_S T) \right] dp \qquad (7-7)$$

式中：$\Delta C_p = C_{p,L} - C_{p,S}$。同时

$$C_{p,L} = a_L + b_L T + c_L T^{-2} + d_L T^2$$

$$C_{p,S} = a_S + b_S T + c_S T^{-2} + d_S T^2$$

式(7-1)中的 ΔV 容易求出

$$\Delta V(p, T) = V_L(p, T) - V_S(p, T)$$

其中

$$V_L(p, T) = V_L(p_0, T_0) \exp\left[\alpha_L(T - T_0) - \beta_L(p - p_0) \right]$$

$$V_S(p, T) = V_S(p_0, T_0) \exp\left[\alpha_S(T - T_0) - \beta_S(p - p_0) \right]$$

式中：α_L 和 α_S 分别为液体和固体的恒压摩尔体热膨胀系数，可近似地假定与压力无关；β_L 和 β_S 分别为液体和固体的恒温压缩系数，并可近似地假定与温度无关。

因熔点的温度和常压下的热力学参数比较容易得到，可以将 T_0 选为 T_m（常压下的熔点温度），p_0 选常压。

这样，式(7-1)中的 ΔH 和 ΔV 的关系式已经表出，从而可以计算(dp/dT)。

在许多情况下，不是所有的上述热力学参数都可以查到。此时，可采取下列的一个或几个近似假定。

（1）假定 α、β 为常数；

（2）假定 $C_{p,L}$、$C_{p,S}$ 为常数；

（3）最后，式(7-1)中的 ΔH 和 ΔV 也可以假定为常数。

但近似假定愈多，则所得到的结果愈不准确。

对于高温高压下的固-固相转变，如 $\alpha \to \beta$，如果在每个相中的结构参数和单位晶胞中的原子数已知，则可以计算摩尔体积 V_α、V_β 以及它们之间的体积增量 ΔV。但 ΔH 常常不知道，因而要采用一些理论方法来估算 ΔH 值。这些方法中有基于微观概念的分子动力学方法（Smith 1989；Hohle 1993）、Monte Carlo 方法（Y Choi *et al.* 1991）和第一原理的方法（Morrison *et al.* 1989）等。

7.3 二元高压相图的计算

7.3.1 高压下二元相图的计算原理

计算高压相图的基本原理仍然是：在一定温度 T 和压力 p 下，封闭体系在平衡时，其总吉布斯自由能取极小值

$$G = G_{\min}$$

同时有，任一组元 i 在各相中的化学势相等

$$\mu_{i,j} = \mu_i \tag{7-8}$$

其中：$i=1,2,\cdots,N$；$j=1,2,\cdots,\phi$。因而有两类方法计算高压相图。当体系相对简单，体系中没有中间相和化合物时，用化学势彼此相等的方法比较方便。若体系复杂，就必须用体系的吉布斯自由能最小化的方法。一般来说，得到高压下的中间相或化合物的所有的热力学数据是困难的，因而很难计算高压下的这类复杂相图，所以这里只讨论采用化学势彼此相等的方法。

通常计算不同压力下的 $T\text{-}x$ 相图。在这种情况下，计算一个相区的边界是比较方便的。对于处于平衡状态下的相区 $L+S_j$（$j=1,2$），$\Phi=2$，$R_1=1$，相边界线是 ac 和 aE 或者 bE 和 bd，见图 7.1。

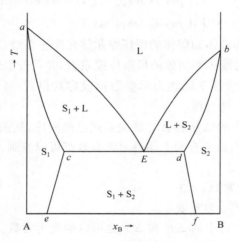

图 7.1   在给定压力下的二元相图

如果按两个相邻相区 $L/(L+S_j)$ 的边界来计算，其计算原理与（$L+S_j$）相区的边界的计算原理是一致的。

按相平衡原理，当体系处于一定温度、压力并达到相平衡时，每一组元在各平衡相中的化学势彼此相等。因此，当液体 L 和固溶体相 S_j（$j=1,2$）平衡共存时，则有

$$\mu_{i,L}(T,p,x_{i,L}) = \mu_{i,s_j}(T,p,x_{i,s_j}) \tag{7-9}$$

式中：$\mu_{i,L}$ 和 μ_{i,s_j} 分别为第 i 个组元在 L 和 S_j 相中的化学势。以下的讨论都是对同一个液固共存相区而言，即 S_j 中的 j 或者等于 1，或者等于 2。例如，先计算（$L+S_1$）相区的一组相平衡曲线，再计算（$L+S_2$）相区的另一组相平衡曲线。

若将 T，p_0 条件下，组元 i 的纯液态或纯固态选为标准状态，则组元 i 在液相和固溶体相的化学势 $\mu_{i,L}(T,p,x_{i,L})$ 和 $\mu_{i,s_j}(T,p,x_{i,s_j})$ 可表为

$$\mu_{i,\mathrm{L}}(T,p,x_{i,\mathrm{L}}) = \mu_{i,\mathrm{L}}^{0}(T,p_0) + RT\ln x_{i,\mathrm{L}}\,\gamma_{i,\mathrm{L}}(T,p_0,x_{i,\mathrm{L}})$$

$$+ \int_{p_0}^{p} \overline{V}_{i,\mathrm{L}}(T,p,x_{i,\mathrm{L}})\mathrm{d}p \qquad (i=1,2) \qquad (7-10)$$

$$\mu_{i,\mathrm{s}_j}(T,p,x_{i,\mathrm{s}_j}) = \mu_{i,\mathrm{s}}^{0}(T,p_0) + RT\ln x_{i,\mathrm{s}_j}\,\gamma_{i,\mathrm{s}_j}(T,p_0,x_{i,\mathrm{s}_j})$$

$$+ \int_{p_0}^{p} \overline{V}_{i,\mathrm{s}_j}(T,p,x_{i,\mathrm{s}_j})\mathrm{d}p \qquad (i=1,2) \qquad (7-11)$$

式中：x_i 和 γ_i 分别为组元 i 的摩尔分数和活度系数；L 是液相；$S_j(j=1$ 或者是 2)是固溶体相；$\overline{v}_{i,\mathrm{L}}$ 和 $\overline{v}_{i,\mathrm{s}}$ 是在给定温度和压力下，在液相 L 和固溶体相 $S_j(j=1$ 或者是 2)中组元 i 的偏摩尔体积。$\mu_{i,\mathrm{L}}^{0}$ 和 $\mu_{i,\mathrm{s}}^{0}$ 分别是纯组元 i 在 L 和 S 相中的标准摩尔吉布斯自由能，p_0 代表常压，p 代表工作压力，R 为摩尔气体常量。

将式(7-10)和式(7-11)代入式(7-9)中，可得

$$\frac{x_{i,\mathrm{L}}\,\gamma_{i,\mathrm{L}}(T,p_0,x_{i,\mathrm{L}})}{x_{i,\mathrm{s}_j}\,\gamma_{i,\mathrm{s}_j}(T,p_0,x_{i,\mathrm{s}_j})} = \exp\left[-\frac{\mu_{i,\mathrm{L}}^{0}-\mu_{i,\mathrm{s}}^{0}}{RT}\right]\times$$

$$\exp\left\{-\frac{1}{RT}\int_{p_0}^{p}\left[\overline{V}_{i,\mathrm{L}}(T,p,x_{i,\mathrm{L}})-\overline{V}_{i,\mathrm{s}_j}(T,p,x_{i,\mathrm{s}_j})\right]\mathrm{d}p\right\}$$

$$= K_i = KT_i(T,p_0)\times VTP_i(T,p,x_{i,\mathrm{L}},x_{i,\mathrm{s}_j})$$

$$(i=1,2) \qquad (7-12)$$

其中

$$KT_i(T,p_0) = \exp\left[-\frac{\mu_{i,\mathrm{L}}^{0}-\mu_{i,\mathrm{s}}^{0}}{RT}\right] \qquad (7-13)$$

$$VTP_i(T,p,x_{i,\mathrm{L}},x_{i,\mathrm{s}_j})$$

$$= \exp\left\{-\frac{1}{RT}\int_{p_0}^{p}\left[\overline{V}_{i,\mathrm{L}}(T,p,x_{i,\mathrm{L}})-\overline{V}_{i,\mathrm{s}_j}(T,p,x_{i,\mathrm{s}_j})\right]\mathrm{d}p\right\} \qquad (7-14)$$

分配系数 K_i 被分为两部分，$KT_i(T,p_0)$ 是在温度 T 和常压 $p_0=0.1\mathrm{MPa}$(即大气压力)，组元 i 在液态和固态之间的分配系数，而 KTP_i 则反映了在给定温度下，压力改变对于分配系数的影响。

解式(7-12)，可得给定温度和压力下一组平衡共存相的相点成分。计算给定的高压和不同温度下一系列平衡相的相点的成分，就可以得到一组相平衡曲线。按类似方法可以计算另一组液固两相平衡共存的曲线。至于(S_1+S_2)两个固溶体相平衡共存的 ce 和 df 两条曲线的计算原理与此类似。

下面分别计算式(7-12)～式(7-14)中的纯组元的标准摩尔吉布斯自由能、组元 i 在液相和固相中的活度系数以及偏摩尔体积。

7.3.2　计算纯组元的标准摩尔吉布斯自由能

根据式(7-13)

$$KT_i(T, p_0) = \exp\left[-\frac{\mu_{i,L}^0 - \mu_{i,S}^0}{RT}\right]$$

$$\mu_{i,L}^0 - \mu_{i,S}^0 = \Delta\mu_{i,(S\to L)}^0 = \Delta H_{i,(S\to L)}^0 - T\Delta S_{i,(S\to L)}^0$$

$$= \Delta H_{i,m(S\to L)}^0 + \int_{T_m}^{T}\Delta C_{p,i}dT - T\left[\Delta S_{i,m(S\to L)}^0 + \int_{T_m}^{T}\frac{\Delta C_{p,i}}{T}dT\right]$$

$$(7-15)$$

式中：$\Delta\mu_{i,(S\to L)}^0$ 是在温度 T 时，组元 i 从纯固态变成纯液态的摩尔吉布斯自由能增量；$\Delta H_{i,m(S\to L)}^0$ 和 $\Delta S_{i,m(S\to L)}^0$ 是温度 T_m 下，组元 i 的标准摩尔熔化焓增量和摩尔熵增量；$T_m(K)$ 是组元 i 在 $p_0 = 0.1\text{MPa}$ 时的熔点；$\Delta C_{p,i} = C_{p,i(L)} - C_{p,i(S)}$。近似地假定

$$\Delta C_{p,i} = \Delta a_i + \Delta b_i T$$

将此式代入式(7-15)，可得到

$$\Delta\mu_{i(S\to L)}^0 = \left(\Delta H_{i,m(S\to L)}^0 - \Delta a_i T_{i,m} - \frac{1}{2}\Delta b_i T_{i,m}^2\right)$$

$$+ \left[\Delta a_i + \Delta b_i T_{i,m} - \frac{\Delta H_{i,m(S\to L)}^0}{T_{i,m}} + \Delta a_i\ln T_{i,m}\right]T$$

$$- \frac{1}{2}\Delta b_i T^2 - \Delta a_i T\ln T \qquad (7-16)$$

为书写简单，将式(7-16)改写为

$$\Delta\mu_{i(S\to L)}^0 = A_i' + B_i'T + C_i'T^2 + D_i'T\ln T$$

即变量 T 前的系数只用一个简单的字母表示，则

$$KT_i(T, p_0) = \exp\left[-\frac{A_i'}{RT} - \frac{B_i'T}{RT} - \frac{C_i'T^2}{RT} - \frac{D_i'T\ln T}{RT}\right]$$

进一步简化为

$$KT_i(T, p_0) = \exp\left[A_i + B_iT + \frac{C_i}{T} + D_i\ln T\right] \qquad (7-17)$$

式中：$A_i = -\dfrac{B_i'}{R}$；$B_i = -\dfrac{C_i'}{R}$；$C_i = -\dfrac{A_i'}{R}$；$D_i = -\dfrac{D_i'}{R}$。

从纯组元的热力学量 T_m、ΔH_m、ΔS_m 和 ΔC_p 的已知数据（Hultgren *et al.* 1973；Barin *et al.* 1983），可以计算 $KT_i(T, p_0)$（注：因为是介绍周维亚等 1990 年的计算方法，所以引用的热力学数据也是当时能查到的热力学数据。今后如果他人再计算类似的高压平衡相图，就应该引用今后能查到的新数据）。

7.3.3 组元 i 在平衡相中的活度系数 $\gamma_i(T, p_0, x_i)$ 的计算

7.3.3.1 组元 i 在液相中的活度系数 $\gamma_{i,L}(T, p_0, x_{i,L})$

在给定温度 T_1 和常压下,一系列组成的二元液态合金的分离的超额摩尔吉布斯自由能 G_L^E 值(或超额摩尔焓 H_L^E 和超额摩尔熵 S_L^E 值)可以从文献(Kubaschewski, Catrall 1956;Hultgren *et al.* 1973;Kubaschewski, Alcock 1979)中查到。在温度 T_1 和常压下, $G^E = f(x_2)$ 的解析式可以用如下形式的方程,结合所查得的分离的热力学数据回归得到 G^E 的解析式

$$G^E = \sum_n a_n x_2^n \tag{7-18}$$

式中: a_n 系可调参数, $n = 0, 1, 2, \cdots$。

或按热力学原理

$$G^E = H^E - T_1 S^E \tag{7-19}$$

如 H^E 和 S^E 的值已给出,则也可以得到 G^E。超额偏摩尔量可以从相应的超额摩尔量导出

$$\mu_1^E = G^E - x_2 \frac{\partial G^E}{\partial x_2}$$

$$\mu_2^E = G^E + (1 - x_2) \frac{\partial G^E}{\partial x_2} \tag{7-20}$$

类似地有

$$h_1^E = H^E - x_2 \frac{\partial H^E}{\partial x_2}$$

$$h_2^E = H^E + (1 - x_2) \frac{\partial H^E}{\partial x_2}$$

式中: μ_i^E 和 $h_i^E (i=1,2)$ 分别是组元 i 在液态合金中超额偏摩尔吉布斯自由能和超额偏摩尔焓。在温度 T_1 时,它们的解析式可以根据式(7-20)得到。

为了导出任一温度下相应的 G^E 的表达式,则须用 Gibbs-Helmholtz 公式

$$\frac{\partial \left[\dfrac{G^E}{T} \right]}{\partial T} = -\frac{H^E}{T^2}$$

近似假定 H^E 与温度无关,可得

$$\frac{G^E(T)}{T} - \frac{G^E(T_1)}{T_1} = H^E \left[\frac{1}{T} - \frac{1}{T_1} \right] \tag{7-21}$$

类似地,可写出

$$\frac{\mu_i^{\mathrm{E}}(T)}{T} - \frac{\mu_i^{\mathrm{E}}(T_1)}{T_1} = h^{\mathrm{E}}\left[\frac{1}{T} - \frac{1}{T_1}\right]$$

$$\mu_i^{\mathrm{E}}(T) = \frac{T}{T_1}\mu_i^{\mathrm{E}}(T_1) + h_i^{\mathrm{E}}\left[1 - \frac{T}{T_1}\right]$$

因 μ_i^{E} 是温度和组成的函数,且有

$$\gamma_{i,\mathrm{L}} = \exp\left[\frac{\mu_i^{\mathrm{E}}}{RT}\right]$$

所以 $\gamma_{i,\mathrm{L}}$ 也是温度和组成的函数,通常人们可以把它写成 $\gamma_{i,\mathrm{L}}(T, p_0, x_{i,\mathrm{L}})$ 的形式

$$\gamma_{i,\mathrm{L}}(T, p_0, x_{i,\mathrm{L}}) = \exp\left\{\frac{1}{R}\left[\frac{1}{T_1}\mu_{i,\mathrm{L}}^{\mathrm{E}}(T_1) + \left[\frac{1}{T} - \frac{1}{T_1}\right]h_{i,\mathrm{L}}^{\mathrm{E}}\right]\right\} \qquad (i = 1,2)$$

$$(7-22)$$

如果液态溶液的超额摩尔量是未知的,而固溶体中组元 i 的活度系数 γ_{i,s_j} 是已知的,则液体溶液中组元 i 的活度系数 $\gamma_{i,\mathrm{L}}$ 可以从这个体系的实验二元相图的数据,并结合 γ_{i,s_j} 的数值回归得到。

7.3.3.2　组元 i 在固溶体相的活度系数 $\gamma_{i,\mathrm{s}}(T, p_0, x_{i,\mathrm{s}})$

如果在给定温度 T_1 和常压下,一系列组成的二元固态合金的超额摩尔量的分离值是已知的,则可以用与处理 $\gamma_{i,\mathrm{L}}(T, p_0, x_{i,\mathrm{L}})$ 相类似的方法来处理 $\gamma_{i,\mathrm{s}}(T, p_0, x_{i,\mathrm{s}})$,此处从略。下面只讨论如何用实验相图数据来回归 $\gamma_{i,\mathrm{s}}$。

如果溶质 j 在固溶体中的溶解度不大,则可以应用规则溶液模型

$$RT\ln\gamma_{i,\mathrm{s}_j}(T, p_0) = \alpha_{ij}x_{\mathrm{s}_j}^2 \qquad (i = 1,2; j = 1,2)$$

应用实验相图的数据以及平衡液态溶液中 $\mu_{i,\mathrm{L}}^{\mathrm{E}}$ 或 $\gamma_{i,\mathrm{L}}$ 的已知数值,可以回归得到相互作用参数 α_{ij},从而可以计算得到固相活度系数 γ_{i,s_j}。

7.3.4　偏摩尔体积

从式(7-10)～式(7-12)可以清楚地看到,在压力对于偏摩尔吉布斯自由能以及对高压相平衡的影响中,体积项起了很大的作用。

7.3.4.1　组元 i 在液相中的偏摩尔体积 $\overline{V}_{i,\mathrm{L}}(T, p, x_{i,\mathrm{L}})$

组元 i 的液相偏摩尔体积 $\overline{V}_{i,\mathrm{L}}(T, p, x_{i,\mathrm{L}})$ 可表为

$$\overline{V}_{i,\mathrm{L}}(T, p, x_{i,\mathrm{L}}) = V_{i,\mathrm{L}}^0(T, p) + \overline{V}_{i,\mathrm{L}}^{\mathrm{E}}(T, p, x_{i,\mathrm{L}}) \qquad (i = 1,2)$$

$$(7-23)$$

在式(7-23)中

$$V_{i,\mathrm{L}}^0(T, p) = V_{i,\mathrm{L}}^0(T_{\mathrm{m}}, p_0)\exp[\alpha_{i,\mathrm{L}}(T - T_{\mathrm{m}}) - \beta_{i,\mathrm{L}}(p - p_0)]$$

$$(7-24)$$

式中：$V_{i,L}^0(T,p)$ 和 $\overline{V}_{i,L}^E(T,p,x_{i,L})$ 分别代表在一定条件下，组元 i 在液相中的标准摩尔体积和超额偏摩尔体积。如果在熔点 T_m 和常压（$p_0=0.1\text{MPa}$）下，组元 i 在液态的体热膨胀系数 $\alpha_{i,L}$、压缩系数 $\beta_{i,L}$ 和标准摩尔体积 $V_{i,L}^0(T_m,p_0)$ 已知，则 $V_{i,L}^0(T,p)$ 可以由式（7－24）导出。

在常压 p_0 和给定温度 T_0 条件下，液态二元溶液的摩尔体积变化的比率可用如下的形式表示

$$\delta V_L(T_0,p_0,x_{i,L})=\frac{V_L(T_0,p_0,x_{i,L})-\sum x_{i,L}\,V_{i,L}^0(T_0,p_0)}{\sum x_{i,L}\,V_{i,L}^0(T_0,p_0)}\qquad(i=1,2)$$

$$(7-25)$$

利用摩尔体积 $V_L(T,p_0,x_{i,L})$ 的分离值可以确定 δV_L 的值，因为不同温度和压力下的 δV_L 值通常是不知道的，从而不得不近似地假定 δV_L 仅只是组成的函数而与温度压力无关。把式（7－25）用于不同的温度和压力时，这个式子中分母、分子都有摩尔体积项，温度和压力对这些体积项都有影响，故温度和压力对 $\delta V_L(T,p,x_{i,L})$ 的影响可以在某种程度下相互抵消。因此近似地假定 δV_L 与温度和压力无关是可以被接受的。由此，在高温高压下，液态二元溶液的超额摩尔体积可以按式（7－26）得到

$$V_L^E(T,p,x_{i,L})=\delta V_L(T_0,p_0,x_{i,L})\sum_i x_{i,L}\,V_{i,L}^0(T,p)\qquad(i=1,2)$$

$$(7-26)$$

从式（7－26）可以清楚地看出，$V_L^E(T,p,x_{i,L})$ 仍是温度、压力和组成的函数。

根据 $\delta V_L(T_0,p_0,x_{i,L})$ 的分离值，应用回归方法，可以得到 $\delta V_L(T_0,p_0,x_{i,L})$ 的多项解析式

$$\delta V_L(T_0,p_0,x_{i,L})=\sum_K d_K x_{i,L}^K\qquad(7-27)$$

式中：$K=0,1,2,3,\cdots$；d_K 是多项式中的系数。这样

$$V_L^E(T,p,x_{i,L})$$
$$=\Big[\sum_K d_K x_{i,L}^K\Big]\times\Big\{\sum x_{i,L}\,V_{i,L}^0(T_m,p_0)\exp\big[\,\alpha_{i,L}(T-T_m)-\beta_{i,L}(p-p_0)\big]\Big\}$$

$$(7-28)$$

对于二元体系，组元 i 的超额偏摩尔体积可以根据下式导出

$$\overline{V}_{i,L}^E(T,p,x_{i,L})=V_L^E(T,p,x_{i,L})+(1-x_{i,L})\frac{\partial V_L^E(T,p,x_{i,L})}{\partial x_{i,L}}$$

$$(i=1,2)\qquad(7-29)$$

将式（7－29）代入式（7－23），可以得到液相中组元 i 的偏摩尔体积 $\overline{V}_{i,L}(T,p,x_{i,L})$。

7.3.4.2　固相 S_j 中组元 i 的偏摩尔体积 $\overline{V}_{i,s_j}(T, p, x_{i,s_j})$

由类似的晶体结构的诸组元形成的置换型固溶体,在理想条件下,服从 Vegard 规则

$$a = a_1 x_1 + a_2 x_2 \tag{7-30}$$

式中: a 和 a_1、a_2 分别为固溶体和两个纯组元的晶格常数。

对即使是不服从 Vegard 规则的体系而言,在常压和给定温度下的二元合金体系的端际固溶体的晶格常数 $a_{s_j}(T_0, p_0, x_{i,j})$ 仍近似地是组成的线性函数。令 $K_a(T_0, p_0)$ 代表这个直线的斜率,并假定它与温度和压力无关,则得

$$a_{s_j}[T, p, (1 - x_{i,s_j})] = a_{i,s}^0 [1 + K_a(T_0, p_0)(1 - x_{i,s_j})] \tag{7-31}$$

式中: $a_{i,s}^0$ 是固溶体 S_j 中溶剂组元的晶格常数。

如果固溶体具有立方结构,固溶体的摩尔体积可由下式确定

$$V_{s_j}[T, p, (1 - x_{i,s_j})] = V_{i,s}^0(T, p)[1 + K_a(T_0, p_0)(1 - x_{i,s_j})]^3$$

其中

$$V_{i,s}^0(T, p) = V_{i,s}^0(T_m, p_0)\exp[\alpha_{i,s}(T - T_m) - \beta_{i,s}(p - p_0)] \qquad (i = 1, 2)$$

式中: $V_{i,s}^0(T, p)$ 是在温度 T 和压力 p 条件下,固态溶剂组元的标准摩尔体积; $V_{i,s}^0(T_m, p_0)$ 是熔点温度 T_m 和常压下,固态的组元 i 的标准摩尔体积; $\alpha_{i,s}$ 和 $\beta_{i,s}$ 分别为固态的组元 i 的体热膨胀系数和压缩系数。

对于正方结构的固溶体,有两个晶格常数 a 和 c,并可写为

$$a_{s_j}[T, p, (1 - x_{i,s_j})] = a_{i,s}^0[1 + K_a(T_0, p_0)(1 - x_{i,s_j})]$$

$$c_{s_j}[T, p, (1 - x_{i,s_j})] = c_{i,s}^0[1 + K_c(T_0, p_0)(1 - x_{i,s_j})]$$

$$V_{s_j}[T, p, (1 - x_{i,s_j})] = V_{i,s}^0(T, p)[1 + K_a(T_0, p_0)(1 - x_{i,s_j})]^2 \times$$
$$[1 + K_c(T_0, p_0)(1 - x_{i,s_j})]$$

对于其他晶体结构的固溶体,则 V_{s_j} 必须用其他公式处理。

利用固溶体的摩尔体积,可以导出固溶体中组元 i 的偏摩尔体积

$$\overline{V}_{i,s_j} = V_{s_j} + (1 - x_{i,s_j})\frac{\partial V_{s_j}}{\partial x_{i,s_j}}$$

7.3.4.3　α 和 β 值的若干诠释

(1) 体热膨胀系数 $\alpha_{i,j}$。

存在于给定相 j 的纯组元 i 的体膨胀系数在较小的温度区间内的变化不是很大,因而可近似地假定为常数。在不同温度区间内,它的值可以从文献(Brandes

某些金属在其临近熔点时的体膨胀系数如表7.1所列。

表7.1　纯金属的体膨胀系数

金属	T_L/K	$10^4 \alpha_L/K^{-1}$	T_S/K	$10^4 \alpha_S/K^{-1}$
Cd	594	1.5	500	1.152
Pb	600	1.2	600	1.032
Sn	505	1.0	500	0.825

（2）纯组元的压缩系数 $\beta_{i,j}$。

在较小的温度区间内，$\beta_{i,j}$可以认为是常数。但是，当温度变化很大时，必须把$\beta_{i,j}$看做是温度的函数。

某些金属的 $\beta_{i,j}$的值可以从文献（Blair　1978；Clark　1966）中查到。

表7.2　液态和固态纯组元的体压缩系数

金属	T_m/K	$10^{11}\beta_L/Pa^{-1}$	T_S/K	$10^{11}\beta_S/Pa^{-1}$
Cd	594	3.11	300	2.048
Pb	600	3.359	300	2.415
Sn	505	2.664	300	1.909

当计算临近熔点的相平衡，人们必须也用临近熔点的压缩系数的值。因此，应该用接近熔点下 $\beta_{i,j}$的值。

在 Debye 温度以上，同一个温度下的金属的体热膨胀系数和压缩系数之间存在如式（7‐32）的近似的关系式

$$\frac{\alpha(T)}{\beta(T)} = \text{const.} \tag{7‐32}$$

Cd、Pb 和 Sn 的 Debye 温度都在 260K 以下，文献（Gray　1963,1972；Clark　1966）所给的数据列在表7.3中。利用这些数据以及式（7‐32），可以得到诸固态金属在临近它们的熔点温度时的压缩系数。计算所得数据同时列在表7.3中。从表7.2和表7.3，可以得到临近常压熔点温度下纯液态和固态金属的所有的压缩系数。

表7.3　不同温度下纯固态金属的体膨胀系数和压缩系数

金属	T/K	$10^6\alpha_S/K^{-1}$	$10^{11}\beta_S/Pa^{-1}$ （文献值）	T/K	$10^6\alpha_S/K^{-1}$	$10^{11}\beta_S/Pa^{-1}$ （计算值）
Cd	300	31.5	2.048	500	38.4	2.497
Pb	300	28.8	2.415	600	34.4	2.890
Sn	300	22.2	1.909	500	27.5	2.365

7.4　Cd-Pb 高压相图计算实例[①]

7.4.1　热力学量的处理

7.4.1.1　$\Delta \mu^0_{i(\text{S}\to\text{L})}$ 和 KT_i

因

$$\frac{x_{i,\text{L}}\,\gamma_{i,\text{L}}(T,p_0,x_{i,\text{L}})}{x_{i,\text{S}_j}\gamma_{i,\text{S}_j}(T,p_0,x_{i,\text{S}_j})} = K_i \qquad (i=1,2;j=1,2)$$

$$K_i = KT_i \times KTP_i = \exp\left[-\frac{\mu^0_{i,\text{L}}(T,p_0)-\mu^0_{i,\text{S}_j}(T,p_0)}{RT}\right]$$

$$\times \exp\left\{-\frac{1}{RT}\int_{p_0}^{p}\left[\overline{V}_{i,\text{L}}(T,p,x_{i,\text{L}})-\overline{V}_{i,\text{S}_j}(T,p,x_{i,\text{S}_j})\right]\mathrm{d}p\right\}$$

$$\Delta \mu^0_{i,(\text{S}\to\text{L})} = \Delta H^0_{i,\text{m}(\text{S}\to\text{L})}+\int_{T_\text{m}}^{T}\Delta C_{p,i(\text{S}\to\text{L})}\mathrm{d}T$$

$$-T\left[\Delta S^0_{i,\text{m}(\text{S}\to\text{L})}+\int_{T_\text{m}}^{T}\frac{\Delta C_{p,i(\text{S}\to\text{L})}}{T}\mathrm{d}T\right] \tag{7-15}$$

$$\Delta C_{p,i} = \Delta a_i + \Delta b_i T$$

表 7.4　纯组元的热力学量（Hultgren *et al.*　1977；Barin *et al.*　1977；Brandes　1983）

金属	T_m/K	$\Delta H^\ominus_\text{m}/\text{J}\cdot\text{mol}^{-1}$	$\Delta S^\ominus_\text{m}/\text{J}\cdot\text{mol}^{-1}\cdot\text{K}^{-1}$	$\Delta C_{p,\text{m}}/\text{J}\cdot\text{mol}^{-1}\cdot\text{K}^{-1}$
Cd	594.18	6192.32	10.4265	$7.4015-12.1587\times10^{-3}T$
Pb	600.6	4799.05	7.9914	$8.2676-11.799\times10^{-3}T$
Sn	505.06	7029.12	13.916	$13.0959-27.36\times10^{-3}T$

把所有的已知的热力学量代入式(7-15)，得到

$$KT_{\text{Cd}} = \exp\left[-4.4537-7.3119\times10^{-4}T-\frac{473.974}{T}+0.8902\ln T\right]$$

$$KT_{\text{Pb}} = \exp\left[-5.5429-7.0961\times10^{-4}T-\frac{235.928}{T}+0.9944\ln T\right]$$

7.4.1.2　诸组元在液相和固相中的活度系数 $\gamma_{i,j}(T,p_0,x_{i,j})$

（1）液相中诸组元的活度系数 $\gamma_{i,\text{L}}(T,p_0,x_{i,\text{L}})$。

---

①　周维亚等,1990。

Z. Moser *et al.*(1975)得到了 760K 时 Cd-Pb-Sn 三元体系的诸组元的超额偏摩尔吉布斯自由能和超额偏摩尔焓的表达式。从他们的三元体系表达式很容易导出 Cd-Pb 二元体系相应的表达式($x_2 = x_{Pb}$)。

$$\mu^E_{Cd(760K)} = 17\,826.8\,x^2_{2,L} - 30\,152.0\,x^3_{2,L} + 33\,555.7\,x^4_{2,L} - 13\,705.1\,x^5_{2,L}$$

$$\mu^E_{Pb(760K)} = 10\,509.8 - 35\,653.5\,x_{2,L} + 63\,054.6\,x^2_{2,L} - 74\,892.8\,x^3_{2,L}$$
$$+ 50\,687.1\,x^4_{2,L} - 13\,705.1\,x^5_{2,L}$$

$$H^E_{Cd(760K)} = 24\,904.4\,x^2_{2,L} - 29\,926.9\,x^3_{2,L} + 15\,499.2\,x^4_{2,L}$$

$$H^E_{Pb(760K)} = 15\,107.2 - 49\,808.8\,x_{2,L} + 69\,794.6\,x^2_{2,L}$$
$$- 50\,592.1\,x^3_{2,L} + 15\,499.2\,x^4_{2,L}$$

从式(7–22),可以得到下列方程

$$\gamma_{i,L} = \exp\left\{\frac{1}{R}\left[\frac{T}{760}\mu^E_{i,L(760)} + \left(1 - \frac{T}{760}\right)H^E_{i,L}\right]\right\}$$

于是,就得到了液相中组元 Cd 和 Pb 的所有 $\gamma_{i,L}(T, p_0, x_{i,L})$的表达式。

(2)诸组元在诸固相中的活度系数 γ_{i,s_j}。

根据热力学原理,若纯组元的热力学量和所讨论的二元相图是已知的,则利用液相的 $\gamma_{i,L}$ 的已知值,可以计算出端际固溶体的活度系数 γ_{i,s_j} 或相互作用参数。

因为 Cd 在富 Pb 的端际固溶体的区域很窄,可以用规则溶液模型来表示这个固溶体的超额摩尔吉布斯自由能。

$$G^E_{12} = \alpha_{12}\,x_1\,x_2$$

根据数据回归,可得

$$\alpha_{12} = \alpha_{Cd\text{-}Pb} = 14\,100\,J\cdot mol^{-1}$$

因 Pb 基本上不溶于 Cd,富 Cd 端际固溶体可以认为是纯 Cd 相。

7.4.1.3　体积项

(1)液态溶液的偏摩尔体积。

表 7.5 给出 Cd 和 Pb 在纯固相和纯液相的摩尔体积。

表 7.5　纯金属的摩尔体积

金属	T_m/K	$V^0_L(T_m, p_0)/cm^3\cdot mol^{-1}$	$V^0_S(T_m, p_0)/cm^3\cdot mol^{-1}$
Cd(1)	594	14.02	13.4
Pb(2)	601	19.55	18.9

从 350℃(T_0)和常压 p_0 的 Cd-Pb 液态合金的 δV_L 的已知分离值,回归可得 $\delta V_L(T_0)$的表达式。

$$\delta V_L(T_0) = 0.035\,86\,x_{2,L} - 0.049\,39\,x^2_{2,L} + 0.018\,54\,x^3_{2,L}$$

$$-0.006\,619\,x_{2,\mathrm{L}}^{4} + 0.001\,932\,x_{2,\mathrm{L}}^{5} - 0.000\,314\,8\,x_{2,\mathrm{L}}^{6}$$

$$V_{\mathrm{L}}^{\mathrm{E}}(T, p, x_{i,\mathrm{L}}) = \delta\,V_{\mathrm{L}}(T_0, p_0, x_{i,\mathrm{L}}) \sum x_{i,\mathrm{L}}\,V_{i,\mathrm{L}}^{0}(T, p)$$

$$V_{i,\mathrm{L}}^{0}(T, p) = V_{i,\mathrm{L}}^{0}(T_{\mathrm{m}}, p_0)\exp[\alpha_{i,\mathrm{L}}(T - T_{\mathrm{m}}) - \beta_{i,\mathrm{L}}(p - p_0)]$$

从已知的 $V_{i,\mathrm{L}}^{0}(T_{\mathrm{m}}, p_0)$、$\alpha$ 和 β（α、β 值见表 7.1 和表 7.2）的值以及 $\delta\,V_{\mathrm{L}}(T_0)$ 的表达式，可以得到 $V_{\mathrm{L}}^{\mathrm{E}}(T, p, x_{i,\mathrm{L}})$。

再根据下列方程

$$\overline{V}_{i,\mathrm{L}}^{\mathrm{E}} = V_{\mathrm{L}}^{\mathrm{E}} + (1 - x_{i,\mathrm{L}})\frac{\partial V_{\mathrm{L}}^{\mathrm{E}}}{\partial x_{i,\mathrm{L}}} \qquad (i = 1,2)$$

$$\overline{V}_{i,\mathrm{L}}(T, p, x_{i,\mathrm{L}}) = V_{i,\mathrm{L}}^{0}(T, p) + \overline{V}_{i,\mathrm{L}}^{\mathrm{E}}(T, p, x_{i,\mathrm{L}})$$

可以计算 $\overline{V}_{i,\mathrm{L}}^{\mathrm{E}}$ 和 $\overline{V}_{i,\mathrm{L}}(T, p, x_{i,\mathrm{L}})$。

（2）固溶体相中组元 i 的偏摩尔体积 $\overline{V}_{i,\mathrm{s}_j}(T, p, x_{i,\mathrm{s}_j})$。

根据 Cd-Pb 体系的实验数据（Villars *et al*. 1991），富 Pb 固溶体 S_2 的晶格常数的表达式为

$$a_{\mathrm{S}_2}(T, p, x_{1,\mathrm{s}_2}) = a_{\mathrm{Pb,s}}^{0}(T, p)(1 - 0.049\,726\,x_{1,\mathrm{s}_2})$$

该固溶体的晶体结构是立方型的，故

$$V_{\mathrm{S}_2}(T, p, x_{1,\mathrm{s}_2}) = V_{\mathrm{Pb,s}}^{0}(T, p)(1 - 0.049\,726\,x_{1,\mathrm{s}_2})^{3}$$

同时

$$V_{\mathrm{Pb,s}}^{0}(T, p) = V_{\mathrm{Pb,s}}^{0}(T_{\mathrm{m}}, p_0)\exp[\alpha_{\mathrm{Pb,s}}(T - T_{\mathrm{m}}) - \beta_{\mathrm{Pb,s}}(p - p_0)]$$

α_{S} 和 β_{S} 的值已列在表 7.1 和表 7.2 中，故 V_{S_2} 可以计算得到。

$\overline{V}_{i,\mathrm{s}_2}$ 可以根据式（7-33）计算出来

$$\overline{V}_{i,\mathrm{s}_2} = V_{\mathrm{S}_2} + (1 - x_{i,\mathrm{s}_2})\frac{\partial V_{\mathrm{S}_2}}{\partial x_{i,\mathrm{s}_2}} \qquad (i = 1,2) \qquad (7-33)$$

固相 S_1 是纯 Cd

$$V_{\mathrm{S}_1} = V_{\mathrm{Cd,s}}^{0}(T, p)$$

$$= V_{\mathrm{Cd,s}}^{0}(T_{\mathrm{m}}, p_0)\exp[\alpha_{\mathrm{Cd,s}}(T - T_{\mathrm{m}}) - \beta_{\mathrm{Cd,s}}(p - p_0)]$$

$$\overline{V}_{1,\mathrm{s}_1} = V_{\mathrm{Cd,s}}^{0}(T, p)$$

所有的热力学参数都已确定。故 $x_{i,\mathrm{L}}$ 和 x_{i,s_j}（$i = 1,2$；$j = 1$ 或者是 2）在一系列温度和给定压力的平衡值可以计算出来，从而得到在给定压力下的 Cd-Pb 体系的液固相平衡共存的部分相图。

7.4.2　计算结果和讨论

7.4.2.1　压力对共晶温度的影响

在常压下，Cd-Pb 合金相图是一个简单的低共晶相图（Massalski *et al*.

1990),共晶点位于72原子％Pb和248℃处。在4GPa压力范围内,这个二元相图仍然是共晶类型的(Clark *et al*. 1987)。

Cd-Pb体系的共晶温度对压力的依存关系见图7.2。图中虚线是测定的(Clark *et al*. 1980),实线是计算的(周维亚等 1988),两者结果彼此符合得很好,如图7.2所示。这个体系的共晶温度随压力的增大而单调地增高。

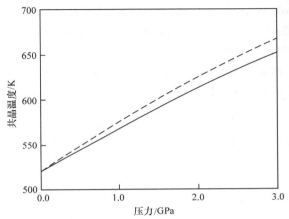

图7.2 Cd-Pb体系中共晶温度和压力的关系
（虚线来自 Clark *et al*. 1980;实线为周维亚等的计算值,周维亚等 1988）

图7.3的计算结果表明,随着压力的增大,共晶成分向较高的Cd浓度方向漂移。这与Clark等的修正实验结果(Clark *et al*. 1987)是一致的。这就是说,他们原来的实验结果(共晶成分不变)是不正确的。

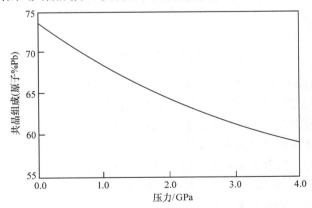

图7.3 Cd-Pb体系的共晶组成与压力的关系的计算值
（周维亚等 1990）

7.4.2.2　计算相图和实验相图的比较

Clark 等测定了 Cd-Pb 体系的高压相图（Clark *et al*. 1980）；稍后，用热力学方法计算了这个高压相图。根据这个计算结果，他们用实验重新研究了这个体系，进而修正了原来的数据。

Clark 等（Clark *et al*. 1987）的修正实验结果和计算结果彼此符合得较好。但在 Clark 的计算中，假定在熔点下 Cd 和 Pb 液固相变中的摩尔体积变化与温度、压力无关。这个假定是不可接受的。

周维亚等（周维亚等 1990,1992）根据合理的假定，重新计算了高压下的 Cd-Pb 体系。其结果在图 7.4 中以实线表示。

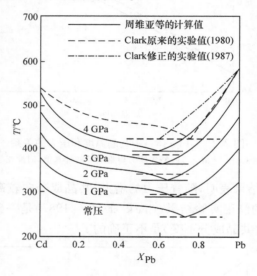

图 7.4　0～4 GPa 的 Cd-Pb 体系的相图

Clark 等的原来的实验表明 Cd-Pb 体系的共晶组成不随压力变化而漂移。Clark 等的修正实验结果和周维亚等的计算结果发现了这样的漂移，即 Cd-Pb 体系的共晶组成随压力的增加向 Cd 浓度增加的方向移动。

周维亚等计算的共晶点是：常压下 73.2 原子％Pb,249.3℃；4GPa 下 59.4 原子％Pb,398.7℃。这和 Clark 等的修正实验数据（常压下共晶点的组成为 72 原子％Pb,4GPa 下为 60 原子％Pb。）符合得较好。周维亚等的计算结果和 Clark 等原来的实验结果（4GPa 下为 72 原子％Pb）相差很远，这补充说明了 1980 年 Clark 等原来的实验结果确实不正确。

不仅如此，周维亚等的计算结果指出压力引起 Cd-Pb 体系液相线形状的变化。图 7.4 中显示了这种变化。计算的液相线的这种变化可以预测和检验实验相图的可靠性。

7.4.2.3　在给定温度下 Cd-Pb 体系的计算 $p\text{-}x$ 相图

　　周维亚等还计算了在不同温度下 Cd-Pb 体系的一系列 $p\text{-}x$ 相图。一个典型的这类相图如图 7.5 所示(周维亚等　1990)。这是一个有趣的相图。在文献中还没有看到过这类实验相图。实验测定这类相图可能有一定困难。

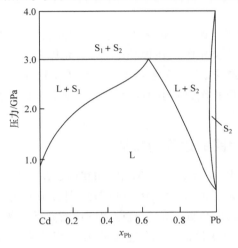

图 7.5　641.8K 时 Cd-Pb 体系的 $p\text{-}x$ 计算相图

　　对于 Cd-Pb 体系从液相变到固相,摩尔体积缩小,所以压力升高,有利于固相的出现,计算的 $p\text{-}x$ 相图清楚地显示了这一点。这类一定温度下的 $p\text{-}x$ 相图有利于了解或预估在压力增大的情况下体系将出现的相的组合的形式。

第八章　三元高压相图的计算

8.1　三元高压相图的边界特征和计算它们的基本方程

三元高压相图的测定比二元的复杂得多。因此,许多科学家特别是地质学家都试图从理论上计算这类相图。在地质学中,多元体系通常是氧化物体系。它们的高压相平衡的计算结果,在大多数情况下,用 $T\text{-}p$ 和 $T\text{-}x_i$ 相图表示。本章则试图计算合金体系的高压相图,所用的计算方法原则上可以应用到其他类型的体系中。

8.1.1　高压三元相图的边界的特征

在三元高压相图中,组元数 $N=3$,相图的维数 $R=N+1=4$,相图是一个四维的超空间的图形。为了把它表示为二维图形,则必须固定两个变量。固定压力,则可以画出一个组元的成分固定的垂直截面图或者是给定温度下的水平截面图。

因有两个额外的参变量固定,故这类截面的相边界维数 $(R_1)_s$ 和边界维数 $(R_1')_s$(S 代表截面"section"的第一个字母)都比相应的空间相图的相边界维数 R_1 和边界维数 R_1'分别少 2 维。凡是服从这些规定的截面叫规则截面。对它们可以进一步推出下列关系式

$$(R_1)_s = R_1 - 2 = (N - \Phi + 2) - 2 = N - \Phi = 3 - \Phi \qquad (8-1)$$
$$(R_1')_s = R_1' - 2 = (R_1 + \phi_c - 1) - 2$$
$$= (N - \Phi + 2 + \phi_c - 1) - 2 = \phi_c - \Phi + 2 \qquad (8-2)$$

现在讨论规则截面的边界和相边界的特性。

8.1.1.1　$(R_1)_s = (R_1')_s$ 时的情况

这类边界可以叫第一类边界。如图 8.1 水平截面中的 fg、hi、bd、be、aj、ak、cl、cm 以及图 8.2 的垂直截面中的 ab、bc 等边界线。在这些情况下,这些边界线周围的相邻相区的特征是 $\Phi=2$,$\phi_c=1$。同时

$$(R_1)_s = R_1 - 2 = 3 - \Phi = 1$$
$$(R_1')_s = R_1' - 2 = \phi_c - \Phi + 2 = 1$$

所以这些线既是相邻相区之间的边界线,同时还是相边界线;它们由体系的平衡相点的集合组成。

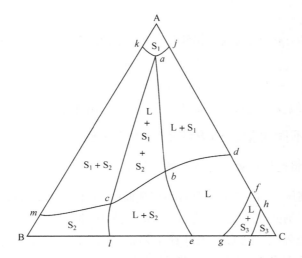

图 8.1　在给定压力下一个典型的水平截面图

8.1.1.2　$(R_1)_s < (R'_1)_s$ 时的情况

这些边界仅由体系的体系点的集合组成,可称之为第二类边界。例如,图 8.1 中的 ab、bc 和 ca 的三条边界线以及图 8.2 中的 df、dg、fi、gb、bh、hc、ci、ik 的八条边界线。在这些边界线的相邻相区的特征是 $\Phi = 3$,$\phi_c = 2$,其边界的特性是

$$(R_1)_s = R_1 - 2 = 3 - \Phi = 0$$
$$(R'_1)_s = \phi_c - \Phi + 2 = 1$$

图 8.1 中的 ab、bc 和 ca 线是两个相点的结线。图 8.2 中 jf、fd 等边界线的

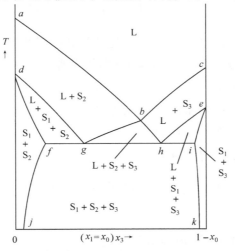

图 8.2　在给定压力下一个典型的垂直截面图

特性以后讨论。

图 8.2 中的 $fghi$ 线周围的相邻相区的特性为：$\Phi=4$，$\phi_c=2$，边界的特性

$$(R_1)_s = 3 - \Phi = -1$$

$$(R_1')_s = R_1' - 2 = R_1 + \phi_c - 2 = (3 - 4 + 2) + 2 - 2 = 1$$

故 fg、gh 和 hi 线仅只是边界线而不是相边界线，由体系点组成。

8.1.2　计算不同类型的边界线的基本方程组

8.1.2.1　相边界或第一类边界线的计算

在给定的高压下，在三元相图的垂直截面中，只有 $\Phi=2$ 的边界是第一类边界线或相边界线。例如，图 8.2 中的 ab 和 bc 线是相邻相区 $L/(L+S_j)$ $(j=2,3)$ 的共同相 L 的相边界线。通常首先计算相邻相区 $L/(L+S_2)$ 的相边界线 ab。在一定 T、p 下，两相 L 和 S_2 彼此平衡共存，从而可以写出

$$\mu_{i,L}(T, p, x_{i,L}) = \mu_{i,S_2}(T, p, x_{i,S_2}), \qquad (i = 1, 2, 3) \qquad (8-3)$$

$\mu_{i,L}(T, p, x_{i,L})$ 可表为

$$\mu_{i,L}(T, p, x_{i,L}) = \mu_{i,L}^0(T, p_0) + RT\ln x_{i,L}\,\gamma_{i,L}(T, p_0, x_{i,L})$$
$$+ \int_{p_0}^{p} \overline{V}_{i,L}(T, p_0, x_{i,L})\,\mathrm{d}p \qquad (8-4)$$

同样可以写出

$$\mu_{i,S_2}(T, p, x_{i,S_2}) = \mu_{i,S}^0(T, p_0) + RT\ln x_{i,S_2}\,\gamma_{i,S_2}(T, p_0, x_{i,S_2})$$
$$+ \int_{p_0}^{p} \overline{V}_{i,S_2}(T, p_0, x_{i,S_2})\,\mathrm{d}p \qquad (8-5)$$

式中：$\mu_{i,L}^0$ 和 $\mu_{i,S}^0$ 分别为 T、p_0 条件下，纯液相和纯固相的组元 i 的标准化学势；$\gamma_{i,L}(T, p_0, x_{i,L})$ 和 $\gamma_{i,S_2}(T, p_0, x_{i,S_2})$ 分别代表所述条件下液态溶液 L 和固溶体 S_2 中组元 i 的活度系数。

从式(8-3)、式(8-4)和式(8-5)，可得

$$RT\ln\frac{x_{i,L}\,\gamma_{i,L}(T, p_0, x_{i,L})}{x_{i,S_2}\,\gamma_{i,S_2}(T, p_0, x_{i,S_2})}$$

$$= \mu_{i,S}^0 - \mu_{i,L}^0 + \int_{p_0}^{p} \left[\overline{V}_{i,S_2}(T, p, x_{i,S_2}) - \overline{V}_{i,L}(T, p, x_{i,L})\right]\mathrm{d}p$$

这个式子又可写为

$$\frac{x_{i,L}\,\gamma_{i,L}(T, p_0, x_{i,L})}{x_{i,S_2}\,\gamma_{i,S_2}(T, p_0, x_{i,S_2})} = K_i = \exp\left[-\frac{\mu_{i,L}^0 - \mu_{i,S}^0}{RT}\right]$$

$$\times \exp\left\{ \frac{1}{RT}\int_{p_0}^{p} \left[\overline{V}_{i,S_2}(T, p, x_{i,S_2}) - \overline{V}_{i,L}(T, p, x_{i,L}) \right] \mathrm{d}p \right\}$$

(8-6)

令

$$KT_i(T, p_0) = \exp\left[-\frac{\mu_{i,L}^0 - \mu_{i,S}^0}{RT} \right]$$

(8-7)

$$VTP_i(T, p, x_{i,L}, x_{i,S_2})$$

$$= \exp\left\{ \frac{1}{RT}\int_{p_0}^{p} \left[\overline{V}_{i,S_2}(T, p, x_{i,S_2}) - \overline{V}_{i,L}(T, p, x_{i,L}) \right] \mathrm{d}p \right\}$$

(8-8)

则

$$K_i = KT_i(T, p_0) \times VTP_i(T, p, x_{i,L}, x_{i,S_2})$$

(8-9)

式(8-9)中，K_i 不是一个常数，它是 T、p 和组成的函数。因 ab 线上相点和体系点是重合的，$x_{1,L} = x_1 = x_0$，则 $x_{2,L} = 1 - x_{3,L} - x_{1,L} = 1 - x_{3,L} - x_0$，液相中只有一个组元的摩尔分数是独立变数。在固溶体相 S$_2$ 中，存在 $x_{1,S_2} = 1 - x_{2,S_2} - x_{3,S_2}$ 的关系式。所以，在此处 L 和 S$_2$ 平衡共存时，体系中只有三个独立变数，将它们选定为 $x_{3,L}$、x_{2,S_2} 和 x_{3,S_2}。解式(8-6)方程组，则在一定温度和压力下，可以求出平衡相(L 和 S$_2$)的相点组成。在一系列温度和相同的压力下，计算一系列这种相点组成，则可以得到相边界线 ab。相边界线 bc 可以用类似方法计算得到。

8.1.2.2 第二类边界线的计算

在图 8.2 中，jf、fd、dg、gb、bh、he、ei、ik 诸边界线属于第二类边界线。以相邻相区(L+S$_2$)/(L+S$_1$+S$_2$)之间的边界 dg 为例，两个相邻相区及其边界的特征为 $\Phi = 3$，$R_1 = 1$；两个共同相为 L 和 S$_2$，$\phi_C = 2$。在空间相图中有两条相应的相边界线，它们通常在垂直截面上没有显示出来。这两个相邻相区的边界维数 $R_1' = R_1 + \phi_C - 1 = 1 + 2 - 1 = 2$。故这两个相邻相区的边界是一个边界面。它由两个相点的连线——结线沿两条相边界线随温度的变化而运动变化的轨迹所形成。这个边界面在垂直截面上的截线即为 dg 线。分析清楚边界线 dg 的性质，计算起来就会脉络分明，目标明确。在一定 T 和 p 的条件下，当 L、S$_1$ 和 S$_2$ 平衡共存时，则有

$$\frac{x_{i,L}\,\gamma_{i,L}(T, p_0, x_{i,L})}{x_{i,S_j}\,\gamma_{i,S_j}(T, p_0, x_{i,S_j})} = K_i \qquad (i = 1,2,3; j = 1,2)$$

(8-10)

共有 6 个相平衡方程。因为在这种情况下，相点和体系点不重合，$x_{1,L}$ 是一个变量，选取 $x_{1,L}$、$x_{2,L}$、x_{1,S_1}、x_{2,S_1}、x_{1,S_2}、x_{2,S_2} 作为独立变量，解式(8-10)的方程组，可以计算出来相平衡成分 $x_{i,L}$ 和 $x_{i,S_j}(i = 1,2,3; j = 1,2)$。应该说明，成分为 $x_{i,L}$

和 x_{i,s_j} 的诸相点在垂直截面图上也没有显示出来。

现在进一步求出边界线 dg。首先求出在一定温度下,由体系点构成的一个边界点($x_1 = x_0$,x_2,x_3)。也就是由诸平衡相点的成分和质量守恒定律来求这个边界点的成分。

根据重心定律,处在边界线 dg 上一定温度下的边界点的所有的组元都完全分布在共同相(L,S_2)中。根据质量守恒定律,可以写出下面几个方程

$$x_L\, x_{1,L} + (1 - x_L)\, x_{1,S_2} = x_1 = x_0 \tag{8-11}$$

$$x_L\, x_{2,L} + (1 - x_L)\, x_{2,S_2} = x_2 \tag{8-12}$$

$$x_3 = 1 - x_0 - x_2 \tag{8-13}$$

$$x_L = \frac{M_L}{M}$$

以上各式中:x_L 是液相 L 在体系中所占的摩尔分数;M_L 和 M 分别为液相 L 的物质的量和体系的物质的总量;$(1 - x_L)$ 是固溶体相 S_2 在体系中所占的摩尔分数。相点的成分($x_{i,L}$,x_{i,S_2})已经通过式(8-10)求出。x_i 是体系点的成分,它可以通过式(8-11)、式(8-12)和式(8-13),由已知的相点成分 $x_{1,L}$、$x_{2,L}$、x_{1,S_2}、x_{2,S_2} 求出。求不同温度下的一系列的相点的成分和体系点的成分,可以算出边界线 dg。

其他边界线 jf、fd、gb、bh、he、ei、ik 用类似方法都可以计算出来。边界点 f、g、h 和 i 可以通过相应边界线的交点来求得。

这样,图 8.2 中所有的边界线和边界点都可以求出来,从而可以绘出在给定压力 p 下的 T-x_i 垂直截面图。

在给定温度下,用与此类似的方法,可计算出一个三元体系的压力(p)-组成(x_i)垂直截面图。

计算图 8.1 所示的水平截面更容易一些,因 mc、cl、be、bd、gf、hi、ak 和 aj 诸线是相边界线或第一类边界线。例如计算 cl 和 be 线。可以在 BC 线上取一个合适的二元系的组成点,按上面介绍过的计算平衡相点的类似方法,计算相邻相区 S_2/($L + S_2$)的两个平衡相点,得 l、e 两点。保持 B、C 的比例不变,向体系中添加组元 A,得到一系列的体系点。根据适用于相邻相区 S_2/($L + S_2$)的相平衡方程组和这一系列的体系点的成分,逐点计算平衡相点,即可得到 lc 和 be 两条相边界线。同样可以计算得到上面提到的其他的相边界线。a、b 和 c 三点可以由相应的两条相边界线的交点得到。从而可以计算图 8.1 的整个水平截面。

事实上,对于一个 N($N > 3$)组元体系,保持($N - 2$)个组元的摩尔分数恒定,也可以计算一定压力下的 T-x_i 垂直截面图或一定温度下的 p-x_i 垂直截面图。计算不同压力下的一系列的 T-x_i 截面或不同温度下的一系列的 p-x_i 截面,从而构筑整个 p-T-x_i 三维立体高压相图。

维持($N-3$)个组元的摩尔分数不变,则可以计算在一定温度 T、压力 p 下的水平截面相图。

8.2　高压下的三元系的热力学参数的处理

从 8.1 节中的式(8-6)可知,在计算三元系的高压相图中,以计算图 8.2 的相邻相区 L/(L+S₂)相边界 ab 线为例,需要知道下列热力学参数:$\mu_{i,\mathrm{L}}^{0}$、$\mu_{i,\mathrm{S}}^{0}$、$\gamma_{i,j}$ 和 $\overline{V}_{i,j}$($j=\mathrm{L},\mathrm{S}_2$)。在第七章,已经讨论了二元体系的这类参数的处理。$\mu_{i,\mathrm{S}}^{0}(T,p_0)$ 和 $\mu_{i,\mathrm{L}}^{0}(T,p_0)$可以从纯组元的热力学参数计算得到,在第七章已经详细讨论了这一点。而 $\gamma_{i,j}$ 和 $\overline{V}_{i,j}$是和三元系相关的,将要在本章着重讨论。

和二元系相比,已知的三元系的热力学参数少得多。若这些参数未知或不完全知道,则可以用下列的两个方法之一来推算它们。

(1) 若有给定三元系的热力学参数的分离值,则可以用数学解析式或用基于某种物理模型的方程,回归得到这些热力学参数的表达式。

(2) 从相应的二元系的热力学参数推算给定三元系的这些参数。这个方法用得比较多,所以应该详细讨论。

将相应的二元系的热力学参数加权求和,可求三元系的相关的参数。过去有两类通用的选择权重因子的方法。

8.2.1　对称方法

当三元系的三个组元性质上都相似,则它们的 G_{ij}^{E} 的权重因子可以取相同的形式,这类方法叫对称方法。例如:

(1) Kohler 方法(Kohler　1960)。

$$G_{\mathrm{m}}^{\mathrm{E}} = \sum (x_i + x_j) G_{ij}^{\mathrm{E}}\left(\frac{x_i}{x_i + x_j}, \frac{x_j}{x_i + x_j}\right) \qquad (i=1,2,3;\ j=1,2,3;\ i \neq j)$$

或

$$G_{\mathrm{m}}^{\mathrm{E}} = \sum (x_1 + x_2) G_{12}^{\mathrm{E}}\left(\frac{x_1}{x_1 + x_2}, \frac{x_2}{x_1 + x_2}\right) \qquad (8-14)$$

(2) Colinet 方法(Colinet　1967)。

$$G_{\mathrm{m}}^{\mathrm{E}} = \sum \left[\frac{\dfrac{x_j}{2}}{1 - x_i} G_{ij}^{\mathrm{E}}(x_i, 1 - x_i) + \frac{\dfrac{x_i}{2}}{1 - x_j} G_{ij}^{\mathrm{E}}(1 - x_j, x_j) \right]$$

$$(i=1,2,3;\ j=1,2,3;\ i \neq j)$$

或

$$G_{\rm m}^{\rm E} = \sum \left[\frac{\frac{x_2}{2}}{1-x_1} G_{12}^{\rm E}(x_1, 1-x_1) + \frac{\frac{x_1}{2}}{1-x_2} G_{12}^{\rm E}(1-x_2, x_2) \right] \tag{8-15}$$

（3）Muggianu 方法（Muggianu　1975）。

$$G_{\rm m}^{\rm E} = \sum \frac{x_i x_j}{\omega_{ij} \omega_{ji}} G_{ij}^{\rm E}(\omega_{ij}, \omega_{ji})$$

$$\omega_{ij} = \frac{1 + x_i - x_j}{2}$$

$$\omega_{ji} = \frac{1 + x_j - x_i}{2}$$

$$\omega_{ij} + \omega_{ji} = 1 \quad (i=1,2,3; \ j=1,2,3; \ i \neq j)$$

或

$$G_{\rm m}^{\rm E} = \sum \frac{x_1 x_2}{\omega_{12} \omega_{21}} G_{12}^{\rm E}(\omega_{12}, \omega_{21}) \tag{8-16}$$

$$\omega_{12} = \frac{1 + x_1 - x_2}{2}$$

$$\omega_{21} = \frac{1 + x_2 - x_1}{2}$$

$$\omega_{12} + \omega_{21} = 1$$

式中：$G_{\rm m}^{\rm E}$ 是三元系的超额热力学性质；$G_{12}^{\rm E}$、$G_{23}^{\rm E}$ 和 $G_{31}^{\rm E}$ 则是三个二元系的超额热力学性质。

8.2.2　不对称方法

如果对不同的二元系的 $G_{ij}^{\rm E}$ 选取不同的权重因子，这类方法叫不对称方法。例如三元系的第二个和第三个组元的特性相似，而第一个组元的特性与它们却不相同，则这个体系叫不对称体系。可以用不对称方法来处理。例如：

（1）Toop 方法（Toop　1965）。

$$G_{\rm m}^{\rm E} = \frac{x_2}{1-x_1} G_{12}^{\rm E}(x_1, 1-x_1) + \frac{x_3}{1-x_1} G_{13}^{\rm E}(x_1, 1-x_1)$$

$$+ (x_2 + x_3)^2 G_{23}^{\rm E}\left(\frac{x_2}{x_2+x_3}, \frac{x_3}{x_2+x_3}\right) \tag{8-17}$$

（2）Hillert 方法（Hillert　1980）。

$$G_{\rm m}^{\rm E} = \frac{x_2}{1-x_1} G_{12}^{\rm E}(x_1, 1-x_1) + \frac{x_3}{1-x_1} G_{13}^{\rm E}(x_1, 1-x_1)$$

$$+ \frac{x_2 \, x_3}{\omega_{23} \, \omega_{32}} \, G_{23}^{\mathrm{E}}(\omega_{23}, \omega_{32}) \qquad (8-18)$$

式中

$$\omega_{23} = \frac{1 + x_2 - x_3}{2}$$

$$\omega_{32} = \frac{1 + x_3 - x_2}{2}$$

$$\omega_{23} + \omega_{32} = 1$$

式中:2 和 3 代表两个性质相似的组元;1 代表另一个性质不同的组元。

因

$$\mu_{i,j}^{\mathrm{E}}(T, p_0, x_{i,j}) = RT\ln \gamma_{i,j}(T, p_0, x_{i,j})$$

$$\mu_{i,j}(T, p_0, x_{i,j}) = \mu_i^0(T, p_0) + RT\ln x_{i,j}\gamma_{i,j}(T, p_0, x_{i,j})$$

式中:$\gamma_{i,j}(T, p_0, x_{i,j})$ 或 $\mu_{i,j}^{\mathrm{E}}(T, p_0, x_{i,j})$ 是常压下三元系的值,处理它们的方法很多,这里不做一般介绍,只在举例中讨论它(见本章 8.4 节)。

8.2.3 推算三元及多元热力学性质的一般溶液模型

周国治院士及其合作者经过几十年的努力,提出了从二元溶液热力学性质推算三元乃至多元溶液的热力学性质的统一的一般溶液模型,可以概括现有的对称的和不对称的许多不同溶液模型,并指出它们的缺点。周国治的一般溶液模型很好地解决了从二元溶液的热力学性质推算三元乃至多元溶液的热力学性质的问题,进而可以计算三元乃至多元恒压相图。周国治的一般溶液模型不仅可以计算三个组元性质彼此都相近的体系,例如周期表中同一个周期的第八族的三个元素如 Ru‑Rh‑Pd 或 Os‑Ir‑Pt 组成的体系,也可以计算三个组元中两个组元性质相近、而第三个组元性质不同的体系,如本书介绍的 Cd‑Pb‑Sn 和 Cd‑Sn‑Zn 体系。在 Cd‑Pb‑Sn 体系中,Pb、Sn 是第四主族的两个相邻元素;在 Cd‑Sn‑Zn 体系中,Cd 和 Zn 是第二副族的两个相邻元素。周国治的模型还可以计算三个组元性质彼此都互不相近的体系。

因之,周国治的溶液模型称之为一般的溶液模型是适当的,它解决了相图计算中的一个重要问题。

因为本书的重点不在于介绍溶液模型,故不对周国治的理论做进一步的介绍。有兴趣的读者请参考周国治的一系列论文(Chou 1987, 1989, 1995, 1997)。

8.2.4 从二元系超额摩尔体积推算三元系超额摩尔体积

在第七章已经讨论了二元系的摩尔体积、超额摩尔体积、偏摩尔体积和超额偏摩尔体积。如果已知三个二元系的超额摩尔体积的值,同时在三元体系中又不形成新的化合物,则可以推算三元系的超额摩尔体积。对一个不对称体系,可以用

Hillert 不对称方法处理,即

$$V_\mathrm{m}^\mathrm{E} = \frac{x_2}{1-x_1} V_{12}^\mathrm{E}(x_1, 1-x_1) + \frac{x_3}{1-x_1} V_{13}^\mathrm{E}(x_1, 1-x_1)$$
$$+ \frac{x_2\, x_3}{\omega_{23}\, \omega_{32}} V_{23}^\mathrm{E}(\omega_{23}, \omega_{32}) \qquad\qquad (8-19)$$

其中

$$\omega_{23} = \frac{1+x_2-x_3}{2}$$

$$\omega_{32} = \frac{1+x_3-x_2}{2}$$

$$\omega_{23} + \omega_{32} = 1$$

式中：V_{12}^E、V_{13}^E 和 V_{23}^E 是三个二元系的超额摩尔体积；V^E 是三元系的超额摩尔体积。因

$$\overline{V}_i^\mathrm{E} = V^\mathrm{E} + \frac{\partial V^\mathrm{E}}{\partial x_i} - \sum_{j=1}^{3} x_j \frac{\partial V^\mathrm{E}}{\partial x_j} \qquad (i=1,2,3) \qquad (8-20)$$

$$\overline{V}_i = V_i^0 + \overline{V}_i^\mathrm{E} \qquad (i=1,2,3) \qquad\qquad (8-21)$$

三元系中组元 $i(i=1,2,3)$ 的偏摩尔体积,可以从三个二元系的 V_{ij}^E 值来推算。

本书介绍的是周维亚在 20 世纪 90 年代初期的工作,当时周国治的一般溶液模型的论文(Chou　1995,1997)还没有发表,所以采用的是 Hillert 模型。

8.3　三元系超额摩尔体积的推算方法及其实验验证

在计算高压下多元(如三元)体系的相图中,摩尔体积起了重要的作用。

三元合金固溶体相的摩尔体积的实验数据很少,因此必须用诸二元固溶体的数据来推算三元固溶体的摩尔体积,推算方法的可靠性需用实验来验证。刘恒利等人测定了三元固溶体相的摩尔体积并系统地考察了这些相的摩尔体积与组成变化的关系。测定了 Pb-Sn-Cd 和 Pb-Sn-Bi 三元体系的铅基 α 相固溶体的摩尔体积(刘恒利等　1990)。

以含量为 99.999%(质量)以上的高纯金属制备出单相合金样品,样品的晶格常数用 X 射线衍射方法确定。铅基 α 相固溶体的晶体结构是面心立方类型的,所以摩尔体积 V_x 为

$$V_x = \frac{N_\mathrm{A}}{N} V_\mathrm{c} = \frac{N_\mathrm{A}}{N} a_\mathrm{c}^3 \qquad\qquad (8-22)$$

单位晶胞体积 $V_\mathrm{c} = a_\mathrm{c}^3$。对面心立方结构的晶体而言,单位晶胞的原子数 N 是 4,阿伏

伽德罗常量 $N_A = 6.023 \times 10^{23}\,\text{mol}^{-1}$。$a_c(\text{cm})$ 和 $V_c(\text{cm}^3)$ 分别为固溶体相的晶格常数和单位晶胞的体积。V_x 表示组元 i 的含量为 x_i 时,样品的摩尔体积,下同。

$$V_x = V^0 + V_x^E = \sum x_i V_i^0 + V_x^E \qquad (i = 1, 2, 3) \qquad (8-23)$$

$$V_x^E = V_x - \sum x_i V_i^0 \qquad (8-24)$$

式(8-24)中,V_x^E 是实验值。

同时,按处理不对称体系的 Hillert 方法,根据 Pb-Sn、Pb-Bi、Pb-Cd、Sn-Cd 和 Sn-Bi 诸二元固溶体的 V_{ij}^E,计算了 Pb-Sn-Cd 和 Pb-Sn-Bi 体系的固溶体相的超额摩尔体积 V_h^E。在表 8.1 中对比列出了 Cd-Pb-Sn 三元系 V_x^E 和 V_h^E 的值。

表 8.1 中 V_x^E 和 V_h^E 的对比表明,对于大多数样品来说,二者之间的差别仅在小数点后第三位或第四位。这就是说,三元体系的计算值 V_h^E 和实验值 V_x^E 彼此符合得很好。对于 Bi-Pb-Sn 体系,也得到类似的计算结果和实验结果,并制得了一个与表 8.1 完全类似的表。所有这些结果都表明,用于推算三元系的超额摩尔体积的方法是可行的。

表 8.1　Cd-Pb-Sn 体系的组成、摩尔体积和超额摩尔体积（$T = 20.0\,^\circ\text{C}$）

x_{Pb}	x_{Sn}	$V_x/\text{cm}^3 \cdot \text{mol}^{-1}$	$V_x^E/\text{cm}^3 \cdot \text{mol}^{-1}$	$V_h^E/\text{cm}^3 \cdot \text{mol}^{-1}$
0.9970	0.0000	18.2418	0.0070	
0.9910	0.0000	18.2387	0.0209	
0.9890	0.0000	18.2276	0.0255	
0.9500	0.0460	18.1657	0.0176	0.0181
0.9600	0.0360	18.1854	0.0168	0.0165
0.9700	0.0260	18.1970	0.0155	0.0150
0.9800	0.0160	18.2127	0.0136	0.0134
0.9900	0.0060	18.2305	0.0111	0.0119
0.9500	0.0410	18.1607	0.0299	0.0308
0.9600	0.0310	18.1701	0.0296	0.0293
0.9800	0.0110	18.2134	0.0253	0.0262
0.9900	0.0010	18.2208	0.0213	0.0248
0.9400	0.0510	18.1411	0.0289	0.0323
0.9300	0.0607	18.1130	0.0273	0.0346
0.9600	0.0267	18.1781	0.0400	0.0403
0.9800	0.0133	18.2202	0.0200	0.0203

8.4　Cd-Pb-Sn 和 Cd-Sn-Zn 体系的高压相图的计算

高压下,三元体系的相邻相区 $L/(L+S_2)$ 之间的相平衡的基本方程为

$$\frac{x_{i,L}\,\gamma_{i,L}(T, p_0, x_{i,L})}{x_{i,S_2}\,\gamma_{i,S_2}(T, p_0, x_{i,S_2})} = \exp\left[-\frac{\mu_{i,L}^0 - \mu_{i,S}^0}{RT}\right]$$

$$\times \exp\left\{ \frac{1}{RT} \int_{p_0}^{p} \left[\overline{V}_{i,S_2}(T, p, x_{i,S_2}) - \overline{V}_{i,L}(T, p, x_{i,L}) \right] dp \right\}$$

$$= KT_i(T, p_0) \times VTp_i(T, p, x_{i,L}, x_{i,S_2}) = K_i$$

$$(i = 1, 2, 3) \tag{8-6}$$

8.4.1　$KT_i(T, p_0) = \exp\left(-\dfrac{\mu_{i,L}^0 - \mu_{i,S}^0}{RT} \right)$ 的计算

7.3.2 小节已经讨论了下述方程

$$\mu_{i(S \to L)}^0 = \mu_{i,L}^0 - \mu_{i,S}^0 = \Delta H_{i,m(S \to L)}^0 + \int_{T_m}^{T} \Delta C_{p, i(S \to L)} \, dT$$

$$- T\left[\Delta S_{i,m(S \to L)}^0 + \int_{T_m}^{T} \frac{\Delta C_{p, i(S \to L)}}{T} dT \right]$$

$$\Delta C_{p, i(S \to L)} = \Delta a_i + \Delta b_i T$$

$$KT_i = \exp\left[-\frac{\mu_{i,L}^0 - \mu_{i,S}^0}{RT} \right] = \exp\left(A + BT + \frac{C}{T} + D\ln T \right)$$

从纯单质 Cd、Pb 和 Sn 的热力学性质 T_m、ΔH_m、ΔS_m 的已知值(Hultgren *et al.* 1973)和 ΔC_p 的已知值(Barin 1977;Brandes 1983)(表 7.4),可得到函数 $KT_i(T, p_0)$ 表达式中的系数 A、B、C 和 D。参见表 8.2。

表 8.2　KT_i 表达式中的系数

单质	A	B	C	D
Cd	−4.4537	−7.3119×10^{-4}	−473.974	0.8902
Pb	−5.5429	−7.0961×10^{-4}	−235.928	0.9944
Sn	−8.0436	−1.6453×10^{-3}	−469.603	1.5751

8.4.2　平衡共存相中的组元 i 的活度系数 $\gamma_{i,j}(T, p_0, x_{i,j})$

8.4.2.1　液相中组元 i 的活度系数 $\gamma_{i,L}(T, p_0, x_{i,L})$

在760K,Cd-Pb-Sn 三元系的超额偏摩尔吉布斯自由能 μ_i^E 和偏摩尔混合焓 ΔH_i 的表达式可根据 Z. Moser(1975)的 emf 测定值计算得到。令 $x_{i,L}$ 为液相中组元 i[$i = 1(Cd), 2(Pb), 3(Sn)$]的摩尔分数,$y = 1 - x_{i,L}$,$t = \dfrac{x_{3,L}}{x_{2,L} + x_{3,L}}$。$g_i^E$ 和 ΔH 的单位是 J·mol^{-1}。

$$\mu_{Cd(760K)}^E = (17\,826.8 - 20\,562.7t + 10\,678.4t^2 - 2293.7t^3)y^2$$
$$+ (-30\,152.0 + 25\,586.0t - 902.5t^2)y^3$$

$$+ (33\,555.7 - 27\,908.1\,t)\,y^4$$
$$+ (13\,705.1 + 11\,864.2\,t)\,y^5$$
$$\mu^{E}_{\mathrm{Pb(760K)}} = 5305.3\,t^{1.9} + (-35\,653.5 + 20\,562.7\,t - 2293.7\,t^3)(\,y - 1)$$
$$+ (63\,054.6 - 46\,148.7\,t + 11\,129.9\,t^2 - 2293.7\,t^3)(\,y^2 - 1)$$
$$+ (-74\,892.8 + 53\,494.1\,t - 902.5\,t^2)(\,y^3 - 1)$$
$$+ (50\,687.1 - 39\,772.3\,t)(\,y^4 - 1)$$
$$+ (-13\,705.1 + 11\,864.2\,t)(\,y^5 - 1)$$
$$\mu^{E}_{\mathrm{Sn(760K)}} = 5305.3(\,t^{1.9} - 2.111\,t^{0.9} + 1.111)$$
$$+ (-15\,090.9 - 794.1\,t + 6881.0\,t^2 - 2293.7\,t^3)(\,y - 1)$$
$$+ (50\,261.6 - 45\,246.2\,t + 11\,129.9\,t^2 - 2293.7\,t^3)(\,y^2 - 1)$$
$$+ (-66\,590.1 + 53\,494.1\,t - 902.5\,t^2)(\,y^3 - 1)$$
$$+ (47\,721.0 - 39\,772.3\,t)(\,y^4 - 1)$$
$$+ (13\,705.1 + 11\,864.2\,t)(\,y^5 - 1)$$
$$\Delta H_{\mathrm{Cd}} = (24\,904.4 - 33\,680.4\,t + 18\,159.8\,t^2)\,y^2$$
$$+ (-29\,926.9 + 56\,108.3\,t - 22\,755.5\,t^2)\,y^3$$
$$+ (15\,499.2 - 37\,143.0\,t + 14\,275.0\,t^2)\,y^4$$
$$\Delta H_{\mathrm{Pb}} = 5305.3\,t^{1.9} + (-49\,808.8 + 33\,680.4\,t)(\,y - 1)$$
$$+ (69\,796.6 - 89\,788.6\,t + 29\,537.4\,t^2)(\,y^2 - 1)$$
$$+ (-55\,092.1 + 93\,251.3\,t - 32\,272.0\,t^2)(\,y^3 - 1)$$
$$+ (15\,499.2 - 37\,143.0\,t + 14\,275.0\,t^2)(\,y^4 - 1)$$
$$\Delta H_{\mathrm{Sn}} = 5305.3(\,t^{1.9} - 2.111\,t^{0.9} + 1.111)$$
$$+ (-16\,128.5 - 2639.3\,t)(\,y - 1)$$
$$+ (41\,740.4 - 67\,033.1\,t + 29\,537.4\,t^2)(\,y^2 - 1)$$
$$+ (-38\,210.8 + 83\,734.4\,t - 32\,272.0\,t^2)(\,y^3 - 1)$$
$$+ (15\,499.2 - 37\,143.0\,t + 14\,275.0\,t^2)(\,y^4 - 1)$$

近似假定 ΔH_i 与温度 T 无关,应用 Gibbs-Helmholtz 方程并经过推导,可得

$$RT\ln\gamma_{i,\mathrm{L}}(\,T,p_0,x_{i,\mathrm{L}}) = \frac{T}{760}\mu^{E}_{i,\mathrm{L(760K)}} + (1 - \frac{T}{760})\Delta H_i$$

即可以从 760K 的 $\mu^{E}_{i,\mathrm{L(760K)}}$ 值计算出任一温度 T 的 $RT\ln\gamma_{i,\mathrm{L}}(\,T,p_0,x_{i,\mathrm{L}})$ 的值。

8.4.2.2　固溶体相 S_j 中组元 i 的活度系数 γ_{i,S_j}

因 $\gamma_{i,\mathrm{L}}[\,i=1(\mathrm{Cd}),2(\mathrm{Pb}),3(\mathrm{Sn})]$ 的值已经算出,故从 Cd-Pb、Cd-Sn 和 Pb-Sn 二元体系的实验相图和三个纯组元的热力学性质可以计算得到二元固溶体相的相互作用参数。

对于 Cd-Pb 体系的富 Pb 固溶体相、Cd-Sn 体系的富 Sn 固溶体相和 Pb-Sn 体

系的富 Sn 固溶体相来说,因溶质在固溶体相中的溶解度是很有限的,故可用规则溶液模型来回归超额摩尔吉布斯自由能

$$G_{AB}^E = \alpha_{AB}\, x_{A,S_j} x_{B,S_j}$$

式中:α_{AB} 是 A-B 二元固溶体 S_j 的相互作用参数。

对于 Pb-Sn 体系的富 Pb 固溶体相来说,因 Sn 在这个固溶体中的溶解度较大,则应用准规则溶液模型来表示 G_{Pb-Sn}^E。

$$G_{Pb-Sn}^E = x_{Pb,S_2} x_{Sn,S_2} \big[q_0 + q_1 (x_{Pb,S_2} - x_{Sn,S_2}) + q_2 (x_{Pb,S_2} - x_{Sn,S_2})^2 \big]$$

式中:q_0、q_1 和 q_2 是可调参数。

因 Pb 和 Sn 在富 Cd 固相中的溶解度非常小,故富 Cd 固相可认为是纯固态 Cd。

经过回归,二元固相的相互作用参数如下:

对于富 Sn 固溶体相

$$\alpha_{Sn-Cd} = 11\,500 J \cdot mol^{-1}$$
$$\alpha_{Sn-Pb} = 14\,000 J \cdot mol^{-1}$$

对于富 Pb 固溶体相

$$\alpha_{Pb-Cd} = 14\,100 J \cdot mol^{-1}$$

$$\alpha_{Pb-Sn} = 8981.96 - 5150.76(x_{Pb,S_2} - x_{Sn,S_2}) + 2601.6(x_{Pb,S_2} - x_{Sn,S_2})^2 J \cdot mol^{-1}$$

再应用 Hillert 不对称方法[见式(8–18)]和适用于三元系的下列方程

$$\mu_i^E = G^E + \frac{\partial G^E}{\partial x_i} - \sum_{k=1}^3 x_k \frac{\partial G^E}{\partial x_k}$$

$$\mu_i^E = RT \ln \gamma_{i,S_j}$$

可以得到 Cd-Pb-Sn 三元系中的组元 i 的活度系数。

对于富 Pb 固溶体

$$\gamma_{Cd,S_2} = \exp\{ (RT)^{-1} \big[\alpha_{Pb-Cd}\, x_{Pb,S_2}^2 + \alpha_{Sn-Cd}\, x_{Sn,S_2}^2$$
$$+ (\alpha_{Pb-Cd} + \alpha_{Sn-Cd} - \alpha_{Pb-Sn}) x_{Pb,S_2} x_{Sn,S_2}$$
$$+ x_{Pb,S_2} x_{Sn,S_2} (x_{Sn,S_2} - x_{Pb,S_2}) Q \big] \}$$

$$\gamma_{Pb,S_2} = \exp\{ (RT)^{-1} \big[\alpha_{Pb-Cd}\, x_{Cd,S_2}^2 + \alpha_{Pb-Sn}\, x_{Sn,S_2}^2$$
$$+ (\alpha_{Pb-Cd} + \alpha_{Pb-Sn} - \alpha_{Sn-Cd}) x_{Cd,S_2} x_{Sn,S_2}$$
$$+ x_{Pb,S_2} x_{Sn,S_2} (x_{Sn,S_2} - x_{Pb,S_2} + 1) Q \big] \}$$

$$\gamma_{Sn,S_2} = \exp\{ (RT)^{-1} \big[\alpha_{Sn-Cd}\, x_{Cd,S_2}^2 + \alpha_{Pb-Sn}\, x_{Pb,S_2}^2$$
$$+ (\alpha_{Sn-Cd} + \alpha_{Pb-Sn} - \alpha_{Pb-Cd}) x_{Cd,S_2} x_{Pb,S_2}$$

$$+ x_{\text{Pb,S}_2} x_{\text{Sn,S}_2} (x_{\text{Sn,S}_2} - x_{\text{Pb,S}_2} - 1) Q]\}$$

式中

$$Q = \frac{\partial \, \alpha_{\text{Pb-Sn}}}{\partial \, x_{\text{Pb,S}_2}}$$

对于富 Sn 固溶体

$$\gamma_{\text{Cd,S}_3} = \exp\{(R T)^{-1} [\, \alpha_{\text{Pb-Cd}} \, x^2_{\text{Pb,S}_3} + \alpha_{\text{Sn-Cd}} \, x^2_{\text{Sn,S}_3}$$
$$+ (\alpha_{\text{Pb-Cd}} + \alpha_{\text{Sn-Cd}} - \alpha_{\text{Pb-Sn}}) \, x_{\text{Pb,S}_3} \, x_{\text{Sn,S}_3}]\}$$

$$\gamma_{\text{Pb,S}_3} = \exp\{(R T)^{-1} [\, \alpha_{\text{Pb-Cd}} \, x^2_{\text{Cd,S}_3} + \alpha_{\text{Pb-Sn}} \, x^2_{\text{Sn,S}_3}$$
$$+ (\alpha_{\text{Pb-Cd}} + \alpha_{\text{Pb-Sn}} - \alpha_{\text{Sn-Cd}}) \, x_{\text{Cd,S}_3} \, x_{\text{Sn,S}_3}]\}$$

$$\gamma_{\text{Sn,S}_3} = \exp\{(R T)^{-1} [\, \alpha_{\text{Sn-Cd}} \, x^2_{\text{Cd,S}_3} + \alpha_{\text{Pb-Sn}} \, x^2_{\text{Pb,S}_3}$$
$$+ (\alpha_{\text{Sn-Cd}} + \alpha_{\text{Pb-Sn}} - \alpha_{\text{Pb-Cd}}) \, x_{\text{Cd,S}_3} \, x_{\text{Pb,S}_3}]\}$$

8.4.3 三元系的偏摩尔体积

8.4.3.1 三元系中液相的组元 i 的偏摩尔体积

在7.4.1.3 小节,已经讨论了二元液相的诸偏摩尔体积。

$$\overline{V}_{i,\text{L}}(T, p, x_{i,\text{L}}) = V^0_{i,\text{L}}(T, p) + \overline{V}^{\text{E}}_{i,\text{L}}(T, p, x_{i,\text{L}}) \qquad (8-25)$$

$$V^0_{i,\text{L}}(T, p) = V^0_{i,\text{L}}(T_{\text{m}}, p_0) \exp[\alpha_{i,\text{L}}(T - T_{\text{m}}) - \beta_{i,\text{L}}(p - p_0)] \qquad (8-26)$$

$$\delta V_T(T, p, x_{i,\text{L}}) = \delta V_T(T_0, p_0, x_{i,\text{L}})$$

$$= \frac{\delta V_T(T_0, p_0, x_{i,\text{L}}) - \sum_i x_{i,\text{L}} \, V^0_{i,\text{L}}(T_0, p_0)}{\sum_i x_{i,\text{L}} \, V^0_{i,\text{L}}(T_0, p_0)}$$

$$= \sum_j d_j x^j_{i,\text{L}} \qquad (i = 1, 2) \qquad (8-27)$$

因无必要的数据,故不得已近似地假定 $\delta V_T(T, p, x_{i,\text{L}})$ 与温度、压力无关,在 7.3.4.1 小节中曾对做这种近似假定的理由做了说明。则

$$V^{\text{E}}_{\text{L}}(T, p, x_{i,\text{L}}) = \delta V_T(T_0, p_0, x_{i,\text{L}}) \sum_i x_{i,\text{L}} \, V^0_{i,\text{L}}(T, p)$$

$$= (\sum_j d_j x^j_{i,\text{L}}) \{ \sum_i x_{i,\text{L}} \, V^0_{i,\text{L}}(T_{\text{m}}, p_0) \exp[\alpha_{i,\text{L}}(T - T_{\text{m}})$$

$$- \beta_{i,\text{L}}(p - p_0)]\} \qquad (i = 1, 2) \qquad (8-28)$$

式中,所有的符号都已经在 7.3.4 小节中提到。组元 i 的原子质量 $m_i[i = 1(\text{Cd})$, $2(\text{Pb})$, $3(\text{Sn})]$、密度 $D_{i,\text{L}}[\text{g} \cdot \text{cm}^{-3}(T_{\text{m}}, p_0)$; Brandes; Smithells, 1983)]或摩尔体积 $V^0_{i,\text{L}}(T_{\text{m}}, p_0)$ (Gordon 1968; Marcus 1977)的数值列在表 8.3 中。

表 8.3　纯液态金属的摩尔体积

金属	$m_i/(\text{g·mol}^{-1})$	T_m/K	$D_L(T_m,p_0)/(\text{g·cm}^{-3})$	$V_L^0(T_m,p_0)/(\text{cm}^3·\text{mol}^{-1})$
Cd(1)	112.40	594	8.02	14.02
Pb(2)	207.19	601	10.68	19.55
Sn(3)	118.69	505	7.00	16.95

液态金属 Cd、Pb 和 Sn 的 $\alpha_{i,L}$ 和 $\beta_{i,L}$ 值已经在 7.3.4.3 小节中提到。

已知在常压 p_0 和 350℃,Cd-Pb 液态合金中的诸摩尔体积的实验值(Crawley 1973)和常压、575K 下 Cd-Sn 液态合金的 δV_T 的分离值(Kubaschewski 1956),从它们可以回归得到式(8-27)的系数 d_j,列于表 8.4。

表 8.4　式(8-27)中的系数 d_j 的值

d_j	Cd-Pb(x)	Cd(x)-Sn
d_1	0.035 86	0.145 29
d_2	−0.049 39	−0.358 59
d_3	0.018 54	−0.313 47
d_4	−0.006 619	3.272 72
d_5	0.001 932	−6.577 69
d_6	−0.000 314 8	5.617 95
d_7	—	−1.786 21

根据文献(Kubaschewski 1956;Catteral 1956),Pb-Sn 体系的 δV_T 值非常小,因而这个体系的 V^E 值可以忽略。

在得到三个二元系的 $V_{i,j}^E$ 表达式以后,Cd-Pb-Sn 体系的超额摩尔体积可以用 Hillert 不对称方法导出

$$V_m^E = \frac{x_2}{1-x_1} V_{12}^E(x_1,1-x_1) + \frac{x_3}{1-x_1} V_{13}^E(x_1,1-x_1) + \frac{x_2\,x_3}{\omega_{23}\,\omega_{32}} V_{23}^E(\omega_{23},\omega_{32})$$

$$(8-19)$$

$$\omega_{23} = \frac{1+x_2-x_3}{2}$$

$$\omega_{32} = \frac{1+x_3-x_2}{2}$$

$$\omega_{23} + \omega_{32} = 1$$

式中:V_m^E 是 Cd-Pb-Sn 三元体系的超额摩尔体积;V_{12}^E、V_{13}^E 和 V_{23}^E 分别是 Cd-Pb、Cd-Sn 和 Pb-Sn 诸二元系的超额摩尔体积。

Cd-Pb-Sn 体系中诸组元 i 的超额偏摩尔体积 $\overline{V}_i^E$ 值可由式(8-20)导出

$$\overline{V}_i^E = V^E + \frac{\partial V^E}{\partial x_i} - \sum_{j=1}^3 x_j \frac{\partial V^E}{\partial x_j} \qquad (i=1,2,3) \qquad (8-20)$$

式(8-28)和式(8-20)对 Cd-Pb-Sn 体系的三元的液态和固态相都有效。

将式(8-26)和式(8-20)代入式(8-25),可得到三元液相中的组元 i 的偏摩尔体积 $\overline{V}_{i,\mathrm{L}}(T,p,x_{i,\mathrm{L}})$ 的表达式。

8.4.3.2　固相 S_j 中组元 i 的偏摩尔体积 $\overline{V}_{i,S_j}(T,p,x_{i,S_j})$

因缺少 Cd-Pb-Sn 体系的诸固相的摩尔体积的数据,这些数据只能由诸二元系的数据来推算。

Pb-Cd 和 Pb-Sn 体系的富 Pb 固溶体的晶体结构都是 f.c.c. 类型的,它们在不同 $(T,p,x_{\mathrm{Cd,S}})$ 和 $(T,p,x_{\mathrm{Sn,S}})$ 条件下的摩尔体积可表示为

$$V_{\mathrm{Pb\text{-}Cd},S_2}(T,p,x_{\mathrm{Cd},S_2}) = V^0_{\mathrm{Pb,S}}(T,p)(1-0.049\ 726\ x_{\mathrm{Cd},S_2})^3$$

$$V_{\mathrm{Pb\text{-}Sn},S_2}(T,p,x_{\mathrm{Sn},S_2}) = V^0_{\mathrm{Pb,S}}(T,p)(1-0.028\ 8\ x_{\mathrm{Sn},S_2})^3$$

Sn-Cd 和 Sn-Pb 体系的富 Sn 固溶体的结构是正方晶系的,它们的摩尔体积 (cm^3) 可表为

$$V_{\mathrm{Sn\text{-}Cd},S_3}(T,p,x_{\mathrm{Cd},S_3}) = V^0_{\mathrm{Sn,S}}(T,p)(1-0.0378\ x_{\mathrm{Cd},S_3})^2 \cdot (1-0.0221\ x_{\mathrm{Cd},S_3})$$

$$V_{\mathrm{Sn\text{-}Pb},S_3}(T,p,x_{\mathrm{Cd},S_3}) = V^0_{\mathrm{Sn,S}}(T,p)(1+0.0732\ x_{\mathrm{Pb},S_3})^2 \cdot (1+0.0643\ x_{\mathrm{Pb},S_3})$$

和

$$V^0_{i,\mathrm{S}}(T,p) = V^0_{i,\mathrm{S}}(T_\mathrm{m},p_0)\exp[\alpha_{i,\mathrm{S}}(T-T_\mathrm{m})-\beta_{i,\mathrm{S}}(p-p_0)] \qquad (i=1,2,3)$$

$\alpha_{i,\mathrm{S}}$ 和 $\beta_{i,\mathrm{S}}[i=1(\mathrm{Cd}),2(\mathrm{Pb}),3(\mathrm{Sn})]$ 已经在 7.3.4.3 节中讨论过。$V^0_{i,\mathrm{S}}(T,p)$ 的数据(Gordon　1968)列在表 8.5 中。

表 8.5　正常熔点下纯固态金属的摩尔体积

金属	Cd	Pb	Sn
$V^0_\mathrm{S}(T_\mathrm{m},p_0)/(\mathrm{cm}^3 \cdot \mathrm{mol}^{-1})$	13.4	18.9	16.5

根据上述数据或表达式,可以推算出二元固溶体的超额摩尔体积 $V^\mathrm{E}_{ij}(T,p)(i,j=1,2,3;i\neq j)$。进一步可以根据 Hillert 式(8-19)得到的 $V^\mathrm{E}(T,p)$ 值,由式(8-20)推算出三元固溶体 $S_j(j=2,3)$ 的 $\overline{V}^\mathrm{E}_{i,S_j}(T,p,x_{i,S_j})$ 值,S_1 是纯 Cd 固相。将这些表达式代入下式

$$\overline{V}_{i,S_j}(T,p,x_{i,S_j}) = V^0_{i,\mathrm{S}}(T,p)+\overline{V}^\mathrm{E}_{i,S_j}(T,p,x_{i,S_j}) \qquad (8-29)$$

可得组元 i 在温度 T、压力 p 条件下的偏摩尔体积 $\overline{V}_{i,S_j}(T,p,x_{i,S_j})$ 的表达式。

现在式(8-6)中所有数据或表达式都计算出来了。根据 8.1.2 小节所述的原理,三元系相图中的第一类和第二类边界都可以计算出来。所以高压下 Cd-Pb-Sn 相图的垂直截面图和水平截面图都可以得到。

相同压力下一系列不同组成的体系的垂直截面图,见图 8.3(a)~(e);同一组成的体系在不同压力下的垂直截面图见图 8.4(a)~(c)。

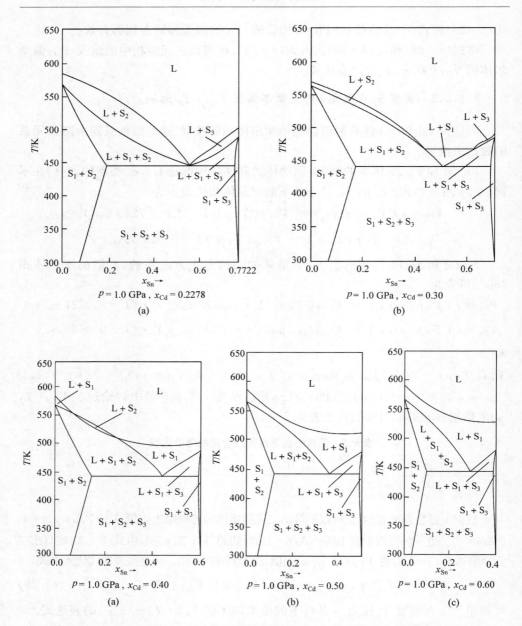

图 8.3　$p = 1.0$ GPa 的不同组成的 Cd-Pb-Sn 体系的垂直截面图

　　比较相同组成的三元系在不同压力的垂直截面图,可以看出增加压力导致固溶体的熔点温度和体系的三元共晶点升高。因为对于多元体系同样有

$$\frac{\mathrm{d}\,T}{\mathrm{d}\,p} = \frac{\Delta \overline{V}}{\Delta \overline{S}}$$

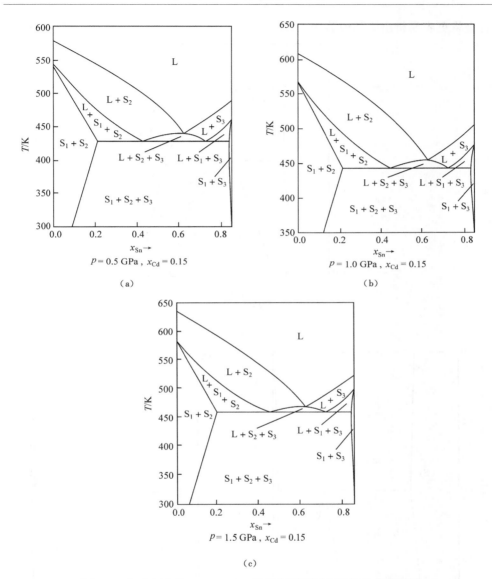

图 8.4　组成恒定的 Cd-Pb-Sn 三元系在不同压力下的垂直截面图

式中：$\Delta \overline{V}$、$\Delta \overline{S}$ 分别为合金从固态转变为液态的摩尔体积增量和摩尔熵增量。对于大多数合金，包括 Cd-Pb-Sn 合金，$\Delta \overline{V} > 0$ 和 $\Delta \overline{S} > 0$，所以 $\dfrac{\mathrm{d}T}{\mathrm{d}p} > 0$。

　　周维亚等还计算了在一定温度下的 p-x_i 垂直截面图（周维亚等　1990），见图 8.5(a)～(c)。

　　上述 p-x_i 相图很有趣，但用处不大。但从这些相图可以看出，增加压力，液态合金将更容易析出固相或凝固。

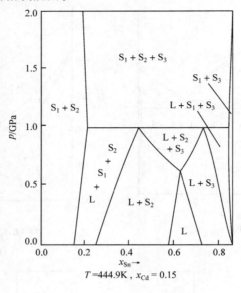

$T = 444.9K$, $x_{Cd} = 0.15$

（a）

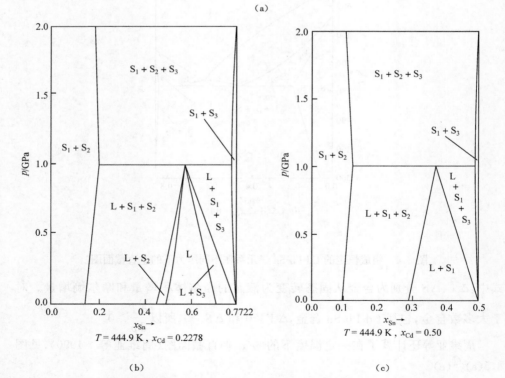

$T = 444.9 K$, $x_{Cd} = 0.2278$

（b）

$T = 444.9 K$, $x_{Cd} = 0.50$

（c）

图 8.5　温度恒定、组成不同的 Cd-Pb-Sn 体系的 $p\text{-}x_{Sn}$ 垂直截面图

此外,还计算了 $p=1\mathrm{GPa}$, $T=567.1\mathrm{K}$、$540\mathrm{K}$、$510\mathrm{K}$、$470\mathrm{K}$、$444.9\mathrm{K}$ 的一系列不同温度下的三元水平截面图,它们的图形大体相似,但彼此又略有区别。下面仅给出一张图,见图8.6。

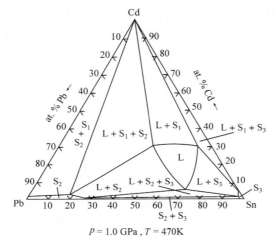

图 8.6 压力一定的条件下 Cd-Pb-Sn 体系的水平截面图

上述的计算表明,在相同压力下升高温度,液相区扩大,这是很自然的。这种情况和常压下的相图的情况相似。因此这里没有必要给出许多不同温度下的水平截面图来说明这一点。

还计算了温度恒定,$T=510\mathrm{K}$;压力不同,$p=0.5$ 和 $1.5\mathrm{GPa}$ 的条件下 Cd-Pb-Sn 三元系的水平截面图。见图 8.7(a)和(b)。

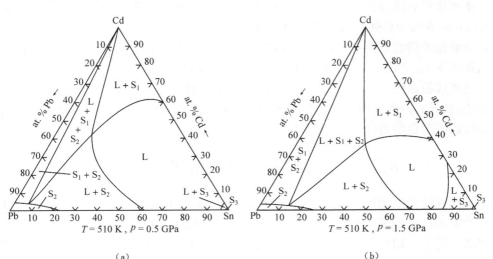

(a)   (b)

图 8.7 温度恒定、压力不同的 Cd-Pb-Sn 体系的水平截面图

从这两张图可以明显看出,在相同温度下,压力升高使液态相区缩小。这和上面讨论 p-x_i 相图时所得的结论是一致的。

还计算了 $p=1.0\text{GPa}$ 的三元液相线投影图,见图 8.8。从图上可以明显看出,随温度降低,液相区不断缩小,或者说,随温度升高,液相区扩大。这和前面图 8.6 前后所讨论的压力恒定、温度升高时液相区扩大的一系列 Cd-Pb-Sn 三元垂直截面图的情况是完全一致的。

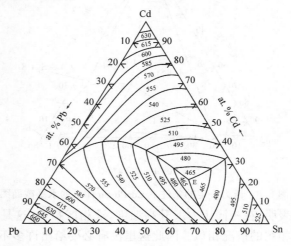

图 8.8　$p=1.0\text{GPa}$,Cd-Pb-Sn 体系的液相线投影图

赵慕愚等人还计算了高压下 Cd-Sn-Zn 体系的一系列垂直截面图、水平截面图和液相线投影图(赵慕愚等　1987;肖平等　1989;宋利珠等　1991)。高压下 Cd-Sn-Zn 体系的一系列垂直截面图和水平截面图与前面讨论过的高压下 Cd-Pb-Sn 体系的相关的截面图是相似的,从高压下 Cd-Sn-Zn 体系的有关截面图也可以得出与高压下 Cd-Pb-Sn 体系的相关截面图相似的种种结论,毋庸重复。此处只给出一张液相线投影图。从图上可以说明高压下,随温度降低,从液相中将不断地析出新固相,到低共晶温度则完全转变为固相。这种趋势与常压下的不同温度下的液相线投影图所显示的趋势完全相同。

8.5　用实验相图检验计算的高压相图

计算过程中,引用了几个近似假定,计算的高压相图的可靠性因此有必要通过实验验证。由于这个原因,周维亚、宋利珠等人用改进的高压差热分析(HPDTA)方法测定了 Cd-Pb-Sn 和 Cd-Sn-Zn 三元系的垂直截面(周维亚等　1988,1990;宋利珠等　1992,1993)。

采用纯度为 99.999% 以上的金属 Cd、Pb、Sn 和 Zn,制备出成分均匀的合金试样。随机地抽取一些合金试样进行了化学分析,测定结果与标称组成相符。HPDTA 是在活塞圆筒高压装置中进行的。传压介质是叶腊石,试样封装在由与

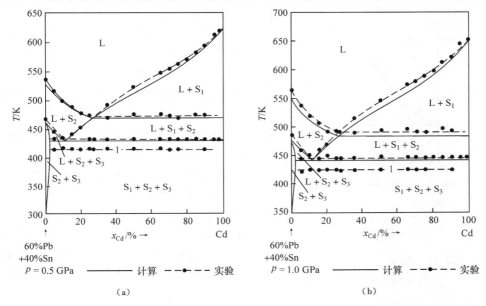

图 8.9　Pb%/Sn%=60/40 的 Cd-Pb-Sn 体系在不同压力下的垂直截面图

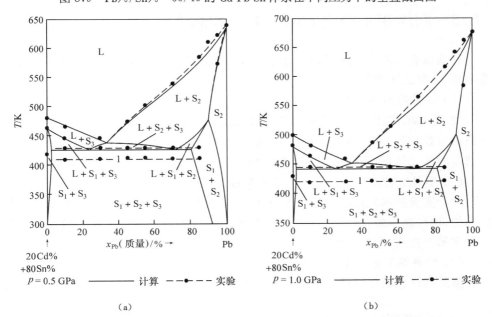

图 8.10　Cd%/Sn%=20/80 的 Cd-Pb-Sn 体系在不同压力下的垂直截面图

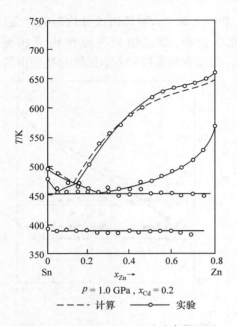

$p = 1.0 \ \text{GPa} , \ x_{Cd} = 0.2$

-　-　-　- 计算　　　—○— 实验

图 8.11　Cd-Sn-Zn 三元系垂直截面图
计算值与实验值的比较

热电偶材料相同的镍硅合金片制成的容器中,与焊接在上面的热电偶丝构成灵敏度很高的差热测量装置。在不同的压力下测定合金的 HPDTA 数据。

　　所有的实验都表明,计算的和实验的结果彼此符合得很好。Cd-Pb-Sn 体系的高压垂直截面的计算和实验结果的比较显示在下列的一系列图形中(周维亚 1990),见图 8.9(a)、(b)(Pb%/Sn%＝60/40 的不变值)和图 8.10(a)、(b)(Cd%/Sn%＝20/80 的不变值)。由于缺乏热力学数据,诸图中的线条 1 没有计算值,只有实验点。

另一个例子是 Cd-Sn-Zn 体系计算的和实验的高压相图的比较,见图 8.11。图中横坐标为摩尔分数。由图可见,计算的和实验的液相线彼此符合得很好(宋利珠等　1992,1993)。

8.6　高压相图的实验测定方法和热力学计算方法的比较[①]

　　和高压相图的实验测定相比,热力学计算比较简单、省时间。但是计算中有一些困难,主要的困难如下:

　　(1)缺乏热力学数据。

　　如所周知,高压多元相图的计算需要大量的热力学数据,而与高压有关的热力学数据很难查到。对于单一的组元来说,其高压热力学数据也许还可以查到,但对于选定的多元体系,要想查到所有组元的有关高压的热力学数据是很困难的。

　　(2)不是所有查到的高压热力学数据都足够准确。

　　由于实验技术发展水平的关系,有时候得到的实验数据和实验结果不是十分准确的,用在高压多元相图计算的热力学数据更是如此。它们中有些数据只能在一种文献上查到,无对比数据可资比较。

　　(3)计算结果必须用实验来验证。

　　虽然高压相图可以通过热力学计算来构筑。当无实验数据来验证它时,即使

----

①　宋利珠等,1993。

它可能是正确的,接受计算结果时,还是要小心从事。

实验测定是构筑高压多元相图的基本方法,HPDTA 方法以及其他方法已经用来为这个目的服务。但是实验测定这类相图还是没有广泛开展,因为它会遇到很多困难。这些困难如下:

(1) 实验设备的复杂性是其主要困难,以 HPDTA 来说,需要一个很大的压力发生装置、一组 DTA 设备以及大量的消耗材料。

(2) 高压相图(即使是高压下的几个垂直截面图)的测定的实验工作量就很大。一个三元高压相图的 HPDTA 实验测定,要想看清楚并比较不同压力下的空间相图的轮廓,至少需要测定 100 个样品,而且还要在 5 个不同的高压条件下测定。考虑到测试的成功率低以及需要保证实验的重现性,因而常常需要反复进行同一实验点的测定工作,这使实验工作量大大增加。不仅如此,高压凝聚相的表征需要原位 X 射线或回旋加速器等衍射方法,这些技术条件不是大多数研究者所能得到的。

(3) 实验数据的准确度不如期望的那样好,因为有许多因素影响数据的准确度。以低熔点的 Cd-Pb-Sn 体系为例,用 HPDTA 方法实验测定高压相图,其温度的准确度只有 ±4K。这个误差范围换算成为压力差时,在 Cd-Sn-Zn 体系大约相当于 0.3GPa,这和实验中设计的压力变化间隔大体相当。这就是说,设计的压力间隔较小时,实验中由于压力变化引起的相变温度的改变可能被实验误差所掩盖,从而降低测量的可信度。

总结起来,无论是单独采用实验测定或单独应用热力学计算,它们分别都有许多优点和缺点。上述的 Cd-Pb-Sn 和 Cd-Sn-Zn 体系高压相图的研究工作表明,计算结果和实验结果彼此都符合得很好,这意味着所用的计算方法是令人满意的,计算结果是可信的。作者认为,存在着一个有效的途径把热力学计算和实验测定结合起来。这就是:首先是理论计算高压相图,然后再用实验来验证。这种验证性的实验测定的工作量估计只有单纯用实验测定时的工作量的五分之一。为了计算高压多元相图,许多热力学性质特别是与压力效应有关的热力学性质需要测定、收集和汇编。最后,应该可以说,把理论计算和实验测定结合起来,是发展高压相图的研究的一条康庄大道。

第九章　普遍情况下相图的边界理论

9.1　引　　言

前几章,充分讨论了恒压相图和温度、压力、组成均可变化的相图的边界理论。实际上,要把这些不同的条件统一起来,讨论普遍情况下的相图的边界理论,则前面几章所讨论的上述两大类相图的边界理论只不过是普遍情况下的相图的边界理论的具体应用而已。本书之所以没有首先讨论普遍情况下的相图的边界理论,是因为这样做太抽象了。现在已有条件讨论这种普遍情况下相图的边界理论了。

9.2　普遍情况下的对应关系定理及其推论

根据以前讨论恒压及 $p\text{-}T\text{-}x_i$ 多元相图的边界理论的类似方法,只是把代表 T 和 p 的参变量数(2)换成是包括温度、压力在内的所有外参变量的数目(κ),就可以得出普遍情况下的相图中的对应关系定理

$$R_1 = (N - r - Z) - \Phi + \kappa \tag{9-1}$$

式中: R_1、N、r、Z、Φ 的意义同前面所讨论的一样。对于常见的恒压(或恒温)相图,$\kappa=1$;对于温度、压力和组成均可独立变化的相图,$\kappa=2$;若除温度和压力以外,还有其他的外参变量,则 $\kappa>2$。根据对应关系定理,已知 Φ,即可求 R_1。将这个定理应用于普遍情况下的相图,可以得到以下六条推论。应该指出,这些其他的外参变量对相变的影响要大到足以和 T、p 对相转变的影响相比拟,仅由于这种外参变量的变化就足以引起新的相转变,此时下面讨论的这些推论才有实际意义。

推论 1　在任一相图中,Φ 的变化范围。

两个相邻相区至少包含两个相,$\Phi \geqslant 2$;又因 $R_1 \geqslant 0$,按式(9-1)可写出

$$(N - r - Z) + \kappa \geqslant \Phi \geqslant 2$$

当 $r = Z = 0$ 时,

$$N + \kappa \geqslant \Phi \geqslant 2$$

推论 2　在任一相图中 R_1 的变化范围。

因 $R_1 \geqslant 0$,又 $\Phi \geqslant 2$,根据式(9-1),故有

$$(N - r - Z) + \kappa - 2 \geqslant R_1 \geqslant 0$$

当 $r = Z = 0$ 时,

$$N + \kappa - 2 \geqslant R_1 \geqslant 0$$

推论 3 在 $Z = r = 0$，$N \geqslant 2$ 的有多个外参变量的相图中，诸单相区仅能相交于 $(\kappa-1)$ 维共同相边界上，相边界维数 $R_1 = \kappa-1$，证明如下。

若两个单相区 f_i、f_j 相交于某一共同相边界，则这相边界上的各共同相点均有

$$x_{1,i} = x_{1,j}, x_{2,i} = x_{2,j}, \ldots, x_{N,i} = x_{N,j} \tag{9-2}$$

$x_{N,j}$ 表示第 N 个组元在第 j 个相中的摩尔分数，其他项类似。式(9-2)中共有 $(N-1)$ 个独立限制条件，故 $Z = N-1$，$\Phi = 2$，故

$$R_1 = [N - (N-1)] + \kappa - 2 = \kappa - 1$$

在整个相图中绝大部分情况下 $Z = 0$，但在相图的个别区域上 $Z \neq 0$，这是不矛盾的。

推论 4 在 $Z = r = 0$，$N \geqslant 2$ 的有多个外参变量的相图中，若两个相邻相区的共同边界的 $R_1 \geqslant \kappa$，则

$$\phi_C \geqslant 1$$

根据 ϕ_C 的定义，则显然有 $\phi_C \geqslant 0$。若能证明在所述条件下，$\phi_C \neq 0$，则 $\phi_C \geqslant 1$。下面用归谬法来证明这一点。现在假设这两个相邻相区的各个相互不相同，即 $\phi_C = 0$，而这两个相邻相区之间却有一个 $R_1 \geqslant \kappa$ 维的共同相边界。既然，这两个相邻相区之间有一个 $R_1 \geqslant \kappa$ 维的共同相边界，那么这两个相邻相区总得至少各有一个相相交于这条 $R_1 \geqslant \kappa$ 维的共同相边界上，故上述 $\phi_C = 0$ 的假设为谬。因此，若两个相邻相区间有 $R_1 \geqslant \kappa$ 维的共同相边界，则 $\phi_C \neq 0$；所以 $\phi_C \geqslant 1$。

推论 5 在 $Z = r = 0$ 的 $N \geqslant 2$ 的有多个外参变量的相图中，当 $R_1 \geqslant \kappa$ 时，ϕ_C 的变化范围为

$$(\Phi - 1) \geqslant \phi_C \geqslant 1 \tag{9-3}$$

首先讨论任一相区的最大相数 ϕ_{max}。因为根据相区的定义，它的维数与相图的维数相等。相图的维数 $R = (N-1) + \kappa$。$(N-1)$ 是独立的浓度变量的数目，κ 是浓度以外的其他参变量的数目。若相区的维数与相图的维数相等，则 κ 个外参变量至少都是独立可变的，即体系的自由度 $f \geqslant \kappa$。否则，若其中某个或某几个外参变量恒定，或者这些外参变量之间存在某种函数关系，则这个相区只能存在于某个或某些外参变量恒定的相图截面上，或者存在于某两个或某几个外参变量之间保持某种函数关系的曲面上，而不能存在于 $(N-1) + \kappa$ 维相图空间中；即这相区的维数必然小于 $(N-1) + \kappa$。既然，$f \geqslant \kappa$，则按相律，$\phi = N + \kappa - f$，则 $\phi_{max} \leqslant N$。又 $\phi_{max} \leqslant \Phi$，因部分只能小于、充其量等于全体。因此，$\phi_{max}$ 必须满足

$$\phi_{max} \leqslant \min\{\Phi, N\} \tag{9-4}$$

这是任一相邻相区的最大相数的规律。

当 $R_1 \geqslant \kappa$，按对应关系定理，$\Phi = N + \kappa - R_1$，故 $\Phi \leqslant N$；所以 $\phi_{max} \leqslant \Phi$。其次，

两个相邻相区的共同相的最大数目又必须比 Φ 小 1；否则，两个相区全同，即 $\phi_{c,max} \leqslant (\Phi-1)$。同时推论 4 已经证明在所述条件下，$\phi_c \geqslant 1$。综合以上两点，可以得到式(9-3)。

推论 6　$r=Z=0$ 的 $N \geqslant 2$ 的有多个外参变量的相图中，若 $(\kappa-1) \geqslant R_1 \geqslant 0$，则

$$\Phi - 2(\kappa - R_1) \geqslant \phi_c \geqslant 0 \tag{9-5}$$

首先讨论所述条件下的 $\phi_{c,min}$：根据 ϕ_c 的定义，$\phi_{c,min}$ 最小是 0，即 $\phi_c \geqslant 0$。然后讨论 ϕ_{max}。

因为所给条件为 $(\kappa-1) \geqslant R_1$，即

$$(\kappa - R_1) \geqslant 1 \tag{9-6}$$

而根据 $Z=r=0$ 的对应关系定理

$$\Phi = N + \kappa - R_1 \tag{9-7}$$

把式(9-6)代入式(9-7)，得

$$\Phi \geqslant (N+1)$$

按式(9-4)，$\phi_{max} \leqslant \min\{\Phi, N\}$，$\phi_{max} \leqslant N$，$\phi_{max}$ 取最大值，$\phi_{max} = N$。

因 $\phi_{max} = N < \Phi$，所以两个相邻相区中的每一个相区中的相数都可以是 N，而不至于两个相邻相区全同。即可以令 $\phi_1 = N, \phi_2 = N$，

$$\phi_{c,max} = \phi_1 + \phi_2 - \Phi = 2N - \Phi \tag{9-8}$$

把对应关系定理：$R_1 = N - \Phi + \kappa$，即 $N = \Phi - (\kappa - R_1)$ 代入式(9-8)

$$\phi_{c,max} = 2[\Phi - (\kappa - R_1)] - \Phi = \Phi - 2(\kappa - R_1)$$

即

$$\Phi - 2(\kappa - R_1) \geqslant \phi_c \tag{9-9}$$

综合 $\phi_c \geqslant 0$ 和式(9-9)，所以式(9-5)成立。

以上是普遍情况下的相图中有关 Φ、R_1 和 ϕ_c 的变化范围的六条推论。

9.3　普遍情况下的相图中边界维数 R_1' 与相边界维数 R_1 的关系

现在讨论 $Z=r=0$，$N \geqslant 2$ 且有 κ 个外参变量的任一相图中，R_1' 与 R_1 的关系。

(1) $R_1 \geqslant \kappa$ 时的情况。

在上述条件的相图中，当 $R_1 \geqslant \kappa$，则有

$$R_1' = R_1 + \phi_c - 1 \tag{9-10}$$

根据推论 4，当 $R_1 \geqslant \kappa$，则 $\phi_c \geqslant 1$。若 $\phi_c = 1$，则两个相邻相区之间只有一个 $R_1 \geqslant \kappa$

维的共同相边界,这个共同相边界同时也是两个相邻相区的边界,即 $R'_1 = R_1$。若 $\phi_c = 2$,则两个相邻相区间有两个 $R_1 \geqslant \kappa$ 维的共同相边界。在这两个共同相边界上对应的两个平衡相点的连线构成结线。当一个外参量变化时,诸结线随外参量变化而运动所构成的轨迹构成的边界,其维数比 R_1 大一维,即 $R'_1 = R_1 + \phi_c - 1 = R_1 + 2 - 1 = R_1 + 1$。若 $\phi_c = 3$,则两个相邻相区间有三个 $R_1 \geqslant \kappa$ 维的共同相边界,在这三个共同相边界上的对应的三个平衡相点的两两相连所成的三条结线构成一个平面三角形。当一个外参量变化时,诸平面三角形随外参量变化而运动所形成的轨迹构成的边界的维数比 R_1 大二维,即

$$R'_1 = R_1 + \phi_c - 1 = R_1 + 3 - 1 = R_1 + 2$$

若 $\phi_c > 3$,情况与此类似,仍有 $R'_1 = R_1 + \phi_c - 1$。实际上,与前面所讨论的情况相似。在这种情况下,把推广了的重心定律(Palatnik,Landau　1964)再推广,则处于边界上的体系的诸组元全分布在共同相中。因此,在一定条件下,当相点固定时,体系点分布在 ϕ_c 个共同相点所构成的 $(\phi_c - 1)$ 维超平面中。当条件变化,相点又可以在 R_1 维空间运动,则这 $(\phi_c - 1)$ 维超平面也可以在这 R_1 维空间运动,故总起来,体系点可以分布于其中的空间的总维数是 $(R_1 + \phi_c - 1)$。

(2) $R_1 \leqslant \kappa - 1$ 时的情况。

当 $R_1 \leqslant \kappa - 1$,此处只考虑当外参变量有变化时的相变情况,不包括仅由体系的总成分变化而引起的相区过渡的情况,则有

$$R'_1 = \kappa + \phi_c - 1 \tag{9-11}$$

这个关系式是通过对恒压相图和 $p\text{-}T\text{-}x_i$ 多元相图的分析类比和推理的方法得到的,目前尚无严格证明。

按对应关系定理 $\Phi = N + \kappa - R_1$,当 $R_1 \leqslant \kappa - 1$ 时,$\Phi > N$。在外参量有变化时,两个相邻相区间有 $\Phi > N$ 个相的共存区。现在验证一下式 (9-11) 对于恒压相图以及 $p\text{-}T\text{-}x_i$ 多元相图是否成立。

对于恒压相图,则 $\kappa = 1$。若 $R_1 = 0$,当外参量有变化时,两个相邻相区间有 $\Phi = N + \kappa = (N+1)$ 个相的共存区。按 $R'_1 = \kappa + \phi_c - 1$ 的关系式可得表 9.1。

表 9.1

ϕ_c	0	1
R'_1	$1+0-1=0$	$1+1-1=1$

这与 2.5.1.1 小节及其中的公式 $R'_1 = R_1 + \phi_c$ 所得的结论相同。

对于 $p\text{-}T\text{-}x_i$ 多元相图,$\kappa = 2$。若 $R_1 = 1$,当外参变量有变化时,两个相邻相区间有 $\Phi = N + 2 - R_1 = (N+1)$ 个相的共存区。按 $R'_1 = \kappa + \phi_c - 1$ 的关系式可得表 9.2。

表 9.2

ϕ_C	0	1
R_1'	$2+0-1=1$	$2+1-1=2$

这与 6.3.2.1 小节及其中的公式 $R_1' = R_1 + \phi_C$ 所得的结论完全相同。

同样,对于 $p\text{-}T\text{-}x_i$ 多元相图,$\kappa=2$ 时,若 $R_1=0$,当外参量有变化时,两个相邻相区间有 $\Phi = N + \kappa = (N+2)$ 个相的共存区。按 $R_1' = \kappa + \phi_C - 1$ 的关系式可得表 9.3。

表 9.3

ϕ_C	0	1
R_1'	$2+0-1=1$	$2+1-1=2$

这与 6.3.2.2 小节 $R_1=0$ 时的公式 $R_1' = R_1 + \phi_C + 1$ 所得的结论也相同。

综上所述,式(9-11)对恒压相图及 $p\text{-}T\text{-}x_i$ 多元相图都是完全适用的,对于 $\kappa \geqslant 3$ 的更复杂的相图,则有待于将来实验的验证了。

现在采用同前面讨论恒压相图中 R_1 与 R_1' 关系的类似论证方法,对式(9-11)做进一步的说明。前面已经指出在这种情况下,两个相邻相区间有一个 $\Phi = N + (\kappa - R_1)$ 个相的共存区。当 $\phi_C=0$ 时,两个相邻相区之间仍有 $(\kappa - R_1)$ 个共同的体系点。这一点也是综合恒压相图和 $p\text{-}T\text{-}x_i$ 多元相图的类似情况得到的。这 $(\kappa - R_1)$ 个共同的体系点和 ϕ_C 个共同相点总计为 $(\kappa - R_1) + \phi_C$ 个共同体系点(因共同相点也一定是共同体系点)。在一定条件下,当相点固定时,这 $(\kappa - R_1) + \phi_C$ 个共同体系点构成 $(\kappa - R_1) + \phi_C - 1$ 维的超平面,体系点分布于其中。当外参量变化时,这 $[(\kappa - R_1) + \phi_C - 1]$ 维的超平面的 $[(\kappa - R_1) + \phi_C]$ 个顶点可以在 R_1 维空间运动,则这 $[(\kappa - R_1) + \phi_C - 1]$ 维的超平面也可以在这 R_1 维空间运动。因此体系点分布的空间的总维数是 $R_1' = (\kappa - R_1) + \phi_C - 1 + R_1 = \kappa + \phi_C - 1$,这就是式(9-11)。

当 $R_1 \leqslant (\kappa - 1)$ 时,若两个相邻相区之间的过渡仅在体系的总成分有变化时才发生;则在相区过渡中,两个相邻相区间并不存在相数大于 $(\Phi_{max} = N)$ 的多个相的共存区,在这种情况下仍有

$$R_1' = R_1 + \phi_C - 1 \tag{9-10}$$

道理同前面一样,在这种情况下,处于边界的体系的诸组元基本上全都分布在 ϕ_C 个共同相中。在一定条件下,相点固定时,ϕ_C 个共同相点构成 $(\phi_C - 1)$ 维超平面,体系点分布于其中。当外参量变化,相点可在 R_1 维空间运动,这 $(\phi_C - 1)$ 维超平面因之又可以在 R_1 维空间运动,故体系点分布于其中的空间的总维数是 $(R_1 + \phi_C - 1)$,这就是式(9-10)。

9.4 普遍情况下的相图的边界理论的应用

前面导出了普遍情况下的相图中对应关系定理及有关 Φ、R_1 和 ϕ_c 的变化范围的六条推论,并得到了普遍情况下的相图中 R_1' 与 R_1 的关系。综合所有这些规律,就形成了普遍情况下的相图的边界理论。根据这个普遍情况下的边界理论,令 $\kappa = 1$,即得恒压(或恒温)相图的边界理论;令 $\kappa = 2$,即得温度、压力和组成均可独立变化的相图的边界理论;从而可以阐明所有这些不同类型的相图中相邻相区及其边界的关系。不仅如此,随着科学技术的发展,以后若需进一步研究 $\kappa \geqslant 3$ 的条件下的相图,则相图边界理论也不难从本文所述的普遍情况下的相图的边界理论推导出来,并加以应用。为了将来的可能需要,研究了普遍情况下的相图边界理论。从目前情况看,它只能概括恒压相图和 $p\text{-}T\text{-}x_i$ 多元相图的边界理论的意义。但这种研究蛮有兴趣,从长远看,很难预料它到底有没有实际意义。因为要使这种普遍情况下的边界理论在实际中有应用,就必须有这样一种外参量,它的变化对相结构或者说相转变的影响可以与温度、压力的变化的影响相比拟;仅由这种外参变量的变化,就足以引起新的相转变。从目前来说,还没有这种外参量。要是能有这种外参量,那是多么有趣啊!随着科技的发展,也许有一天能够实现。

第十章　相图的边界理论的若干应用

本章首先概括回顾了相图的边界理论在前面几章中讲过的应用,然后进一步说明这个理论在相图的其他方面的若干应用。

10.1　相图的边界理论的应用回顾

根据恒压相图的边界理论,推导了 Palatnik 和 Landau 的相区接触法则和 Gorden 边界规则。并根据推导过程,指出了它们不适用的范围以及产生这些不适用的原因。具体分析了单元、二元、三元、四元及四元以上相图中的相邻相区及其边界的关系,导出了构筑复杂的三元相图所必须遵循的十条经验规则。分析了三元体系的水平截面图和垂直截面图。从热力学原理分析了体系的相成分随体系的总成分的变化的规律,进而分析了互易盐对 Na^+,Mg^{2+}/Cl^-,SO_4^{2-} 与 NaCl(固)饱和的实验相图的边界线出现的错误。

第五章分析了多元水平截面图中的相邻的和不相邻的相区之间的边界的关系。在这基础上,根据有限的信息,粗略构筑了一个五元体系和一个八元体系的水平截面图。

第六章分析了 $p\text{-}T\text{-}x_i$ 多元相图中相邻相区及其边界的关系,即研究了这类相图的边界理论;在这基础上,第七、八章推导了计算二元和三元合金高压相图的热力学关系式,并由同事和同学们在没有任意可调参数的条件下,根据若干高压参数,计算了 Cd-Pb-Sn 和 Cd-Sn-Zn 两个三元系的合金高压相图以及相关的二元合金高压相图,计算了压力对 Cd-Pb-Sn 三元共晶温度的影响,并进行了相关高压计算相图的实验验证。实验合金高压相图与计算合金高压相图符合得较好。在此之前,三元合金高压相图的测定是没有先例的。因而该项工作得到了国际同行的高度评价。

综合起来,前面已经讨论了相图的边界理论的许多应用。下面进一步说明这个理论在相图的其他方面的应用。

10.2　Fe-Cr-C 垂直截面图[①] 的分析

Fe-Cr-C 三元系相图对研究不锈钢是有重要意义的。图 10.1 是 C 质量分数为 0.2%

---

① 　Perkner,1977。

的 Fe-Cr-C 体系的垂直截面图。在这个图上每条线的准确含义是什么？

能否从图上的边界线直接读出某些相的平衡成分来？

根据相图的边界理论可以明确回答这些问题。

在这个图上，C 的质量分数为 0.2%，仅只是体系的总成分中的 C 含量是固定的，而相成分中 C 的含量仍是可变的。垂直截面图虽然画在一个平面上，但从相点来看，仍有两个浓度变量和一个温度变量，与三元立体恒压相图相似，独立变量仍是三个。因此，分析清楚三元恒压立体相图中相应的边界的性质，则垂直截面上的有关边界的性质就比较容易理解了。若已知相邻相区中的相的组合，则 Φ 和 ϕ_C 为已知值，按恒压相图的边界理论，进一步可以分别求相图的和垂直截面的 R_1、R_1'、$(R_1)_V$ 和 $(R_1')_V$ 的值，这样相图的和垂直截面上边界的性质就清楚了。实际上前面已经讨论了三元垂直截面图的边界理论，可以直接应用它。但从立体相图的基本原理讨论起，便于理解，便于记忆和应用。这就是说，只要熟记相图边界理论的基本公式，加上对相图的正确理解，便可应用相图的边界理论来分析研究具体的相图问题。根据这种分析，可知图 10.1 上共有三类不同性质的边界线。

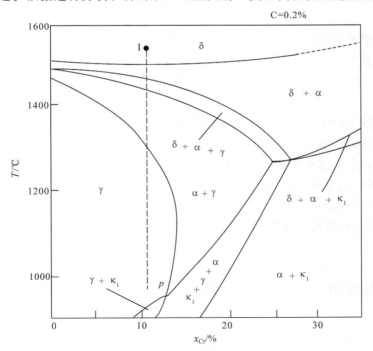

图 10.1 Fe-Cr-C 体系的垂直截面图

（1）$\Phi=2$、$\phi_C=1$ 时的情况。

$\delta/(\delta+\alpha)$、$\gamma/(\alpha+\gamma)$ 和 $\gamma/(\gamma+\kappa_1)$ 的三对相邻相区都满足 $\Phi=2$、$\phi_C=1$ 的条

件,故其边界的特性均为

$$R_1 = N - \Phi + 1 = 4 - \Phi = 4 - 2 = 2$$
$$R_1' = R_1 + \phi_c - 1 = 2 + 1 - 1 = 2$$

所以,立体相图中相应的边界是二维相边界曲面,由相点的集合构成。同时,

$$(R_1)_v = R_1 - 1 = 2 - 1 = 1$$
$$(R_1')_v = R_1' - 1 = 2 - 1 = 1$$

垂直截面图上相应的边界线是立体相图中二维相边界曲面在这个垂直截面图上的截线,所以也是相边界线,由相点的集合构成。因此,在一定温度下,从这些边界线上可直接读出它们的共同相(δ 或 γ 相)的平衡成分来。

(2) Φ＝3、φ_c＝2 时的情况。

(α＋γ)/(α＋γ＋δ)、(δ＋α)/(δ＋α＋γ)、(δ＋α)/(δ＋α＋κ₁)、(α＋κ₁)/(δ＋κ₁＋α)、(α＋κ₁)/(γ＋κ₁＋α)、(α＋γ)/(α＋γ＋κ₁)和(γ＋κ₁)/(α＋γ＋κ₁)等七对相邻相区满足 Φ＝3、φ_c＝2 的条件,故其相边界与边界的维数分别为

$$R_1 = 4 - \Phi = 4 - 3 = 1$$
$$R_1' = R_1 + \phi_c - 1 = 1 + 2 - 1 = 2$$

所以立体相图中相应的边界是由两条相边界曲线包围而成的边界曲面,只有体系点分布于其中。

$$(R_1)_v = R_1 - 1 = 1 - 1 = 0$$
$$(R_1')_v = R_1' - 1 = 2 - 1 = 1$$

垂直截面图上对应的边界线是立体相图中的边界曲面在这个截面上的截线,所以它们也仅是边界线,由体系点的集合构成。故从这些边界线上一般不能读出任何相平衡成分来。这些相的相平衡成分在垂直截面图上往往没有显示出来。

(3) Φ＝4、φ_c＝2 时的情况。

满足 Φ＝4、φ_c＝2 的条件的相邻相区计有(δ＋α＋γ)/(α＋γ＋κ₁)和(δ＋α＋κ₁)/(α＋γ＋κ₁)两对相邻相区的边界线,其相边界与边界的维数为

$$R_1 = 4 - \Phi = 0$$
$$R_1' = R_1 + \phi_c = 2$$

所以立体相图中的相边界是 4 个不变的相点,边界是一个平面,由体系点的集合构成。

$$(R_1)_v = R_1 - 1 = -1$$
$$(R_1')_v = R_1' - 1 = 2 - 1 = 1$$
$$(R_1')_v \neq (R_1)_v$$

因($R_1)_v$＝－1,故垂直截面上的边界线仅由体系点构成,因而在这个垂直截面上表现不出相点来。又因 R_1＝0,无变量,故其温度是固定不变的。所以垂直截面上

的这两条边界线应是同一条水平线。围绕这条线上的三个边界点的相邻相区为：$(\delta+\alpha)/(\alpha+\gamma+\kappa_1)$、$(\alpha+\gamma)/(\delta+\alpha+\gamma)/(\alpha+\gamma+\kappa_1)$、$(\delta+\alpha+\kappa_1)/(\alpha+\kappa_1)/(\alpha+\gamma+\kappa_1)$三组相邻相区均满足 $\Phi=4$，$\phi_c=1$ 的条件，故其边界的特性为

$$R_1 = 4 - \Phi = 4 - 4 = 0$$
$$R_1' = 0 + 1 = 1$$
$$(R_1)_v = R_1 - 1 = 0 - 1 = -1$$
$$(R_1')_v = R_1' - 1 = 1 - 1 = 0$$

所以这三个点都只是体系点而不是相点。

在图上还有一个边界点 p，其周围的相邻相区为$(\alpha+\gamma)/(\gamma+\kappa_1)$两个相邻相区，或$(\alpha+\gamma)/\gamma/(\gamma+\kappa_1)/(\alpha+\gamma+\kappa_1)$四个相邻相区，它们都满足 $\Phi=3$，$\varphi_c=1$ 的条件，故其边界的特性为

$$R_1 = 4 - \Phi = 4 - 3 = 1$$
$$R_1' = R_1 + \phi_c - 1 = 1 + 1 - 1 = 1$$
$$(R_1)_v = R_1 - 1 = 0$$
$$(R_1')_v = R_1' - 1 = 1 - 1 = 0$$

所以这个点既是共同的体系点，又是共同的相点，在这个点上可以直接读出所述相邻相区中的共同相——γ 相的相平衡成分。所以这一个点 $p(\Phi=3)$与上述 $\Phi=4$ 的边界线上的三个点的性质是不同的。

10.3　相图的边界理论在相图计算中的应用

10.3.1　利用相图的边界理论计算相图的一般原理

按本书介绍的方法，计算相图主要就是计算相邻相区的边界。从计算原理看，这与基于计算相区的边界的方法有所不同。根据相图的边界理论，可以把边界区分为两大类：相边界和边界。若相邻相区中某一边界的维数 R_1' 与相边界的维数 R_1 相等，则这条边界同时也是相边界，或称第一类边界。若 $R_1'>R_1$，则这条边界仅只是体系点组成的边界，或称第二类边界。确定了边界的性质，便有利于研究计算方法。对于相边界，只需要列出体系在一定温度下的有关平衡相点的相平衡方程组，求解，即可以得到平衡相点的成分。计算体系在不同温度下的一系列平衡相点，就可以得到相应的相边界线。对于仅是体系点集合的边界，在温度一定的条件下，首先由相平衡方程，计算出体系的在该温度的平衡相点的成分。再根据质量守恒定律，由平衡相点计算符合给定条件的体系点（边界点）的成分。计算一系列温度下的平衡相点和同一温度、给定条件下的体系点，便可以得到所需的边界线。计算出一系列的相边界线和边界线，便可以构筑所需的相图或其截面。

把 Φ、R_1、R_1' 等物理参数编入计算程序,便可以判断边界的性质,根据边界性质的不同,分别采用相应的计算方法。再配合有关的数据库或制作出特定体系的热力学参数的文件,加上不同情况下的热力学参数的特定算法,就可以编制出计算整个相图的计算程序,一次完成计算而不需要进行大量的试算。

10.3.2 Bi-Sn-Zn 三元系垂直截面图的直接计算[①]

作为利用相图的边界理论计算相图的一个实例,下面介绍如标题所示的垂直截面的直接计算过程。

根据前面已经讨论过的原理,可知对于这个三元系,只有 $\Phi=2$ 的边界才是相边界,即第一类边界,可以直接根据在一定温度下的一组相平衡方程求出其平衡相点来。当 $\Phi \geqslant 3$,则这些边界只能是由体系点构成的边界,对于这类边界,必须先计算出相关的平衡相点的成分,再根据质量守恒方程和各相应平衡相点的成分的计算值,求出符合条件的边界上的体系点的成分来。

10.3.2.1 一个规则截面的计算

图 10.2 是一个例子。

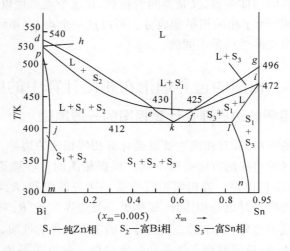

图 10.2 Bi-Sn-Zn 体系的一个垂直截面图

对于所述体系,因 $X_{Zn} = X_1 = 0.05$(摩尔分数,下同),则有

$$X_2 + X_3 = 0.95$$

① 傅则钟,徐宝琨,赵慕愚,1986。

（1）由图可见，de、ef、fg 三条线的相邻相区 $L/(L+S_j)$（$j=1,2,3$）的特性是，$\Phi=2$，$\phi_C=1$。因而这些边界的特性是 $R_1=2$，$R_1'=2$，$(R_1)_V=1$，$(R_1')_V=1$。这三条线都是相边界线，即共同相 L 的相边界线。以 de 线为例，在这条线上，体系点与 L 相的相点重合，即 L 相的相成分 $x_{1,L}$ 满足下式

$$x_{1,L} = X_1 = 0.05$$

$x_{i,j}$ 为组元 i 在第 j 个相中的摩尔分数［$i=1$（Zn），2（Bi），3（Sn）；$j=1$（L），2（S_2）］。

在 de 线上，L 与 S_2 两相平衡共存，按热力学原理可知

$$\frac{a_{i,L}}{a_{i,S_2}} = K_i \qquad (i=1,2,3)$$

$a_{i,L}$、a_{i,S_2} 为有关的活度，K_i 为分配系数。由于 $x_{1,L}=0.05$，$x_{3,L}=1-x_{2,L}-0.05=0.95-x_{2,L}$，故液相诸成分变量中仅有一个独立变量。对于固相 S_2

$$x_{3,S_2} = 1 - x_{1,S_2} - x_{2,S_2}$$

故处于边界上的体系中的两个平衡相中的成分变量中，只有 x_{1,S_2}、x_{2,S_2} 和 $x_{2,L}$ 是独立变量。在一定温度下，按一般热力学方法，可以由相平衡方程组求解，得到平衡相点的成分。计算一系列温度下的平衡相点，可以得到 de 线。按类似的方法可以计算出 ef 和 fg 线。e、f 两点分别是两组液相线（de，ef）、（ef，fg）的交点。

（2）he、ek、kf、fi、il、ln、mj 和 jp 八条边界线周围的各组相邻相区，都满足 $\Phi=3$ 和 $\phi_C=2$ 的条件。很容易计算得到这些边界线满足 $(R_1)_V=0$ 和 $(R_1')_V=1$ 的条件，故这些边界线不同时是相边界线。以 he 线［$(L+S_2)/(L+S_1+S_2)$］为例，这条线是第二类边界。其计算方法如下。

首先计算有关的平衡相点。在 he 线有 L、S_1 和 S_2 三相平衡共存，可以写出

$$\frac{a_{i,L}}{a_{i,S_1}} = K_{i,S_1} \qquad (i=1,2,3)$$

$$\frac{a_{i,L}}{a_{i,S_2}} = K_{i,S_2} \qquad (i=1,2,3)$$

因体系点与相点不再重合，$x_{1,L}=0.05$ 的条件不复存在，所以三个组元在 L、S_1、S_2 三个平衡相中共有 6 个平衡相成分是独立的。给定温度 T 后，则 K_{i,S_j} 一定。由以上 6 个独立方程求解，可以得到一定温度 T 下的一组平衡相的相点的成分。

然后求解在同一温度下符合条件的体系点的成分。当体系点落在 he 线上，按重心定律，体系中各组元基本上分布在共同相 L 和 S_2 中。写出一组质量守恒方程，根据平衡相点的成分，可以求解 he 线上给定温度下的一个体系点的成分。

按上述方法计算一系列温度下的相点和符合条件的体系点，便得 he 线。按类

似方法可以计算 ek 等其他边界线。

（3） j、k、l 三点可以分别由（jm，pj）、（ek，kf）、（il，ln）三组两条 $\Phi=3$ 的边界线的交点得到。把 j、k、l 三点连接起来，从而得到 jkl 的 $R_1=0$ 的边界线。这样，图 10.2 的垂直截面图便计算出来了。这个截面是一个规则截面。

10.3.2.2　一个非规则截面的计算

非规则截面上的大部分边界线都符合（R_1）$_v$ = R_1 － 1，（R_1'）$_v$ = R_1' － 1 的条件，可以按上述类似的方法进行计算。这种非规则截面上只有个别点，其维数与立体相图中相应的边界点的维数相同。对于这种非规则的边界点，首先要根据相邻相区中相的组合情况，分析、判断和确定这些特殊边界点的性质。然后按一般的热力学原理，也可以把它们计算出来。图 10.3 是计算出来的一个不规则截面，这个截面恰好通过三元低共晶点。所以后者以边界点的形式出现在图 10.3 上，它是相

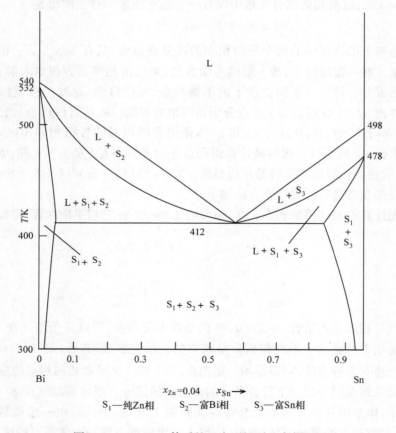

图 10.3　Bi-Sn-Zn 体系的一个不规则垂直截面图

邻相区 $L/(S_1+S_2+S_3)$ 的惟一的边界点。

综上所述,无论是规则截面或非规则截面,其计算原理都是类似的,都可以根据相图边界理论用一般热力学方法计算出来。

10.3.2.3　进一步的讨论

作者还计算了一系列的 x_{Zn} 恒定的垂直截面图,它们在成分三角形中的位置如图 10.4 所示。有了这一系列的垂直截面图,再结合 Bi-Sn、Sn-Zn 和 Zn-Bi 的三个二元系的实验相图,把它们构筑在一起,一个空间的 Bi-Sn-Zn 等压相图就展现出来了。用透明材料据此制作的三元系恒压立体相图模型很直观醒目,有利于教学过程中的讲授和学生的理解。

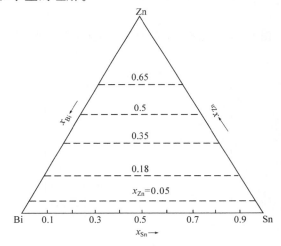

图 10.4　计算的几个 x_{Zn}＝常数的位置

除了某一组元的成分固定的垂直截面图以外,还可以计算以下两类垂直截面,这两类垂直截面的某一成分不是固定值,而只是保持某种函数关系。

(1) 这类垂直截面通过成分三角形的某一顶点(图 10.5),这时,垂直截面中有两个组元的成分互成比例。即计算了一个通过纯组元 Sn 的垂直截面,这个垂直截面的体系的组成满足 $x_{Zn}/x_{Bi}＝0.25$ 的条件(图 10.6)。

(2) 两个组元的成分之间保持线性关系的垂直截面(参看图 10.5)。并计算了体系组成满足下列条件

$$x_{Zn} = 0.4 - 0.5\,x_{Bi}$$

的垂直截面,计算结果见图 10.7。

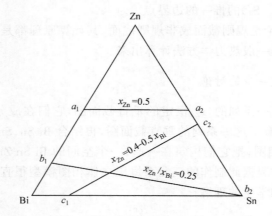

图 10.5　三元系组元成分之间可能存在的三种关系

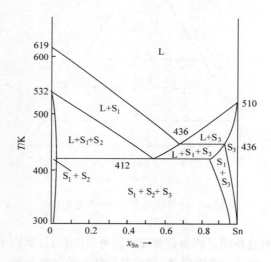

图 10.6　$x_{Zn}/x_{Bi}=0.25$ 的 Bi-Sn-Zn 三元系的垂直截面图

从组元成分之间的关系来看,在成分三角形中所能截出的直线只有如图 10.5 所示的三类截线,对应于这三类截线的垂直截面都可以根据这个计算方法计算出来。

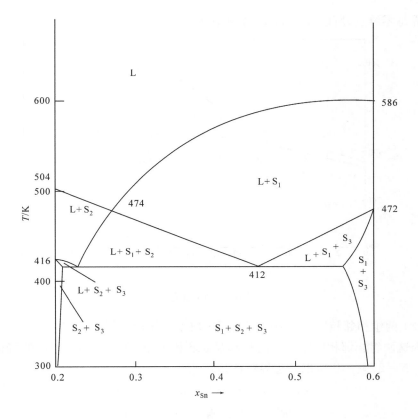

图 10.7　$x_{Zn}=0.4-0.5\,x_{Bi}$ 的三元垂直截面图

10.4　相图的边界理论在相图评估中的应用

绝大部分实验相图都是正确的、可靠的。但是也有个别相图由于这样或那样原因,使得相图的个别部分有错误或不够精确。在某些情况下,根据相图的边界理论有可能指出其错误所在。

10.4.1　In-Zr 相图[①]

图 10.8 给出的 In-Zr 相图有一些错误。

（1）在纯 Zr 端,a、b 两点分开是错误的。

因是纯组元 Zr,$N=1$,$\Phi=2$（单元系 α、β 两相平衡共存）,故

$$R_1 = N - \Phi + 1 = 1 - 2 + 1 = 0$$

---

①　Brandes,1983。

相边界是零维点,所以线段 ab 应合为一点。

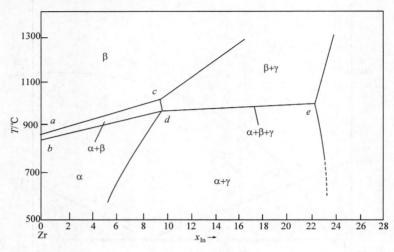

图 10.8　In-Zr 相图

(2) 两组相邻相区 $(\alpha+\beta)/(\beta+\gamma)$ 和 $(\beta+\gamma)/(\alpha+\gamma)$ 的边界有误。

因这两组相邻相区中的不同相都是 α、β 和 γ 相,这两组相邻相区的特征都是 $\Phi=3$, $N=2$, $\phi_c=1$,所以其边界特性是:

$$R_1 = N - \Phi + 1 = 2 - 3 + 1 = 0$$

$$R_1' = R_1 + \phi_c = 0 + 1 = 1$$

故 cd、de 两条线应合为一条水平线,是等温的。而图中 cd、de 两条线都不是水平的,说明它们是错误的。正确的相图应该是一个转熔型相图。图 10.9 是根据相图

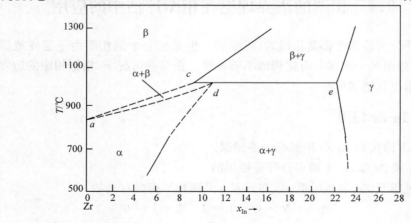

图 10.9　修正的理论上正确的 In-Zr 示意相图

的边界原理画出的一张理论上正确的示意图。奇怪的是 Brandes 主编的 Smithells 书第 5 版(1976)和第 6 版(1983)都有这个相图,而且都没有改动。这是不应该的。

10.4.2 稀土元素之间的相图[①]

由于稀土元素之间性质极为相近、分离提纯困难;有些不同的稀土元素的熔点差别又不是太大,所以相图测定不容易做到很精确。

图 10.10 所示的 Er-Ho 相图(Brandes 1983)是不够精确的,按相图的边界理论:"诸单相区仅能相交于个别相点上。"故 L 和 HCP 两个单相区不可能交于一条相边界线上。因此,很可能是两个单相区之间夹一个两相区 L+HCP。这个两相区与单相区 L 和 HCP 之间[即 L/(L+HCP)与(L+HCP)/HCP 之间]分别有一条一维的相边界线。因相邻相区的 $\Phi=2, \phi_c=1$,故

$$R_1 = N - \Phi + 1 = 2 - 2 + 1 = 1$$
$$R_1' = R_1 + \phi_c - 1 = 1 + 1 - 1 = 1$$

故边界线与相边界线的维数都是一维的,其图形应如图 10.10 中的虚线所示。

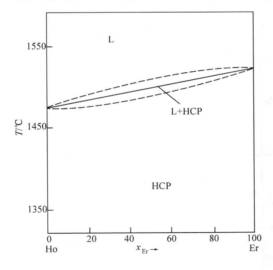

图 10.10 Er-Ho 相图
(虚线之间的两相区的宽度是夸大了的)

运用与上类似的推理方法可知,图 10.11 的 Dy-Er 相图(Brandes 1983)和图 10.12 的 Dy-Ho 相图也都是不够精确的。L 与 BCC、L 与 HCP、BCC 与 HCP 等三组的单相区之间均应夹一个两相区。它们分别是相区 L+BCC、L+HCP 和 BCC+

---

① Brandes, 1983。

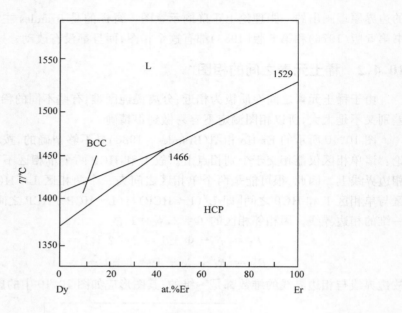

图 10.11　Dy-Er 相图

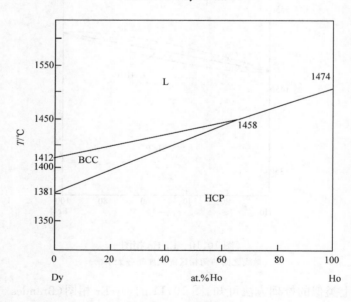

图 10.12　Dy-Ho 相图

HCP。另外在(L+HCP)/(L+BCC)、(L+HCP)/(BCC+HCP)两组相邻相区之间所有的不同相均为 L、BCC 和 HCP,故 $\Phi=3$, $\phi_C=1$,

$$R_1 = N - \Phi + 1 = 2 - 3 + 1 = 0$$

$$R_1' = R_1 + \phi_c = 0 + 1 = 1$$

所以在这两组相邻相区之间应有一条恒温的由体系点构成的水平边界线。根据这一理论推断,可以把 Dy-Er 体系应该有的相图的形状夸张地画为图 10.13。作者未发表的工作中,曾根据热力学原理计算过这两类相图,所得的结果确实与这一理论推测所指示的图形相符(如对于 Ho-Er 体系的图 10.10 的虚线及对于 Dy-Er 体系的图 10.13 所示)。G.J.Shiflet *et al*.(1979)也做过类似的计算,所得图形(如 Dy-Er 相图)与图 10.13 所给出的图形也相似。

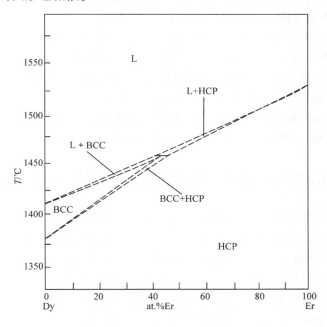

图 10.13　理论上正确的 Dy-Er 相图

(图形的两相区宽度是夸张的)

作者在相图手册上还曾找到过几个有一定缺陷的实验相图。若系统查阅相图手册,当可发现更多的有这样或那样问题的相图。

根据以往的经验,实验相图的错误常发生在 $R_1 = 0$ 的无变量转变过程的相邻相区中,这类错误不难由相图的边界理论找出来并加以修正。另外在 2.7 节,已经根据热力学基本关系式应用于研究相成分随体系总成分的变化的研究,得出一些规律。根据这些规律,有时候还可以用以判断给定相区里相的组合的正误以及边界线的走向。这些规律对判断和修正相图的正误有帮助。请参看 2.7 节以及 5.3 节。

10.5   相图的边界理论在相图测定中的应用

(1) 在相图测定中,当工作只进行了一部分时,应用相图边界理论可以把所需相图粗略地勾画出来,这有利于布置新的实验点。当实验数据还不够充分时,应用相邻相区及其边界的关系作指导,可连接不同相区之间的边界线,并进一步指导新的实验点的布置。当实验数据出现某些假象时,利用相图边界理论可以判断实验曲线可能出现的谬误;少走弯路,缩短实验时间,提高工作效率。

(2) 根据相图的边界理论,作者新近设计了一个实验方案,可以测定在一定温度下,五元体系中有两个组元的成分固定的水平截面图。设计的实验方法也是新的。实验完成之后,可以给出这个水平截面图比较完全的信息:相图中包含哪几个相,哪些相区,每一个相区中包含哪些相,相邻相区的边界线和边界点的准确位置。这种相图与实际材料的实用相图很接近了。它将对高新技术中材料的设计、研制和一般材料的制备、热处理等加工以及使用过程会有一定参考价值。

10.6   相图的边界理论在相图教学中的应用

因为相图由相区及其边界组成,阐明相邻相区及其边界的关系等于阐明了相区及其边界如何构成相图的规律,这对学生理解和应用相图极为有益。

《物理化学分析》(北京:高等教育出版社,1987)一书的作者、西北大学化学系已故的陈运生教授,以及《多体系相图》(北京:北京大学出版社,2002)一书作者、成都理工大学化工系殷辉安教授都在他们的研究生课程和培养中引用了相图的边界理论,收到了较好的效果。陈运生在 1990 年 10 月 22 日为《相律的应用及其进展》一书(赵慕愚 1988)请奖所写的材料中称:"本人在以相图分析为主要内容的'物理化学分析'教学中,有幸能较早地把该定理作为教学内容进行过多次讲授。并把该著作介绍给学生,深化其对相边界的认识,并拓开其眼界。同时,又以该书推导的严谨作为示范,教育学生,感到得心应手。学生反映:学习兴趣浓厚,收获不小。"还有一个大学在本科生的物理化学基础课中讲授了这个理论,学生听得兴趣盎然。现在编写的这本新书和 1988 年版的原书相比,内容扩展了很多,质量有很大提高。愿意钻研理论的学生学习起来,兴趣可能会更浓一些。

作者感到在应用相图比较多的专业或课程中,尝试讲授这个理论是有益的。因为这可以使学生掌握相区及其边界构成相图的规律,缩短学生学习复杂相图的过程,加深学生对相图的理解,提高学习相图的兴趣。另外让学生阅读本书,可能有助于培养学生的逻辑推理能力。

参 考 文 献

傅鹰.1963.化学热力学导论.北京:科学出版社

傅则钟,徐宝琨,赵慕愚.1986.Bi-Sn-Zn 三元合金体系的垂直截面图的直接计算.中国科学 B 辑,(11):1143
～1149

郭其悌.用拓扑结构研究多体系相图的系列文章.中国科学 B 辑.1979,800;1980,172;1980,461;1981,211;
1982,79;1985,62;1986,184;1988,1334;1989,419

梁敬魁.1993.相图与相结构(上册).北京:科学出版社

宋利珠.1993.三元合金体系高压相图研究.长春:吉林大学.博士论文

赵慕愚.1981.Brinkley 公式的补充.长春:吉林大学自然科学学报,(4):103

赵慕愚.1982.四元及四元以上恒压相图的边界理论.长春:吉林大学自然科学学报,(1):103

赵慕愚.1988.相律的应用及其进展.长春:吉林科学技术出版社

赵慕愚.1990.应用相图边界理论勾画多元恒温截面相图.高等学校化学学报,11(6):622～627

赵慕愚,肖良质.1983.相成分随总成分变化的规律.长春:吉林大学自然科学学报,(1):119

周维亚.1990.Cd-Pb-Sn 合金体系高压相图的实验测定与热力学计算.长春:吉林大学.博士论文

Ageev N V.1959～1978.Phase diagrams of metallic systems.Vol.1～22.Moscow:Acd.Sci.USSR

Bale C W,Pelton A D,Regand M.1977.The measurement and analytical computation of thermochemical properties in a
quaternary system.Cd-Sn-Bi-Zn.Metallkde Z.Bd.68,H.1.69～74

Barin I,Knacke O,Kubaschewski O.1977.Thermochemical properties of inorganic substances.Supplement.Berlin:
Springer-Verlag

Barin I.1989.Thermochemical Data of Pure Substances.Part I and II.Weinheim:VCH

Blair S.1978.Predicting the compressibility of liquid metals.J.Inor.Nucl.Chem.40(6):971～974

Brandes E A.1998.Smithello Metals Reference Book.7th ed.London:Butterworth_Heinemann.1983.6th ed.London:
Butter worth & Co.,Ltd.

Brinkley S R.1946.Note on the Conditions of equilibrium for systems of many constituents.J.Chem.Phys.,14:563
～564,686

Brouwer N,Oonk H A J.1979.A direct method for the derivation of thermodynamic excess functions from TX phase dia-
grams.Z.Physik Chem.Neue Folge,Bd.,117:56～57

Chase M W,et al.1985.JANAF Thermochemical Tables.3rd ed.NewYork:Amer.Inst.Physics

Chen X L,Liang J K,Chen Z,et al.1991.Thermodynamic calculation of atmospheric pressure and high pressure ($P=$
2500 atm.) phase diagram of $LiIO_3$-$NaIO_3$ binary system.CALPHAD,15(2):185～194

Chou K C.1987.A new solution model for predicting ternary thermodynamic properties.CALPHAD,11(3):293～300

Chou K C,Chang Y A.1989.A study of geometrical model.Ber.Bunsenges Phys.Chem.94:735～741

Chou K C,Wei S K.1995.A general solution model for predicting ternary thermodynamic properties.CALPHAD,19(3):
315～325

Chou K C,Wei S K.1997.A new generation solution model for predicting thermodynamic properties of a multicomponent
system from banaries.Metall.Mater.Trans.B 28B(3):439～445

Clark J B,Metcalfe B,Oaccy R A and Richer P W.1980.High pressure study of Cd-Sn binary system.J.Less-Common
Metals,71:33～45

Clark J B,Ricther P W.1980.The determination of composition-temperature-pressure phase diagram of binary alloy systems. High Pressure Sci. Tech. Proc., 7th Int. AIRAPT Conference, 1: 363~371

Clark J B, Thomas M E, Ricther P W. 1987. Binary alloy system at high pressure. J. Less-Common Metals, 132: 181 ~194

Clark S P. 1966. Handbook of Physical Constant. New York: The Geological Soc. of Amer. Inc.

Crawley A F. 1972. Densities and viscosities of some liquid alloys of Zinc and Cadmium. Metal. Trans., 3(4): 971

Elliott R P. 1965. Constitution of Binary Alloys. 1st suppl. New York: Mc Graw-Hill

Gibbs J W. 1950. The Collected works of J. W. Gibbs. Vol. 1. New Haven: Yale University Press

Gordon P. 1968. Principles of Phase Diagrams in Materials Systems. New York: Mc Graw-Hill

Gray D E. 1963. American Institute of Physics Handbook. 2nd ed. Amer. Inst. of Physics. New York: Mc Graw-Hill

Gupta H, Morral J E, Nowotny H. 1986. Constructing multicomponent phase diagrams by overlapping ZPF lines. Scripta Metallurgica, 20: 889~894

Hansen M, Anderko K. 1958. Constitution of Binary Alloys. 2nd ed. New York: Mc Graw-Hill

Hillert M. 1980. Empirical methods of predicting and representating thermodynamic properties. CALPHAD, 4 (1) : 1~ 13

Hillert M. 1985. Principles of phase diagrams. International Metals Rev. 30 (2) : 45

Hillert M. 1988. Constructing multicomponent phase diagrams using ZPF lines and Schreinemakers' rule. Scripta Met. 22: 1085

Hillert M. 1993. Gibbs' phase rule applied to phase diagrams and transformations. J. Phase Equil. 14 : 418

Hillert M. 1995. Le Chatelier's principle-restated and illustrated with phase diagrams. J. Phase Equil. 16: 403

Hillert M. 1998. Phase Equilibria, Phase Diagrams and Phase Transformations, Their Thermodynamic Basis. Cambridge: Cambridge University Press

Hultgren R, Desai P D, Hawkings D T, et al. 1973. Selected values of thermodynamic properties of the elements. Metals Park, Cleveland, Ohio: Amer. Soc. For Metals

Hultgren R, Orr R L, Anderson P D, et al. 1973. Selected values of thermodynamic properties of binary alloys. Metals Park, Cleveland, Ohio: Amer. Soc. for Metals

John F. Cannon. 1974. Behavior of elements at high pressures. J. Phys. Chem. Ref. Data, 3: 781~823

Kaufman L, Berstein H. 1970. Computer Calculation of Phase Diagrams. New York: Academic Press

Knacke O, Kubaschewski O. 1991. Thermochemical Properties of Inorganic Substances. Berlin: Springer Verlag

Kohler F. 1960. Zur berechnung der thermodynamischen daten eines ternaren systems aus den zugehorigen systems. Monat fur Chemie, 91: 738

Kubaschewski O, Alcock C B. 1979. Metallurgical Thermochemistry. 5th ed. New York: Pergamon Press

Kubaschewski O, Catterall J A. 1956. Thermochemical Data of Alloys. New York: Pergamon Press

Landolt-Borstein. Numerical data and functional relationships in science and teechnology, New Series. Hellwege K H, Madelung O, ed. Berlin: Spring-Verlag, Group IV, Vol. 4, High-pressure properties of matter, 1980; Vol. 5, Melting point equilibria of alloys, 1985

Leo Merril. 1977. Behavior of AB-type compounds at high pressures and high temperatures. J. Phys. Chem. Ref. Data, 6 (4): 1205~1252

Levin G N, et al. 1964. Phase diagrams for ceramists. Columbus. Ohio: Amer. Ceram. Soc. 11 supplements to 1996

Liu Hengli, Song Lizhu, Zhao Muyu. 1990. A study of molar volumes of ternary alloy solid solutions. J. Less-Common Metals, 166: 271~281

Liu Hengli, Song Lizhu, Zhao Muyu. 1990. Excess molar volumes of lead-based α-phase solid solution in (Pb+Bi+In) at

298.15K. J. Chem. Thermodynamics, 22: 821

Lukas H L, Weiss J, Henig E.-Th. 1982. Strategies for calculation of phase diagrams. CALPHAD, 6(3): 229~251

Marcus Y. 1977. Introduction to Liquid State Chemistry. New York: John Wiley and Sons

Massalski T B, Okamoto H, Subramanian P R, Kacpzak L. 1990. Binary Alloy Phase Diagrams. 3 vols, 2nd ed. Metals Park, Cleveland, Ohio: ASM International

Moser Z, Zabdyr L, Pelton A. 1975. Thermodynamic properties of liquid Cd-Pb-Sn solution and analytical calculation of the phase diagram. Canadian Metallurgical Quarterly, 14 (3): 257~264

Palatnik L S, Landau A I. 1964. Phase Equilibria in Multicomponent Phase Diagrams. New York: Holt Rinehart and Winston, Inc

Pearson W B. 1967. Handbook of Lattice Spacings and Structures of Metals and Alloys. Oxford: Pergamon Press

Pelton A D. 2001. Phase transformations in materials. In :Kostorz G, ed. Weinheim: Wiley-VCH, Chapter 1, Section 9, General phase diagram geometry, 56~64

Perkner D, Berstein I M. 1977. Handbook of Stainless Steels. New York: Mc Graw-Hill Inc.d9~7

Rhines F N. 1956. Phase Diagram in Metallurgy. New York: Mc Graw-Hill

Schreinemakers F A H. Proc. K. Akad. Wetenschappen, Amsterdam (Section of Sciences), 18:116

Shiflet G I, et al. 1979. CALPHAD, 3(2): 129

Shunk F A. 1969. Constitution of Binary Alloys. 2nd suppl. New York: Mc Graw-Hill

Song Lizhu, Yang Hua, Xiao Ping, et al. 1993. Phase diagrams of ternary alloy system at high pressure. J. Alloys and Compounds, 196 : 229~234

Song Lizhu, Yang Hua, Zhao Muyu. 1992. Determination of the phase diagrams of the Cd-Sn(0.2)-Zn ternary system at high pressure. J. Alloys and Compounds, 187: 137

Toop G W. 1965. Predicting ternary activities using binary data. Trans . Met. Soc. AIME. 233: 850~854

Villars P, Calvert L D. 1991. Pearson's handbook of crystallographic data for intermetallic phases. Metals Park, Cleveland, Ohio: Amer. Soc. For Metals

Villars P. et al. 1995. Handbook of ternary alloy phase diagrams. 10 vols. Metals Park, Cleveland, Ohio: ASM

Wasbburn E W. 1926~1933. International Critical Tables . National Research Council, New York: Mc Graw-Hill Inc. Vol. 1~7

Wu H C. 1992. Thermodynamic calculation of partial phase diagram of Al-Si alloy at high pressure. J. Mater. Sci. Letters, 11(1): 1~5

Xiao Ping, Song Lizhu, Kang Hongye, Zhao Muyu. 1988. The calculation of P-T-X$_i$ phase diagrams of Cd-Sn, Cd-Zn and Sn-Zn binary systems. J. Less-Common Metals, 144:1~13

Xiao Ping, Zhao Muyu. 1989. The calculation of P-T-X$_i$ high pressure phase diagram of Cd-Sn-Zn ternary system. High Temp-High Pressures, 21(4): 441~445

Zeggeren F Van, Storey S H. 1970. The Computation of Chemical Equilibria. Chapter 2, The foundations of chemical equilibrium computation. Cambrage: Cambrage University Press

Zemansky M. W. 1968. Heat and Thermodynamics. 5th ed. New York: Mc Graw-Hill Inc

Zhao Muyu, Fan Xiaobao. 1985. The relation between the dimensions of the boundary and phase boundary in isobaric phase diagrams. Scientia Sinica, Ser. B, 28 (5): 458

Zhao Muyu, Fu Zezhong, Xu Baokun. 1986. Method of the direct calculation of vertical sections in isobaric phase diagrams. High Temperature Science, 22 (2): 15~22

Zhao Muyu, Wang Zichen, Xiao Liangzhi. 1992. The determination of the number of independent components by Brinkley's method. J. Chem. Educ., 69(7): 539

Zhao Muyu, Xiao Ping, Kang Hongye. 1987. The principles of calculation of high pressure multicomponent phase diagrams. High Temperatures-High Pressures, 19: 513~518

Zhao Muyu, Xu Baokun, Fan Xiaobao, Fu Zezhong. 1986. Progress in the theorem of the corresponding relation in isobaric phase diagrams and its application. High Temperature Science, 22 (2): 1~14

Zhao Muyu, Zhou Weiya, Song Lizhu. 1992. Calculation of high pressure phase diagrams of alloy system. J. Phys. Chem. Solids, 51: 921

Zhao Muyu. 1983. The application of theorem of corresponding relation and its corollaries for P-T-X_i multicomponent phase diagrams. Scientia Sinica, Ser. B, 26(3): 274

Zhao Muyu. 1983. The theorem of corresponding relation between neighboring phase regions and their boundaries in phase diagrams. CALPHAD, 7(3): 185~199

Zhao Muyu. 1985. The relation between the dimensions of the boundary and phase boundary of the P-T-X_i multicomponent phase diagram. Scientia Sinica, Ser. B, 28 (6) : 655

Zhao Muyu. 1992. The boundary theory of isobaric phase diagrams. In: Tang Youqi ed. Advances of Sciences of China. Beijing: Science Press, Chemistry, 4: 147~162

Zhao Muyu. 1996. The Theory and Calculation of P-T-X_i Multicomponent Phase Diagrams. New York: Nova Science Publ. Inc

Zhou Weiya, Shen Zhongyi, Zhang Yun, Zhao Muyu. 1988. Effects of pressure on the eutectic or eutectoid temperatures of Cd-Pb, Cd-Sn, Pb-Sn and Cd-Pb-Sn system. J. Less-Common Metals, 143: 59

Zhou Weiya, Shen Zhongyi, Zhang Yun, Zhao Muyu. 1988. The determination of high-pressure vertical sections of Cd-Pb-Sn ternary system. High Temperatures-High Pressures, 20: 561

Zhou Weiya, Song Lizhu, Wu Fengqing, Zhao Muyu. 1992. Optimization of thermodynamic properties and calculation of phase diagrams for the Cd-Sn system at high pressure. High Temperatures-High Pressures, 24: 511~518

Zhou Weiya, Song Lizhu, Zhao Muyu. 1990. Calculation of high-pressure phase diagrams of binary system. J. Less-Common Metals, 160: 237~245

附录

不求闻达、惟求真知的一生

——美国物理学家 Gibbs 传略

赵慕愚　肖良质[①]

1839 年 2 月 11 日,吉布斯(Josiah Willard Gibbs)生于美国康涅狄格州纽黑文城 (New Haven,Connecticut),1903 年 4 月 28 日在同一个城市逝世,享年 64 岁。

Gibbs 的祖先大约在 1658 年从英格兰迁居波士顿。Gibbs 家学渊源。他的母亲 是一位博士的女儿,她的祖先中至少有两位是耶鲁学院的毕业生,其中有一位还曾任 新泽西学院的首届院长。从 Gibbs 的父系看,祖上五代都毕业于哈佛大学。Gibbs 的 父亲则毕业于耶鲁学院,从 1824 年到 1861 年,他一直是耶鲁学院的宗教文学教授; 在同时代的人们中,他是以学识渊博而著称的。他为人谦逊,工作作风细致严谨,并 有不少著作;他对 Gibbs 个性的形成有极大的影响。

Gibbs 是他父母的第四个孩子,是家庭中惟一的男孩。他在 1854 年入耶鲁学院。 学习期间,他因拉丁语和数学成绩卓越而数度获奖。他于 1858 年毕业。随后,Gibbs 继续留校深造,于 1863 年获得耶鲁学院哲学博士学位,并被任命为这个学院的助教, 任期三年。头两年他教拉丁语,第三年教自然哲学(物理学)。在这一段时间的教学 中,他就深受学生的爱戴。助教任期一满,他便与三个姐姐一同出国。1866 年冬到 1867 年初,他们住在巴黎;在同一年中后来又迁居柏林。在那儿,Gibbs 听了马格纳 斯(Magnus)等人的讲学。1868 年,他又去德国的另一个城市海德堡。1869 年,Gibbs 回到纽黑文任教。两年以后,他被任命为耶鲁学院的数学物理教授,他担任这个职务 一直到去世。1903 年 4 月,Gibbs 在连续五天的重病之后离开了人间。

Gibbs 在科学上贡献是很大的,特别是对热力学和统计力学研究的成就尤为卓 著。1873 年,已经 34 岁的 Gibbs 发表了第一篇论文《流体热力学的图解方法》。同 年,他又发表了《用表面描述物质的热力学性质的几何方法》。随后的几年中,他一直 从事热力学研究。他的最重要的热力学论文《论多相物质的平衡》是分两部分于 1875 年和 1878 年先后发表的。人们一般认为 Gibbs 的《论多相物质的平衡》一文的 发表是化学史上的一件十分重大的事件,因为这篇论文奠定了化学热力学的基础。 假如 Gibbs 从未发表过任何其他著作,仅凭这一项贡献,他就足以在科学史上居于杰

---

① 谨以此文表达我们对 Gibbs 的无比崇敬。本文引自 1985 年赵慕愚、肖良质在《自然杂志》第 8 卷第 6 期 466 页发表的文章,并略做文字上的修改。

出的理论学者的行列。按勒夏特列(Le Chatelier)的说法,这个工作的重要性可以和拉瓦锡(Lavoisier)所建立的功勋媲美。Le Chatelier 还将《论多相物质的平衡》的第一部分译成法文,于 1899 年在巴黎出版。奥斯特瓦尔德(Ostwald)则更早一些,在 1891年就将 Gibbs 的前述三篇文章译成德文,于 1892 年以《热力学研究》为名在莱比锡出版。Ostwald 也高度地评价了 Gibbs 的工作,他说:"从内容到形式,它赋予物理化学整整一百年。"

Gibbs 工作在荷兰受到特别的重视。范德瓦尔斯(van der Waals)本人就是首先应用 Gibbs 方法的学者之一。他还把 Gibbs 的著作介绍给他的学生——罗泽鲍姆(Roozeboom)。后来 Roozeboom 做了有关相律的大量的研究工作,并热情地宣传了Gibbs 的理论,特别是相律。

Gibbs 的另一方面的重要工作是有关统计力学的著作。他在逝世前一年——1902 年,出版了著名的《统计力学的基本原理》,把玻耳兹曼(Boltzmann)和麦克斯韦(Maxwell)所创立的统计理论推广和发展成为系综理论(Theory of Ensembles),从而创立了近代热物理学的统计理论及其研究方法。

Gibbs 还发表了多种有关矢量分析的论文和著作,奠定了这个数学分支的基础。此外,他在天文学、光的电磁理论、傅里叶级数等方面也有一些著作。

Gibbs 的大量著作,随着时间的延长,对科学发展的影响日趋显著。

Gibbs 的工作在生前就得到了学术界的正式承认。1881 年,波士顿美国科学院给他颁发了 Rumford 奖章。1901 年,英国皇家学会颁给他 Copley 奖章。他还被美国国家科学院、美国艺术和科学院、美国物理学会、伦敦皇家学会、俄国科学院、荷兰科学院、法兰西研究院、哥廷根皇家科学学会、巴伐利亚科学院、伦敦物理学会等科学机构选为成员或通讯成员。他还获得了普林斯顿大学等四个高等学府的名誉学位。

但是,Gibbs 工作得到的这种承认在一定意义上来说还只是形式上的。因为Gibbs 的许多论文,包括《论多相物质的平衡》一文的价值只是在文章发表了许多年以后,才逐步被人们真正认识。这是由于他的著作的严密的数学形式和严谨的逻辑推理,使任何人,特别是实验化学家难以读懂。当时相当多的化学家缺乏数学知识,他们连这篇文章中比较简单的部分也读不懂。因此,能够理解他的理论的人也就不多了。所以,这篇文章已经清楚地阐述过的一些重要的自然规律,后来又被许多其他的甚至是知名的学者重新发现。其中有些是从理论分析中得到的,但更多的则是通过实验发现的。例如 1882 年亥姆霍兹(Helmholtz)建立的 Gibbs-Helmholtz 方程、1886 年杜安(Duhem)提出的 Gibbs-Duhem 方程、1887 年范特霍夫(Van't Hoff)发现的渗透压定律等就是著名的事例。

在德国,Gibbs 著作虽有 Ostwald 的译本,但在很长的时间内,Gibbs 理论却并没有在德国产生很大的影响。在相当长的时间里,德国广泛引用的主要是能斯特(Nernst)的工作。

　　Gibbs 的学术影响在美国也并不大,直到 Gibbs 晚年,美国纽黑文以及其他各地的同行都没有理解到他工作的真正意义。他在耶鲁学院的一位同事承认,当时康涅狄格科学院没有一个成员能够读懂 Gibbs 有关热力学的论文。这位同事说:"我们认识 Gibbs 并承认他的贡献完全是盲目的。"在热力学方面,美国在很长时间内主要是应用路易斯(Lewis)的方法。

　　正因为如此,作为耶鲁学院教授的 Gibbs,在头十年并没有得到多少薪俸。到了 1920 年,也就是在他逝世后 17 年,他才首次被提名为纽约大学的美国名人馆的候选人;然而在 100 张选票中,他因只得到 9 票而落选。又过了 30 年直到 1950 年,Gibbs 才被选入这个名人馆,馆内为他立了一个半身像。但即使到今天,除了对自然科学感到兴趣的人们以外,其他的即使是受过较多教育的美国人对 Gibbs 的名字似乎仍很陌生。发人深思的是,人们从美国《化学文摘》中可以看到,虽然介绍 Gibbs 各种理论及其应用的文章汗牛充栋,但是有关他的生平的传记却寥寥无几。人们猜测,这可能与他的独特个性和平凡生涯有关。

　　Gibbs 一辈子的生活宁静而平凡。他在孩提时代曾经患过猩红热;也许由于这个病对他一生的健康有着极大的影响,所以他的身体一直很弱。只是因为他注意维护自己的健康,使自己的生活尽可能有规律,他的工作才没有受到太大的影响。由于他体弱多病,而他的性情又比较孤僻,所以他很少与人交往。即使在他的故乡纽黑文也很少有人知道他。在 Gibbs 的一生中,除了他曾经到欧洲去过三年外,大部分时间都是在纽黑文度过的。他终生独身,和他的姐姐在一起,住在离耶鲁学院很近的由他父亲建造的一所房子里,过着简朴而平凡的生活。

　　Gibbs 的品德是极为高尚的。他在科学工作上所持有的谦逊态度完全是真挚的,毫无矫揉造作。他对自己的工作有正确的评价:从不怀疑所从事的工作的正确性,也不低估它的重要性,但是他从来不炫耀自己的工作。他认为,如果他人注意了这些问题,也一定会做出相同的结果。他属于那种不企求同时代人们承认而笃志于事业的罕见人物。只要能够解决自己脑海中所存在的问题,他就感到满足了。往往是一个问题刚刚解决,他马上又开始着手思考新的问题。他从不愿意考虑别人是否了解自己到底做了些什么工作。他在论文中,很少援引别人的例子来说明自己的论点。有一部关于 Gibbs 的传记记述了这样一件足以揭示这位科学伟人的内心世界的轶事。那是在 Gibbs 早年发表的论文《用表面描述物质的热力学性质的几何方法》中,有一段有关水的三相平衡的论述。Gibbs 在这里又一次只给出了干巴巴的概念,根本没有采用本来可以消除他与读者之间的隔阂的任何说明。当时世界上已很著名的物理学家 Maxwell 不知在哪里读到了 Gibbs 的这一篇论文,悟出了它的意义,在晚年花了不少时间亲手做了一个水的热力学表面(即现在所谓的水的立体相图)模型,并在临终前不久,把这个模型送给了 Gibbs。可惜的是 Maxwell 死得太早了,他死于 1879 年,年仅 48 岁。他没有来得及为 Gibbs 的论文做任何评价,不然,Gibbs 的著作的命运也许会好一些。Maxwell 做的模型帮助说明了 Gibbs 的带有结论性的论点。然而，Gibbs 把这个模型带到课堂上时，却从来没有在自己的讲演中提到过它的来历。一天，一个学生询问他这个模型是从哪里来的，Gibbs 以他那特有的谦逊的态度回答说："是一位朋友送来的。"这个学生其实已经知道 Gibbs 所指的朋友是谁，但是还故意追问："这位朋友是谁?"Gibbs 回答的也仅仅是"一位英国朋友"这句平淡的话而已。

Gibbs 对他的本职工作严肃认真，这表现在他从不因为自己从事的科研工作的重要性而忽视他在学校中接触到的任何琐事。他对学生极为热忱，只要学生有求于他，他从不吝惜自己的宝贵时间和精力，总是尽其所能地帮助他们。和任何其他教师相比，他更能把学生们引导到深奥的自然哲学的领域中去。他的讲课全部经过仔细的准备，就如同他撰写科学著作一样的认真。所不同的是，他在讲课中充实了许多恰当而简明的例子。凡是听过他讲演的人都感到难以忘怀。

Gibbs 与他人交往时，总是态度谦逊、亲切和蔼。他的心灵是宁静而恬淡的，从不烦躁和恼怒。他一生都是按照虔诚的基督教绅士的理念生活着。在有幸了解 Gibbs 的人们的心目中，他那崇高的品德和质朴无华的性格，同他在科学上的伟大成就一样，都闪烁着夺目的光辉。

Gibbs 禀赋超人。他思想敏锐，洞察事物本质的能力极强。特别是对物理学的对象和目的的认识，就哲学的广度等方面来说，在科学史上很少有人能够胜过他。

Gibbs 独特的工作风格，使得他本人及其著作长期不为人们所理解。他一辈子辛勤劳动，生前也没有得到物质上的多大好处。然而，正是由于他那不求闻达、惟求真知的高尚的品德和独特的风格，才使得他的思想能够如此深邃和严谨，才使得他能够有充裕的时间和精力，从容地解决一个又一个重大的科学课题。Gibbs 给后人留下了无比丰富的精神财富，给科学宝库增添了无可估量的珍贵内容。正因为如此，Gibbs 才成为科学史上屈指可数的巨人之一，受到当今世界的景仰。